Dieselmaschinen

für Land- und Schiffsbetrieb

Von

A. P. Chalkley

B. Sc. (Lond.), A. M. Inst. C. E., A. I. E. E.

mit einer Einleitung von Dr.-Ing. **Rudolf Diesel**, München

ins Deutsche übertragen von

Dr. phil. **Ernst Müller**, Dipl.-Ing.

Gent

Zweiter, unveränderter Abdruck

Mit 90 Figuren

Springer-Verlag Berlin Heidelberg GmbH

1913

Additional material to this book can be downloaded from http://extras.springer.com.

ISBN 978-3-642-49453-6 ISBN 978-3-642-49732-2 (eBook)
DOI 10.1007/978-3-642-49732-2

Softcover reprint of the hardcover 1st edition 1913

Vorwort des Verfassers.

Das Interesse, das der Entwicklung der Dieselmaschine in England etwa während der letzten zwei Jahre entgegengebracht wird, ist bemerkenswert durch die Plötzlichkeit, mit der es erregt wurde und die weite Ausdehnung, die es bis heute genommen hat. Der Grund dafür ist nicht weit zu suchen. Sind doch die dabei zu beantwortenden Fragen nicht allein rein technischer Natur, sondern haben eine tiefe wirtschaftliche Bedeutung und reichen damit weit über die Grenzen hinaus, bis zu denen sich der Maschinenbauer mit ihnen beschäftigen muß. Der Verfasser war darauf bedacht, den Text für alle die brauchbar zu gestalten, die aus weit auseinanderliegenden Gründen sich mit der Dieselmaschine vertraut machen wollen, und deshalb mußten für den Nichttechniker manche Einzelheiten aufgenommen werden, die für den Fachmann hätten weggelassen werden können. Bisher ist kein Buch erschienen, das sich ausschließlich mit der Dieselmaschine befaßt, doch ist ein solches durch die Wichtigkeit, die diese Kraftmaschine heute erlangt hat, vollauf gerechtfertigt.

In wissenschaftlichen Fragen ist es manchmal möglich, aus der Gesamtheit der beobachteten Erscheinungen auf die Entwicklung zu schließen, die eine Sache aller Wahrscheinlichkeit nach nehmen wird. Es ist Tatsache, daß die Dieselmaschine für stationäre Zwecke weitgehende Anwendung gefunden und sich dort durchaus bewährt hat. Da ferner bis heute etwa 300 Schiffe der verschiedensten Art und Größe durch Dieselmaschinen angetrieben werden, läßt sich dieser Antriebsart mit Sicherheit auch auf diesem Gebiet ein Erfolg vorhersagen, zumal da sich die Zeit der Versuche ihrem Ende zuneigt. Sollten sich die Erwartungen, die man an die Verwendungen der neuen Schiffsantriebsart knüpft, nur halb erfüllen, so sind größere Umwälzungen auf dem Gebiet des Schiffsantriebs zu erwarten als die, welche durch irgendeine der neuzeitlichen Erfindungen auf anderen Gebieten hervorgerufen worden sind.

Dem Verfasser ist von verschiedenen Firmen manche Unterstützung zuteil geworden, deren jeweils im Text gedacht wurde. Er fühlt sich ferner Herrn Dr. phil. Ernst Müller, Gent, für Rat und Tat zu

Dank verpflichtet und möchte ganz besonders Herrn Dr.-Ing. Rudolf Diesel, München, seinen Dank aussprechen für sein liebenswürdiges Entgegenkommen in allen Fragen und sein reges Interesse am Zustandekommen dieses Buches.

London, Dezember 1911.

A. P. Chalkley.

Vorwort des Übersetzers.

Die Annahme, daß eine Übersicht über den heutigen Stand der Entwicklung der Dieselmaschine ganz besonders für Deutschland, wo ihre Wiege stand, von Interesse sein werde, hat zur Herausgabe dieser deutschen Ausgabe geführt. Verfasser und Übersetzer sind sich wohl bewußt, daß der Text nicht die Vollständigkeit aufweist, die der allerneuesten Entwicklung, namentlich soweit diese die Schiffsdieselmaschine angeht, entspricht. Dies wird man jedoch begreiflich finden bei der Schnelligkeit, mit der die Entwicklung gerade in allerletzter Zeit vorangegangen ist, und der begreiflichen Zurückhaltung, die sich die beteiligten Firmen in der Veröffentlichung ihres Materials auferlegen. Außerdem verlangt eine jede Sache zur Sichtung und Niederlegung in Buchform Zeit. Der Zweck des Buches ist jedoch erreicht, wenn er die Firmen veranlaßt, aus ihrer Zurückhaltung zugunsten der Sache herauszutreten, so daß aus diesem Anfang ein brauchbarer Baustein in der Literatur der Dieselmaschinen entstehen kann.

Trafford Park, Manchester, Februar 1912.

Ernst Müller.

Inhaltsverzeichnis.

Einleitung.

Von

Dr.-Ing. Rudolf Diesel, München.

Sehr gerne erfülle ich den Wunsch des Autors, diesem Werke einige begleitende Worte mitzugeben, weil ich mich darüber freue, daß durch diese zusammenfassende Arbeit der Anfang damit gemacht wird, in die verwirrende Fülle der zerstreuten Literatur über den Dieselmotor Ordnung und Übersicht zu bringen.

Seit seinem ersten Auftreten vor ca. 14 Jahren ist der Dieselmotor in vielen tausend Exemplaren von ersten Fabriken aller Industrieländer hergestellt worden; er hat dabei bewiesen, daß er, wenn richtig hergestellt, eine zuverlässige Maschine ist, deren Betrieb ebenso sicher ist, als der der besten anderer Arten von Kraftmaschinen, im allgemeinen sogar einfacher wegen der Abwesenheit jeder Art von Nebenapparaten, und weil der Brennstoff in seiner ursprünglichen, natürlichen Form ohne vorherigen Umwandlungsprozeß unmittelbar im Zylinder der Maschine in Arbeit umgesetzt wird.

Schon im Jahre 1897, als ich nach vierjährigen schwierigen Versuchen die erste betriebsfähige Maschine in den Augsburger Werkstätten fertiggestellt hatte, verkündeten die zahlreichen Kommissionen von Ingenieuren und Gelehrten der verschiedensten Länder, welche dieselbe untersuchten, daß durch diese Maschine unter allen bekannten Wärmemotoren die größte Wärmeausnutzung erreicht sei. Durch die späteren Erfahrungen im Betriebe und die allmähliche Verfeinerung der Fabrikation sind die damaligen Resultate noch verbessert worden und heute geht die thermische Ausnutzung in dieser Maschine bis zu rund 48% und die effektive Ausnutzung in einzelnen Fällen bis zu rund 35%.

Wissenschaft und Technik schreiten immer vorwärts und der Tag wird kommen, an welchem auch diese Zahlen überschritten werden; aber nach dem heutigen Stand unserer Kenntnisse ist bei dem Umwandlungsprozeß von Wärme in Arbeit eine wesentlich höhere Ausnutzung nicht erreichbar; ein weiterer Fortschritt scheint nur in einer anderen Art des Umwandlungsprozesses selbst möglich, also in einem prinzipiell neuen Verfahren, das wir uns heute aber noch nicht vorstellen können.

Der Dieselmotor ist also diejenige Maschine, welche den Brennstoff ohne jeden vorherigen Umwandlungsprozeß unmittelbar im Zylinder in Arbeit verwandelt und so weit ausnutzt, als der augenblickliche Stand der Wissenschaft überhaupt für möglich erklärt; er ist demnach die einfachste und gleichzeitig die sparsamste Kraftmaschine.

Diese beiden Umstände erklären dessen Erfolg; dieser liegt in dem neuen Prinzip der inneren Arbeitsvorgänge, und nicht in konstruktiven Verbesserungen oder Veränderungen älterer Maschinensysteme. Selbstverständlich spielen auch die konstruktiven Fragen, die feinste Ausbildung der einzelnen Details im Dieselmotor, wie in jeder Maschine, eine große Rolle; sie sind aber nicht das Wesentliche, und insbesondere nicht die Ursache der großen Bedeutung dieser Maschine für die Weltindustrie.

Ein weiterer Grund für diese Bedeutung liegt darin, daß der Dieselmotor die Alleinherrschaft der Kohle gebrochen hat; durch ihn ist das Problem der motorischen Verwendung der flüssigen Brennstoffe in ganz allgemeiner Form gelöst worden. Die Dieselmaschine ist für die flüssigen Brennstoffe das geworden, was die Dampfmaschine und die Gasmaschine für die Kohle sind, aber auf viel einfachere und ökonomischere Weise; sie hat also die Ressourcen der Menschheit auf dem Gebiete der Krafterzeugung verdoppelt und neue, bisher brachliegende Naturprodukte der motorischen Verwertung zugeführt.

Dadurch wiederum hat der Dieselmotor eine weitgehende Rückwirkung auf die Industrie der flüssigen Brennstoffe gehabt, welche gegenwärtig infolgedessen in einem Aufschwung begriffen ist, den sie früher nicht ahnen konnte. Es ist hier nicht der Platz, hierauf näher einzugehen, es mag aber allgemein darauf hingewiesen werden, daß infolge des Interesses, welches die Petroleumproduzenten an dieser wichtigen Frage genommen haben, fortwährend neue Petroleumquellen aufgeschlossen, neue Gebiete entdeckt werden, und daß durch die neueren Arbeiten der wissenschaftlichen Geologie festgestellt wurde, daß es auf dem Erdball wahrscheinlich ebensoviel, vielleicht noch mehr flüssige Brennstoffe gibt wie Kohle, aber in viel günstigerer und allgemeinerer geographischer Verteilung.

Daß die von der Petroleumindustrie abhängigen Nebenindustrien ebenfalls stark beeinflußt werden, zeigt u. a. der große Aufschwung, welchen in allerneuester Zeit die Transportindustrie für flüssige Brennstoffe genommen hat, namentlich die große Entwicklung der Tankboote, welche ihrerseits selbst wieder größtenteils Dieselmotoren als Antriebsmaschinen erhalten.

Aber hiermit ist der Einfluß des Dieselmotors auf die Weltindustrie noch nicht erschöpft. Schon im Jahre 1899 habe ich in meiner

Maschine auch die *Nebenprodukte der Steinkohlendestillation und der Koksfabrikation, das sind die Teer- oder Kreosotöle, mit gleich gutem Erfolge angewendet wie die natürlichen flüssigen Brennstoffe*; damals war aber die Qualität dieser Öle im allgemeinen für den Betrieb der Dieselmotoren noch ungenügend und fortwährendem Wechsel unterworfen. In neuerer Zeit erst ist es den interessierten chemischen Industrien gelungen, die erforderlichen Qualitäten zu schaffen, und heute sind auch diese Produkte endgültig in den Wirkungskreis des Dieselmotors hereingezogen.

Dadurch gewinnt diese Maschine *einen großen Einfluß in den zwei weiteren Industriegebieten, der Gasfabrikation und der Koksfabrikation*, deren Nebenprodukte nunmehr so wichtig geworden sind, daß eine große Bewegung sich gegenwärtig daran knüpft. Auch hierauf kann hier nicht näher eingegangen werden, nur die eine Tatsache hebt sich leuchtend aus dieser Bewegung heraus, nämlich die, daß *die Kohle, welche durch die flüssigen Brennstoffe am meisten bedroht erschien, durch den Dieselmotor im Gegenteil in eine neue und bessere Ära ihrer Verwertung tritt*. Da die Teere und Teeröle im Dieselmotor drei bis fünfmal besser ausgenutzt werden als die Kohle in der Dampfmaschine, so ergibt sich eine viel bessere, wirtschaftlichere Verwertung der Kohle, wenn man sie nicht unter Dampfkesseln auf Rosten in barbarischer Weise verbrennt, sondern zunächst durch Destillation in Koks und Teer verwandelt. Der Koks wird in der Metallurgie und sonst für allgemeine Heizzwecke verwendet; aus dem Teer werden zunächst die wertvollen Erzeugnisse ausgeschieden und in der chemischen Industrie weiter verarbeitet, während die Teeröle und brennbaren Derivate, unter Umständen auch der Teer selbst, im Dieselmotor außerordentlich günstig zu motorischen Zwecken verbrannt werden.

Es besteht also das stärkste Interesse, einen möglichst großen Teil der Steinkohlengewinnung in dieser verfeinerten und viel wirtschaftlicheren Weise zu verarbeiten, *und damit ist auch die Kohlengewinnung und die damit verwandte chemische Industrie in den Interessenkreis des Dieselmotors hineingezogen*; letzterer ist nicht der Feind, sondern der größte Freund der Kohle. Die richtige Entwicklung der Brennstofffrage, welche jetzt schon angebahnt und in rapidem Fortschreiten begriffen ist, ist also folgende: *einerseits flüssige Brennstoffe in Dieselmotoren, andererseits gasförmige Brennstoffe in Gasmotoren; feste Brennstoffe überhaupt nicht mehr für motorische Zwecke, sondern nur in der verfeinerten Form des Koks für alle sonstigen Anwendungen der Wärme in Metallurgie und Heizung.*

Mit den bisher erwähnten flüssigen Brennstoffen ist aber die Liste der im Dieselmotor brauchbaren Brennstoffe noch nicht erschöpft.

Es ist bekannt, daß die Braunkohle, deren Produktion rund 10% der Steinkohlenproduktion beträgt, bei der trockenen Destillation ebenfalls Teere gibt, welche, auf Paraffin verarbeitet, die sog. Paraffinöle als Abfallerzeugnisse hinterlassen. Es sind allerdings nicht alle Braunkohlensorten hierfür geeignet; immerhin wird von diesen Ölen so viel erzeugt, daß bisher diese Ölsorte einen sehr großen Teil des deutschen Bedarfes an flüssigen Brennstoffen für Dieselmotoren gedeckt hat. Hierzu kommen noch in geringeren, aber doch für Krafterzeugung sehr nennenswerten Mengen andere Produkte, wie Schieferöle u. dergl.; einzelne Länder, wie Frankreich, Schottland, besitzen davon beträchtliche Mengen, die in vielen Dieselmotorbetrieben verwendet werden.

Allgemein noch nicht bekannt aber ist die Möglichkeit, auch fette pflanzliche und tierische Öle ebenfalls im Dieselmotor ohne weiteres zu verbrennen.

Im Jahre 1900 war in der Pariser Ausstellung von der Otto-Gesellschaft ein kleiner Dieselmotor aufgestellt, der auf Veranlassung der französischen Regierung mit Arachidenöl[1]) betrieben wurde und dabei so gut arbeitete, daß nur wenige Eingeweihte von diesem unscheinbaren Umstande Kenntnis hatten. Der Motor war für Erdöl gebaut und ohne jede Veränderung für das Pflanzenöl verwendet worden. Die französische Regierung hatte dabei die Verwertung der in den afrikanischen Kolonien in großen Mengen vorkommenden und leicht zu kultivierenden Arachide oder Erdnuß im Auge, weil auf diese Weise die Kolonien aus eigenen Mitteln mit Kraft und Industrie versehen werden können, ohne genötigt zu sein, Kohle oder flüssige Brennstoffe einzuführen.

Ähnliche Versuche sind auch in St. Petersburg mit Rizinusöl mit gleich gutem Erfolge vorgenommen worden. Auch tierische Öle, wie Fischtran, wurden ebenfalls mit bestem Erfolg probiert.

Die heute unscheinbar aussehende Tatsache der Verwertbarkeit von fetten Ölen pflanzlichen und tierischen Ursprungs kann unter Umständen im Laufe der Zeit dieselbe Wichtigkeit erlangen, wie sie heute gewisse natürliche Erdöle und Teererzeugnisse haben. Mit letzteren war man vor 12 Jahren noch nicht weiter als heute mit den fetten Ölen, und wie wichtig sind sie mittlerweile geworden.

Welche Rolle diese Öle in den Kolonien einst spielen werden, läßt sich heute noch nicht absehen. Jedenfalls aber eröffnen sie die Sicherheit, daß auch dann noch motorische Kraft aus der stets

[1]) Arachide, botanischer Name Arachis hypogaea L.

zu landwirtschaftlichen Zwecken verwendbaren Sonnenwärme erzeugt werden kann, wenn einmal unsere sämtlichen natürlichen Schätze an festen und flüssigen Brennstoffen erschöpft sein werden.

Nach diesem kurzen Rückblick über die Bedeutung des Dieselmotors für die Weltindustrie im allgemeinen möchte ich noch einige Worte über seine besondere Bedeutung für England hinzufügen. Es muß hierbei von folgenden drei Tatsachen ausgegangen werden:

1. England ist ein ausschließliches Kohlenland.
2. England ist das größte Kolonialreich der Welt.
3. England ist die größte schiffahrende Nation der Welt.

Zu 1: England hat (wenigstens bis jetzt) keine natürlichen flüssigen Brennstoffe, es ist ein reines Kohlenland; auf diesen Argumenten aufbauend ist in neuerer Zeit oft und eindringlich ausgesprochen worden, daß England eigentlich gegen seine Interessen verstoße, sich an der Ausbreitung dieser Maschine zu beteiligen, da es dadurch seinen eigenen Reichtum an Kohle vernachlässige und sich durch die Verwendung von flüssigen Brennstoffen vom Ausland abhängig mache.

Beides ist unrichtig, das Gegenteil ist wahr: England hat das allergrößte Interesse an dem Ersatz der kohlenfressenden Dampfmaschinen durch die sparsamen Dieselmotoren, und zwar zunächst, weil es dadurch an seinem wichtigsten Gute, der Kohle, im Interesse der längeren Erhaltung derselben ungeheuere Ersparnisse machen kann, ferner, weil es seine Kohlenindustrie und die damit zusammenhängenden chemischen Industrien viel wirtschaftlicher gestalten kann, indem es die Kohle in der oben angedeuteten rationelleren und verfeinerten Weise anwendet; endlich, weil es sich durch diese Art der Verwertung seiner Kohle, d. h. durch die Anwendung der Teere und Teeröle im Dieselmotor, vom Auslande auch für den Bezug seiner flüssigen Brennstoffe frei und unabhängig macht.

Zu 2: Was England für seine Kolonien aus dem Dieselmotor noch machen kann, ist heute noch nicht abzusehen; selbst bei Verwendung der natürlichen Mineralöle allein ist der Dieselmotor die geborene Kolonialmaschine, schon deshalb, weil für ihn nur etwa der vierte bis sechste Teil des Gewichtes an Brennstoff nach den Kolonien und in das Innere derselben zu transportieren ist wie für Dampfmaschinen; denn bei der Kolonialmaschine sind die Frachtkosten für den Brennstoff im allgemeinen der ausschlaggebende Faktor für die Rentabilität. Ferner ist der Transport dieser flüssigen Brennstoffe an sich ungleich leichter und bequemer als der der Kohle, ein so schwieriger Betrieb wie der Dampfkesselbetrieb kommt überhaupt nicht in Betracht.

Es mag bei dieser Gelegenheit erwähnt werden, daß für den Kongostaat eine 700 km lange Pipe-line für rohes Petroleum von der Kongomündung nach dem Inneren des Landes ausgeführt wird, durch welche dieses ungeheure Landgebiet auf die einfachste und billigste Weise mit einer ständig fließenden Brennstoffquelle versehen wird, aus welcher sich die Landwirtschaft und die etwa zu gründenden Transport- und anderen Industrien ihr Lebenselement, die motorische Kraft, entnehmen werden. Dieses großartige Beispiel sollte auch in den englischen Kolonien Nachahmung finden; es ist nicht nötig, auf die weittragenden Folgen eines solchen Vorgehens für die Bedeutung der Kolonien näher einzugehen.

Denkt man aber außerdem noch an die oben ausgeführte Tatsache, daß die Dieselmaschinen auch Pflanzenöle verwerten können, so eröffnen sich für die Bewirtschaftung und Industrialisierung der Kolonien ganz neue Perspektiven, die für kein Land von so eminenter Bedeutung sind wie für das Kolonialreich England. Hier sollte schon sobald als möglich der Hebel angesetzt werden; der Dieselmotor kann aus den eigenen Mitteln der Kolonien betrieben werden und beeinflußt dadurch selbst wieder in hohem Maße die weitere Ausbildung der Landwirtschaft in den Gebieten, in denen er herrscht. Das klingt heute noch wie Zukunftsmusik, ich wage aber mit vollem Bewußtsein die Prophezeiumg, daß diese Art der Verwendung des Dieselmotors einst eine sehr große Rolle spielen wird.

Zu 3: Endlich ist England der größte Marinestaat der Welt.

Als die ersten Erfolge des Dieselmotors als Schiffsmaschine in den letzten Jahren in England bekannt wurden, als man vernahm, daß schon zahlreiche kleinere Handels- und Kriegsschiffe mit Dieselmotoren versehen seien und daß man allmählich auch an die größeren Aufgaben herantrete, daß schon größere Amerika-Schiffe mit Dieselmotoren versehen werden sollen, und daß sogar ein Schlachtschiff mit einem sehr großen Dieselmotor in Ausführung sei, da ging eine Erregung und Bewegung durch das ganze vereinigte Königreich, die noch in aller frischer Erinnerung ist.

Und mit Recht! Schon mehren sich die Berichte über glückliche Seefahrten mit Dieselschiffen unter sehr schwierigen Wetterverhältnissen. Die Schiffskapitäne, welche Dieselmotoren auf ihren Schiffen haben, berichten von der großen Sicherheit und Annehmlichkeit des Betriebes, die Reedereien veröffentlichen die Ziffern ihrer Ersparnisse; es kann kaum mehr bezweifelt werden, daß an diese Entwicklung des Dieselmotors sich eine der größten Evolutionen der modernen Industrie knüpfen wird.

Daß aber die größte schiffahrende Nation der Welt aus einer solchen Entwicklung keine Vorteile ziehen sollte, wäre einfach unmöglich. Schon wegen der Konkurrenz mit anderen Nationen ist England gezwungen, sich auch die Vorteile dieser neuen Entwicklung zu eigen zu machen.

Zum Schlusse noch eine Mahnung!

Der Dieselmotor muß ausgezeichnet gearbeitet und aus bestem Material hergestellt sein, wenn er seine Aufgabe wirklich erfüllen soll; nur erstklassige und besteingerichtete Fabriken können ihn bauen. Vor 14 Jahren noch konnten überhaupt nur sehr wenige Maschinenfabriken ihn herstellen, und es darf wohl ausgesprochen werden, daß durch ihn der Großmaschinenbau auf ein höheres Niveau gehoben wurde in ähnlicher Weise, wie der Kleinmaschinenfabrikation durch den Automobilmotor neue Wege gewiesen wurden.

Der Dieselmotor ist also keine billige Maschine, und ich möchte davor warnen, jemals den Versuch zu machen, ihn billig herstellen zu wollen, auch nicht für den Export, ja hier am allerwenigsten.

Diese Grundbedingung des Dieselmotorbaues ist aber nicht ein Nachteil, wie man schon vielfach gesagt hat, sondern im Gegenteil, gerade darin liegt seine Stärke und die Gewähr für seinen Wert.

München, im Dezember 1911.

Diesel.

Erster Abschnitt.

Allgemeine Theorie der Wärmekraftmaschinen mit besonderer Berücksichtigung der Dieselmaschine.

Ausdehnung der Gase. — Adiabatische Expansion. — Isothermische Expansion. — Arbeitsvorgänge. — Thermodynamische Kreisprozesse. — Kreisprozeß für konstante Temperatur. — Kreisprozeß für konstantes Volumen. — Kreisprozeß für konstanten Druck. — Kreisprozeß der Dieselmaschine. — Gründe für den guten Wirkungsgrad der Dieselmaschine.

Ausdehnung der Gase. Obgleich es unnötig ist, bezüglich der Theorie der Wärmekraftmaschinen in irgendwelche Einzelheiten einzutreten, so ist doch eine allgemeine Betrachtung der Gesetze, die die Expansion der Gase und die theoretisch und praktisch erreichbare Wärmeausbeute der Verbrennungskraftmaschinen beherrschen, erwünscht, um die Arbeitsweise und den Grund für den höheren Wirkungsgrad der Dieselmaschine gegenüber jeder anderen Wärmekraftmaschine zu verstehen. Die Grundlagen für die im folgenden verwendeten Formeln sind in jedem Handbuch über Wärmekraftmaschinen zu finden, und deshalb sind hier nur diejenigen Erklärungen gegeben, die besonders zum Verständnis der Theorie der Dieselmaschine nötig sind.

In einer Betrachtung über die Ausdehnung der Gase in einem Arbeitsvorgang besteht immer, für das gleiche Gasgewicht, eine Beziehung zwischen Volumen, Druck und Temperatur in jedem Zeitpunkt der Expansion, und diese Beziehung ist gegeben durch die Formel:

$$PV = RT,$$

wo:

P = absoluter Druck in kg/qm,
V = Volumen in cbm,
T = absolute Temperatur in Celsiusgraden,
R = eine Konstante.

Dieselbe Formel findet für alle anderen Maßeinheiten Anwendung unter Einsetzung einer anderen Konstanten für R. Diese Größe ändert ihren Wert mit der Verschiedenheit der Gase und ist nichts anderes als die Differenz zwischen der spezifischen Wärme eines Gases bei konstantem Druck und derjenigen bei konstantem Volumen, so daß man schreiben kann:

$$R = c_p - c_v,$$

wo:

c_p = spezifische Wärme eines Gases bei konstantem Druck,
c_v = spezifische Wärme eines Gases bei konstantem Volumen.

In den oben angegebenen Einheiten ist für Luft:

$$c_p = 0{,}237 \text{ WE. für 1 kg Luft,}$$
$$c_v = 0{,}168 \text{ WE. für 1 kg Luft,}$$
$$R = 29{,}272 \text{ mkg.}$$

In den folgenden Formeln wird sich zeigen, daß das Verhältnis der spezifischen Wärmen: $\frac{c_p}{c_v} = \gamma$ von Wichtigkeit ist. Für Luft ist: $\frac{c_p}{c_v} = 1{,}405 \backsim 1{,}41 = \varkappa$.

Andere in Wärmekraftmaschinen zur Verwendung kommende Gase zeigen einen etwas kleineren Wert für γ, so hat Leuchtgas ein $\gamma = 1{,}32$.

Da für alle Gase der Ausdruck: $PV = RT$ seine Gültigkeit behält, so ist klar, daß für ein und dasselbe Gasgewicht eine der drei Größen: Druck, Volumen oder Temperatur bestimmt ist, wenn die beiden anderen bekannt sind, so daß gesetzt werden kann:

$$\frac{P_1 V_1}{T_1} = \frac{P_2 V_2}{T_2},$$

wo $P_1 V_1 T_1$ Druck, Volum und Temperatur eines bestimmten Gaswichtes in einem besonderen Zustand, und $P_2 V_2 T_2$ Druck, Volumen und Temperatur desselben Gasgewichtes in einem zweiten Zustand bedeuten.

Um die Arbeitsweise eines Gases bei seiner Ausdehnung zum Zweck der Arbeitsvorrichtung zu verstehen, haben wir zu beachten, daß die Ausdehnung nach zwei verschiedenen Gesetzen erfolgen kann, die indes praktisch in keiner Wärmekraftmaschine verwirklicht werden können. Diese sind:

1. Ausdehnung unter gleichbleibendem Druck,
2. Ausdehnung unter gleichzeitiger Veränderung von Druck und Volumen nach der Formel PV^n = konst.

Unter 2. fallen die beiden für die Theorie der Wärmekraftmaschinen wichtigsten Fälle, nämlich:

a) adiabatische Ausdehnung nach dem Gesetz PV^γ = konst.,
b) isothermische Ausdehnung nach dem Gesetz PV = konst.

Adiabatische Ausdehnung. Wenn ein Gas sich adiabatisch ausdehnt, wird während der Ausdehnung keine Wärme zu- oder abgeführt, und die ganze entwickelte Wärme wird in äußere mechanische Arbeit umgesetzt. Es ist klar, daß dies in der Praxis nie ganz verwirklicht werden kann. Die Beziehung zwischen Volumen und Temperatur ist in diesem Fall von Wichtigkeit bezüglich der Wirkungsgrade, die in dem für die Dieselmaschine und andere Wärmekraftmaschinen zur Anwendung kommenden Kreisprozesse erreichbar sind.

Für irgendein Gas ist:

$$\frac{P_1 V_1}{T_1} = \frac{P_2 V_2}{T_2} \qquad \text{oder} \qquad P_1 T_2 = P_2 T_1 \cdot \frac{V_2}{V_1}\,, \tag{1}$$

außerdem ist:

$$P_1 V_1^\gamma = P_2 V_2^\gamma \qquad \text{oder} \qquad \frac{V_2}{V_1} = \frac{P_1^{\frac{1}{\gamma}}}{P_2^{\frac{1}{\gamma}}}\,. \tag{2}$$

(2) in (1) eingesetzt ergibt:

$$P_1 T_2 = P_2 T_1 \cdot \frac{P_1^{\frac{1}{\gamma}}}{P_2^{\frac{1}{\gamma}}}$$

oder:

$$\frac{T_2}{T_1} = \frac{P_2}{P_1} \cdot \frac{P_1^{\frac{1}{\gamma}}}{P_2^{\frac{1}{\gamma}}} = \frac{P_2^{1-\frac{1}{\gamma}}}{P_1^{1-\frac{1}{\gamma}}} = \left(\frac{P_2}{P_1}\right)^{\frac{\gamma-1}{\gamma}}\,, \tag{3}$$

in ähnlicher Weise ergibt sich:

$$\frac{T_2}{T_1} = \left(\frac{V_1}{V_2}\right)^{\gamma-1}. \tag{4}$$

Isothermische Ausdehnung. Bei der isothermischen Ausdehnung bleibt die Temperatur des Gases und damit seine innere Arbeitsfähigkeit während der Ausdehnung unverändert. Die auf das Gas übertragene Wärme erscheint in äußerer mechanischer Arbeit. Dieser Vorgang wird durch die Beziehung: $PV = RT$ dargestellt. Für gleichbleibende Temperaturen geht diese Beziehung in $PV = \text{konst.}$, dem Ausdruck für die gleichseitige Hyperbel, über. Der Druck ändert sich hier im umgekehrten Verhältnis zum Volumen. Dies Ausdehnungsgesetz wird daher manchmal mit hyperbolischer Ausdehnung bezeichnet.

Die Beziehung zwischen isothermischer und adiabatischer Ausdehnung kommt in dem Druckvolumendiagramm, Fig. 1, zum Ausdruck, wo die Isothermie über der Adiabate liegt. Fig. 2 zeigt dieselben Kurven während der Kompression, wobei die Adiabate über der Isotherme liegt. Bei adiabatischer Kompression muß die Temperatur während der Kompression steigen, da $\frac{T_2}{T_1} = \left(\frac{P_2}{P_1}\right)^{\frac{\gamma-1}{\gamma}} > 1$ ist.

Daraus folgt, daß, adiabatische mit isothermischer Kompression verglichen, unter Anwendung desselben Druckes für beide Fälle, eine höhere Temperatur mit ersterer als mit letzterer erreicht wird, denn für isothermische Kompression findet ja überhaupt keine Temperaturerhöhung statt. Dies ist der Grund, weshalb Gasmaschinen

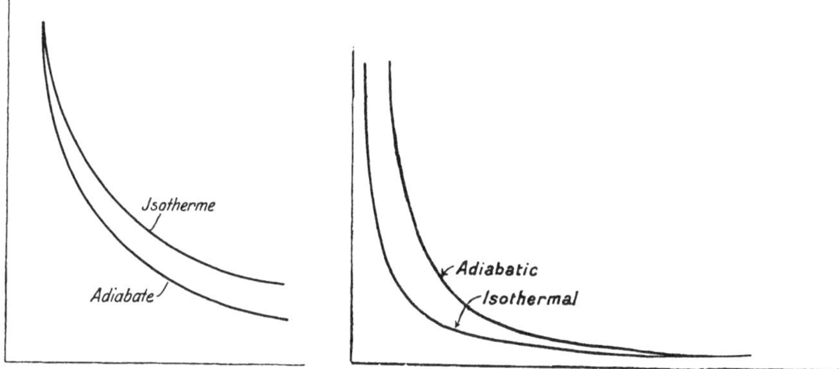

Fig. 1. Isotherme und Adiabate.

Fig. 2. Isotherme und Adiabate.

besser unter Anwendung adiabatischer als isothermischer Kompression arbeiten, da eine hohe Temperatur mit geringstem Druck erreicht werden soll.

Arbeitsvorgänge. Alle Verbrennungskraftmaschinen arbeiten nach einem sich fortgesetzt wiederholenden mechanischen Arbeitsvorgang. Der am häufigsten zur Anwendung gelangende Arbeitsvorgang ist der Viertakt, wobei das Treibmittel einen vollständigen Arbeitsvorgang in vier Hüben des Arbeitskolbens oder in zwei Umdrehungen der Kurbelwelle vollendet. Es ist einleuchtend, daß für die Möglichkeit, den ganzen Arbeitsvorgang einer Kraftmaschine anstatt in vier Hüben in deren zwei zur Verwirklichung zu bringen, bei denselben Zylinderabmessungen nahezu die doppelte Leistung erzielt werden könnte, und diese Tatsache hat zur Einführung und weiten Verwendung von Verbrennungskraftmaschinen geführt, die nach dem Zweitaktverfahren arbeiten. Wir werden weiter unten sehen, daß die Zweitaktdieselmaschine bereits bedeutende Entwicklung erreicht hat und notwendigerweise für große Leistungen verwendet werden muß, und daß über die allgemeine Verwendung dieser Maschinenart zum Schiffsantrieb heute kein Zweifel mehr zu bestehen scheint.

In der Zweitaktmaschine ist ein Hub von zweien ein Arbeitshub, gegenüber einem von vieren in der Viertaktmaschine. Ein weiterer Vorteil kann unter Anwendung des Zweitakts für doppeltwirkende Maschinen erreicht werden, wo dann jeder Kolbenhub ein Arbeitshub ist. Diese Möglichkeit wird, sofern sie sich auf die Dieselmaschine bezieht, später besprochen werden.

Thermodynamische Kreisprozesse. Die Gesetze, nach denen alle Verbrennungskraftmaschinen der Theorie nach arbeiten, zerfallen in drei Gruppen, je nach der Reihenfolge der Zustandsänderungen, die das Treibmittel fortlaufend durchmacht. Diese Vorgänge bezeichnet man als thermodynamische oder wärmemechanische Kreisprozesse, im Gegensatz zu den rein mechanischen der äußeren Arbeitsleistung, die im vorhergehenden Abschnitt besprochen wurden. In Wirklichkeit folgt keine Wärmekraftmaschine in ihrem Arbeitsvorgang genau demjenigen der theoretischen Maschine. Diese Gesetze bilden indes eine notwendige und nützliche Grundlage für einen Vergleich. Man unterscheidet:

1. Kreisprozeß für konstante Temperatur,
2. Kreisprozeß für konstantes Volumen,
3. Kreisprozeß für konstanten Druck.

In allen Kraftmaschinen, in denen das Treibmittel einen dieser Kreisprozesse durchmacht, besteht ein bestimmter Wirkungsgrad, der nicht überschritten werden kann, und eine Betrachtung über den größtmöglichsten Wirkungsgrad für jeden einzelnen Fall zeigt uns den Unterschied zwischen dem Wirkungsgrad der Dieselmaschine und dem anderer Verbrennungskraftmaschinen.

Kreisprozeß für konstante Temperatur. Bei diesem Kreisprozeß ist alle Wärme von der Wärmequelle bei einer Temperatur aufgenommen, die während der Zeitdauer der Aufnahme konstant bleibt, und die Wärme ist abgegeben ebenfalls unter Beibehaltung konstanter Temperatur während der Zeit ihrer Abgabe, die niedriger sein muß als die Temperatur während der Aufnahme. Sämtliche Kreisprozesse können durch Kurven in rechtwinkligen Koordinaten dargestellt werden, wobei die Ordinate den Druck, die Abszisse das Volumen des Gases für jeden Kompressions- oder Expansionszustand darstellt. Diese Diagramme sind dann die Indikatordiagramme theoretisch vollkommener Maschinen für die verschiedenen Kreisprozesse. Fig. 3 zeigt den Kreisprozeß für konstante Temperatur, wobei die Linie OP die Drücke, OV die Volumina des Gases darstellt. b—c gibt die Kompressionslinie, nach der das Gas adiabatisch komprimiert wird. Die Kompression beginnt im Punkt b, dessen Zustand durch Volumen, Druck und Temperatur: $V_2P_2T_2$ dargestellt ist und wird bis zum Punkte c getrieben, dessen Zustand dann ebenfalls durch die Angabe von Volumen, Druck und Temperatur: $V_3P_3T_3$ bekannt ist. Auf dem Wege c—d wird Wärme bei der während der Aufnahme konstant bleibenden Temperatur T_3 aufgenommen. Druck und Volumen im Punkte d sind durch P_4 und V_4 gegeben. Von d bis a findet adiabatische Expansion statt, wobei Druck, Volumen und Temperatur wieder durch $P_1V_1T_1$ dargestellt werden. Von a bis b wird Wärme unter der dabei konstant bleibenden Temperatur T_1 abgegeben. Ist der Punkt b erreicht, so ist der Kreislauf der Zustandsänderungen als Kreisprozeß geschlossen.

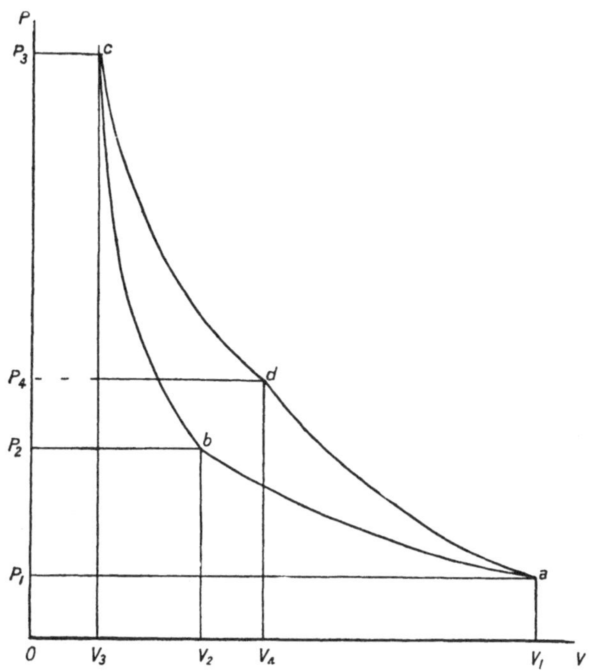

Fig. 3. Kreisprozeß für konstante Temperatur.

Der Wirkungsgrad einer nach diesem Kreisprozeß arbeitenden Kraftmaschine kann leicht durch die während des Kreislaufs auftretenden höchsten und niedrigsten Temperaturen ausgedrückt werden.

Ist:

Q_3 = der Wärmemenge, die vom Treibmittel aufgenommen wird,

Q_1 = der Wärmemenge, die vom Treibmittel abgegeben wird,

$Q_3 - Q_1$ = der in äußerer mechanischer Arbeit in die Erscheinung tretenden Wärmemenge, so kann der Wirkungsgrad ausgedrückt werden als:

$$\eta = \frac{\text{in Arbeit umgesetzte Wärmemenge}}{\text{aufgenommene Wärmemenge}} = \frac{Q_3 - Q_1}{Q_3},$$

da:

$$Q = w \cdot k \cdot T,$$

wo:

w = Gasgewicht,
k = spezifische Wärme des Gases,

so folgt, wenn beide während des Kreisprozesses als unveränderlich angenommen werden:

$$\eta = \frac{T_3 - T_1}{T_3},$$

oder der Wirkungsgrad des Kreisprozesses steht im Verhältnis zu den dabei auftretenden höchsten und tiefsten Temperaturen.

Für keine Wärmekraftmaschine der Wirklichkeit ist ein Wirkungsgrad möglich, der dem einer Idealmaschine, die nach dem Prozeß gleichbleibender Temperatur arbeitet, gleichkäme. Eine außergewöhnlich gute Dampfmaschine, die, sagen wir, zwischen 10 kg/qcm Druck und 70 cm Vakuum, oder 446° C und 306° C absoluter Temperatur arbeitet, würde, als vollkommene Maschine, einen Wirkungsgrad von: $\eta = \frac{446 - 306}{446} = 31{,}3\%$ aufweisen. Tatsächlich sind Dampfmaschinen selten halb so wirtschaftlich als die Idealmaschine. Eine gewöhnliche Dampfmaschine würde damit einen Wirkungsgrad von etwa 16% haben, welche Zahl mit den in Gas- und Ölmaschinen erreichten weiter unten verglichen werden soll.

Kreisprozeß für konstantes Volumen. Eine Maschine, die nach diesem Gesetz arbeitet, unterscheidet sich von der nach dem Gesetz der gleichbleibenden Temperatur arbeitenden darin, daß sämtliche Wärme aufgenommen wird, während das Volumen des Treibmittels konstant bleibt. Die Abgabe der Wärme erfolgt ebenfalls bei gleichbleibendem Volumen. Dieser Vorgang ist in Fig. 4 wiedergegeben, worin, wie vorher, OP die Drücke, OV die Volumina darstellt. Die Kompression verläuft adiabatisch nach der Linie a—b. Druck, Volumen und Temperatur ändern sich von: $P_1 V_1 T_1$ im Punkte a in $P_2 V_2 T_2$ im Punkt b. Wärme wird im Punkte b aufgenommen bei dem während der Aufnahme gleichbleibenden Volumen V_2, wobei Druck und Temperatur die Werte P_3 und T_3 erreichen. Hierauf folgt adiabatische Expansion nach c—d, bis das Volumen wieder V_1 geworden ist, wobei Druck und Temperatur die Werte P_4 und T_4 erreichen. Schließlich wird Wärme abgegeben, während das Volumen unverändert bleibt, bis der Anfangsdruck P_1 und die Anfangstemperatur T_1 wieder erreicht sind. Ist wieder:

Q_2 = der Wärmemenge, die vom Treibmittel aufgenommen wird,

Q_3 = der Wärmemenge, die vom Treibmittel abgegeben wird,

$Q_2 - Q_3$ = der in äußerer mechanischer Arbeit in die Erscheinung tretenden Wärmemenge,

so ist der Wirkungsgrad des Kreisprozesses für konstantes Volumen:

$$\eta = \frac{\text{in Arbeit umgesetzte Wärmemenge}}{\text{aufgenommene Wärmemenge}} = \frac{Q_2 - Q_3}{Q_2} = 1 - \frac{Q_3}{Q_2}.$$

Betrachten wir 1 kg des Treibmittels, das während des Vorganges nichts an Gewicht verlieren soll, so ist die während des konstant bleibenden Volums aufgenommene Wärmemenge:

$$Q = c_v (T_a - T_b),$$

wenn:

c_v = spezifische Wärme des Triebmittels bei konstantem Volumen,

T_a und T_b = den absoluten Anfangs- und Endtemperaturen des dem Volumen nach gleichbleibenden Treibmittels,

somit ist:

$$Q_2 = c_v (T_3 - T_2)$$
$$Q_3 = c_v (T_4 - T_1)$$

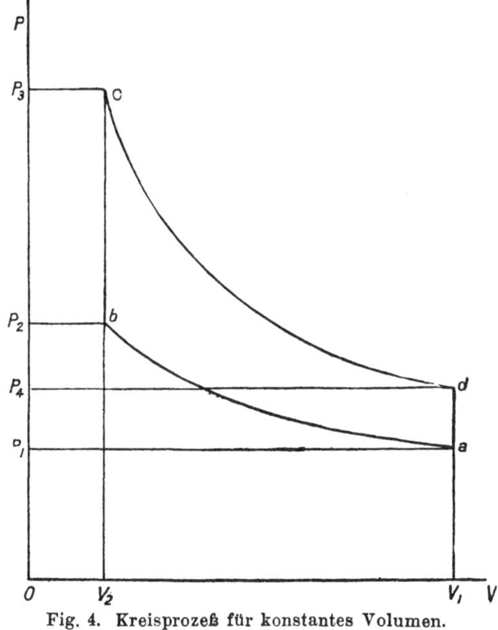

Fig. 4. Kreisprozeß für konstantes Volumen.

und damit folgt der Wirkungsgrad:

$$\eta = 1 - \frac{T_4 - T_1}{T_3 - T_2}.$$

Aus Formel (4) S. 10 folgt für die adiabatische Ausdehnung:

$$\frac{T_4}{T_3} = \left(\frac{V_2}{V_1}\right)^{\gamma - 1} = \frac{T_1}{T_2}.$$

Da das Volumen V_1 während der Veränderung der Temperatur von T_4 in T_1 und das Volumen V_2 während der Veränderung der Temperatur von T_3 in T_9 konstant bleibt, so ist:

$$\frac{T_4 - T_1}{T_3 - T_2} = \frac{T_4}{T_3} = \frac{T_1}{T_2},$$

d. h.:

$$\eta = 1 - \frac{T_4}{T_3}$$

oder:

$$\eta = 1 - \left(\frac{V_2}{V_1}\right)^{\gamma - 1}.$$

Das Verhältnis $\frac{V_1}{V_2}$ wird gewöhnlich Kompressionsverhältnis genannt und mit r bezeichnet, so daß die allgemeine Formel für den Wirkungsgrad des Kreisprozesses für konstante Volumen lautet:

$$\eta = 1 - \frac{1}{r^{\gamma - 1}}.$$

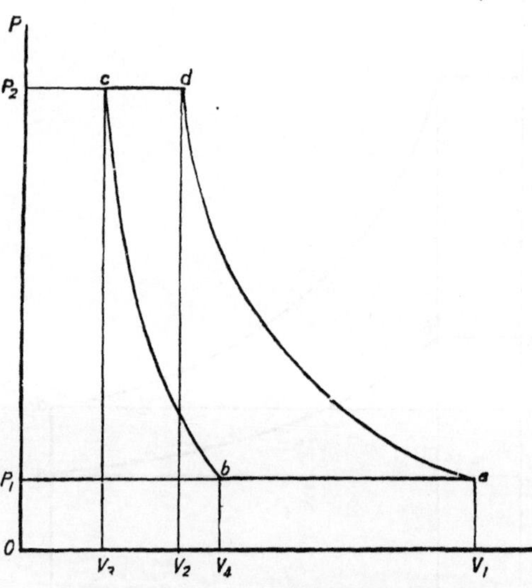

Fig. 5. Kreisprozeß für konstanten Druck.

In Wirklichkeit arbeiten alle Gasmaschinen nach einem Kreisprozeß, der sich demjenigen für konstantes Volumen eng anlehnt.

Kreisprozeß für konstanten Druck. Bei diesem Kreisprozeß wird die gesamte Wärmemenge bei konstantem Druck aufgenommen und ebenso abgegeben. Expansion und Kompression erfolgen nach der Adiabate, wie vorher. Fig. 5 veranschaulicht diesen Kreisprozeß.

Ausgehend von Punkt b mit $P_1 V_2 T_2$ als Druck, Volumen und Temperatur wird das Treibmittel adiabatisch komprimiert bis zum Punkt c mit $P_2 V_3 T_3$ als Druck, Volumen und Temperatur. Wärme wird dabei aufgenommen auf der Linie c—d bei für die Zeitdauer deren Aufnahme gleichbleibendem Druck. In d sind Volumen V_4 und Temperatur T_4 erreicht. Hierauf folgt adiabatische Ausdehnung nach a—d, bis im Punkte a die Werte $P_1 V_1 T_1$ für Druck, Volumen und Temperatur erreicht werden. Wärme wird dann abgegeben unter dem während der Zeitdauer der Abgabe gleichbleibenden Druck P_1 auf der Linie a—b. Im Punkte b sind die Anfangswerte wieder erreicht.

Ist wieder:

Q_2 = der Wärmemenge, die vom Treibmittel aufgenommen wird,

Q_1 = der Wärmemenge, die vom Treibmittel abgegeben wird,

$Q_2 - Q_1$ = der in äußerer mechanischer Arbeit in die Erscheinung tretenden Wärmemenge,

so ist der Wirkungsgrad des Kreisprozesses für konstanten Druck:

$$\eta = \frac{\text{in Arbeit umgesetzte Wärmemenge}}{\text{aufgenommene Wärmemenge}} = \frac{Q_2 - Q_1}{Q_2},$$

für 1 kg Treibmittel ist:

$$Q_2 = c_p(T_4 - T_3),$$
$$Q_1 = c_p(T_1 - T_2),$$

wenn c_p = der spezifischen Wärme für konstanten Druck, somit ist:

$$\eta = 1 - \frac{T_1 - T_2}{T_4 - T_3};$$

Expansion nach *d—a* und Kompression nach *b—c* sind adiabatisch, derart, daß nach Formel (3) S. 10:

$$\frac{T_1}{T_4} = \left(\frac{P_1}{P_4}\right)^{\frac{\gamma-1}{\gamma}} = \frac{T_2}{T_3},$$

damit wird:

$$\frac{T_1}{T_4} = \frac{T_1 - T_2}{T_4 - T_3}$$

und der Wirkungsgrad:

$$\eta = 1 - \frac{T_1}{T_4} = 1 - \left(\frac{P_1}{P_2}\right)^{\frac{\gamma-1}{\gamma}},$$

da die Ausdehnung adiabatisch ist, so gilt:

$$\left(\frac{P_1}{P_2}\right)^{\frac{\gamma-1}{\gamma}} = \left(\frac{V_2}{V_1}\right)^{\gamma-1},$$

so daß schließlich der Wirkungsgrad ausgedrückt werden kann als:

$$\eta = 1 - \left(\frac{V_2}{V_1}\right)^{\gamma-1} = 1 - \frac{1}{r^{\gamma-1}}.$$

Denselben Ausdruck erhielten wir für den Wirkungsgrad des Kreisprozesses für konstantes Volumen, und in der Tat ist der Wirkungsgrad des Kreisprozesses für konstanten Druck gleich demjenigen für konstantes Volumen.

Es ist damit klar, daß, nach welchem Kreisprozeß immer eine Wärmekraftmaschine arbeiten mag, je größer das Kompressionsverhältnis r wird, um so kleiner wird der Betrag $\frac{1}{r^{\gamma-1}}$, um den sich die Einheit vermindert, und um so größer wird der Wirkungsgrad einer Kraftmaschine, sofern mechanische und andere Verluste nicht in demselben Maße zunehmen. Deshalb ist es erwünscht, in allen Gasmaschinen mit einem hohen Kompressionsverhältnis zu arbeiten. In Verbrennungskraftmaschinen der gewöhnlichen Bauart, d. h. in Gas- und Ölmaschinen, die nach dem Kreisprozeß des konstanten Volumens arbeiten, ist indes das Kompressionsverhältnis begrenzt durch die Tatsache, daß ein Gemisch von Luft und Gas in den Arbeitszylinder eingeführt und komprimiert wird. Der Druck, bis zu dem die Kompression getrieben werden kann, darf nur ein verhältnismäßig niedriger sein. Die mit der Kompression steigende Temperatur darf nicht die Entzündungstemperatur des Gemisches erreichen, da sonst Vorzündung, d. h. eine Zündung eintritt, ehe der Arbeitshub beginnt. In der Dieselmaschine wird reine Luft in den Arbeitszylinder eingesaugt und komprimiert, und der Brennstoff wird erst nach der Kompression eingeführt, so daß bedeutend höhere Kompressionsdrücke ohne Gefahr einer Vorzündung angewandt werden können. Das Kompressionsverhältnis der Dieselmaschine ist ungefähr $r = 12$, gegenüber $r = 6$ oder 7 in Gasmaschinen, eine Eigenschaft, die sofort die Möglichkeit einer höheren Wärmeausbeute in der Dieselmaschine als in jeder anderen Wärmekraftmaschine mit niederer Kompression erklärt. Dies kann leicht durch Berechnung der beiden Werte für den Wirkungsgrad unter Annahme eines Kompressionsverhältnisses $r = 6$ und $r = 12$ bewiesen werden. Für den ersten Fall ist $\eta = 0{,}51$, für den zweiten ist $\eta = 0{,}63$, was einen Gewinn von 23% darstellt. Es sind indes hier noch andere Eigenschaften vorhanden, die den Wirkungsgrad der Dieselmaschine beeinflussen, doch können diese besser weiter unten bei Erläuterung ihres Arbeitsvorgangs an Hand der Besprechung ihrer Konstruktion Erwähnung finden.

Der Kreisprozeß der Dieselmaschine. Der vollständige Arbeitsvorgang in der Dieselmaschine wird im nächsten Abschnitt ausführlich besprochen werden. Es ist daher für den Augenblick genügend zu wissen, daß sich der Arbeitsvorgang in der gewöhnlichen Viertaktmaschine, wie sie heute auf den Markt kommt, ähnlich einem Kreisprozeß für konstanten Druck abspielt, unter dem Vorbehalt, daß die Wärmeabgabe im Auspuff mehr nach dem Muster des Prozesses für konstantes Volumen als nach dem für konstanten Druck stattfindet, sowie, daß Expansion und Kompression nicht vollkommen nach der Adiabate verlaufen, die in einer wirklichen Wärmekraftmaschine nicht zu erreichen ist. Fig. 6 zeigt den Arbeitsvorgang der Dieselmaschine. Die wagrechten Abmessungen stellen die Volumina, die senkrechten die Drücke dar. Kompression findet statt auf der Linie *a—b*, darauf wird Wärme bei konstantem Druck aufgenommen bis zum Punkt c. Hierauf findet adiabatische Expansion statt bis d, während Wärme bei konstantem Volumen auf dem Wege d—a abgegeben wird. Aus dem Diagramm sind nur die Volumina und Drücke in den einzelnen Punkten des Arbeitsvorgangs zu ersehen; zu jedem Punkt gehört außerdem eine besondere Temperatur.

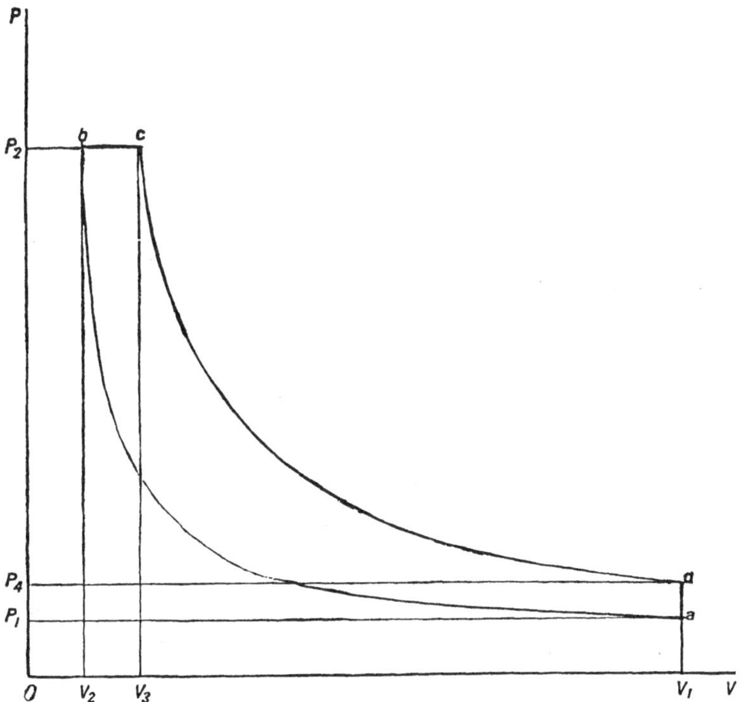

Fig. 6. Kreisprozeß der Dieselmaschine.

Ist wieder:

Q_2 = der Wärmemenge, die vom Treibmittel aufgenommen wird,

Q_1 = der Wärmemenge, die vom Treibmittel abgegeben wird,

$Q_2 - Q_1$ = der in äußerer mechanischer Arbeit in die Erscheinung tretenden Wärmemenge,

so ist der Wirkungsgrad des Kreisprozesses der Dieselmaschine:

$$\eta = \frac{\text{in Arbeit umgesetzte Wärmemenge}}{\text{aufgenommene Wärmemenge}} = \frac{Q_2 - Q_1}{Q_2} = 1 - \frac{Q_1}{Q_2},$$

Da die Wärme bei konstantem Druck aufgenommen wird, ist:

$$Q_2 = c_p(T_3 - T_2),$$

und da sie bei konstantem Volumen abgegeben wird, ist:

$$Q_1 = c_v(T_4 - T_1).$$

Unter Benutzung der allgemein gültigen Formel $\frac{PV}{T} = \text{konst.}$ erhalten wir:

$$\frac{P_3 V_3}{T_3} = \frac{P_2 V_2}{T_2} \quad \text{oder} \quad T_3 = T_2 \cdot \frac{V_3}{V_2},$$

woraus:

$$Q_2 = c_p T_2 \left(\frac{V_3}{V_2} - 1\right),$$

auf gleiche Weise ergibt sich:

$$T_4 = T_1 \cdot \frac{P_4}{P_1}.$$

Unter Benutzung der Beziehung für adiabatische Ausdehnung $PV^\gamma = \text{konst.}$ folgt:

$$P_1 = P_2 \left(\frac{V_2}{V_1}\right)^\gamma \quad \text{und} \quad P_4 = P_2 \left(\frac{V_3}{V_1}\right)^\gamma,$$

woraus:

$$T_4 = T_1 \cdot \frac{P_4}{P_1} = T_1 \left(\frac{V_3}{V_2}\right)^\gamma.$$

Unter Einsetzung dieses Wertes in den Ausdruck für Q_1 ergibt sich:

$$Q_1 = c_v \cdot T_1 \left[\left(\frac{V_3}{V_2}\right)^\gamma - 1\right].$$

Der Wert $\frac{V_3}{V_2}$ ist das Verhältnis zwischen dem Füllungsvolumen, das durch den Schluß des Brennstoffventils bestimmt ist und dem Volum des Kompressionsraums. Es mag mit R bezeichnet werden. Der Wirkungsgrad des in der Dieselmaschine verwirklichten Kreisprozesses berechnet sich dann zu:

$$\eta = 1 - \frac{Q_1}{Q_2},$$

$$\eta = 1 - \frac{c_v \cdot T_1 (R^\gamma - 1)}{c_p \cdot T_2 (R - 1)},$$

und da $\frac{c_p}{c_v} = \gamma$,

$$\eta = 1 - \frac{T_1}{T_2} \cdot \frac{R^\gamma - 1}{\gamma (R - 1)},$$

da die Kompression von a nach b adiabatisch verläuft, ist:

$$\frac{T_1}{T_2} = \left(\frac{V_2}{V_1}\right)^{\gamma - 1} = \frac{1}{r^{\gamma - 1}}$$

und damit erhalten wir:

$$\eta = 1 - \frac{1}{r^{\gamma - 1}} \cdot \frac{R^{\gamma} - 1}{\gamma (R - 1)};$$

dieser Ausdruck zeigt, daß das Verhältnis:

$$\frac{\text{Füllungsvolumen}}{\text{Volumen des Kompressionsraumes}}$$

für den Wirkungsgrad der Dieselmaschine von maßgebender Bedeutung ist.

Die Einwirkung der Änderung des Füllungsvolumens kann durch Einführung wirklicher Werte für R und r gezeigt werden.

Angenommen, das Volumen des Kompressionsraumes sei $\frac{1}{15}$ des Hubvolumens und das Brennstoffventil schließe, nachdem $\frac{1}{10}$ des Hubes zurückgelegt ist, so haben wir mit Bezug auf Fig. 6:

$$V_3 - V_2 = \frac{V_s}{10} \quad \text{und} \quad V_2 = \frac{V_s}{15},$$

somit:

$$V_3 - \frac{V_s}{15} = \frac{V_s}{10} \quad \text{oder} \quad V_3 = \frac{V_s}{6},$$

so daß:

$$R = \frac{V_3}{V_2} = 2{,}5\,.$$

Für $r = 12$ und $\gamma = 1{,}405$, was etwas höher als der in ausgeführten Maschinen erreichte Wert ist, ergibt sich der Wirkungsgrad der Dieselmaschine zu $\eta = 0{,}56$, während für dieselben Werte für r und γ, aber mit $R = 15$ der Wirkungsgrad den Wert $\eta = 0{,}61$ erreicht.

Für diese Erläuterungen war ein sich gleichbleibender Wert von γ Voraussetzung, was ja auch für jedes besondere Gasgemisch der Fall ist. Vergleicht man die Wirkungsgrade gewöhnlicher Gasmaschinen mit dem der Dieselmaschine, so beobachtet man, daß der Wirkungsgrad irgendeines Kreisprozesses mit wachsendem γ zunimmt. γ wächst, wenn der Luftgehalt des Gemisches zunimmt oder wenn das Gemisch, wie man sagt, ärmer wird. In Dieselmaschinen ist das Gemisch bedeutend ärmer als in Gasmaschinen, und dies trägt nicht unwesentlich zur Erhöhung ihres Wirkungsgrades bei.

Gründe für den hohen Wirkungsgrad der Dieselmaschine. Fassen wir die vorausgehenden Erläuterungen zusammen, so kann kurz gesagt werden, daß der überlegen gute Wirkungsgrad der Dieselmaschine mehrere Gründe hat, deren hauptsächlichster in der Anwendung eines hohen Kompressionsdruckes zu suchen ist. Dieser ist dadurch erreichbar, daß Luft allein, anstatt eines Gasgemisches, angesaugt wird, in welch letzterem Falle der Kompressionsdruck durch die Entzündungstemperatur des Gasgemisches begrenzt ist. Gleichzeitig kann ein ärmeres Gemisch als das für Gasmaschinen zur Verwendung kommen, weniger Brennstoff ist nötig, und der Verlust im Kühlwasser vermindert sich entsprechend. Ferner mögen andere Tatsachen von bedeutendem Einflusse sein, so die vollkommene Verbrennung bei hohem Kompressionsdruck während der ganzen Verbrennungsdauer und die mechanisch vorteilhafte Art und Weise der Brennstoffeinführung. Es ist bekannt, daß Öle mit hohem Flammpunkt für die Dieselmaschine sehr gut verwendbar sind, die dadurch die Verwertung der billigsten Ölrückstände gestattet. Auf der anderen Seite ist ein Kompressor notwendig, um den Brennstoff mit höherem Druck als dem Kompressionsdruck in den Zylinder einzublasen. Dies bringt einen Verlust an Kraftausbeute mit sich, der gewöhnlich etwa 4% der normalen Leistung ausmacht, also von nicht allzu großer Bedeutung ist.

Es muß besonders betont werden, daß der Kreisprozeß der Dieselmaschine keineswegs der Grund für ihren überlegenen Wirkungsgrad ist; denn es ist Tatsache, daß der Kreisprozeß für konstanten Druck einen geringeren Wirkungsgrad hat als der für konstantes Volumen, nach welchem die Gasmaschinen arbeiten, vorausgesetzt, daß die Bedingungen in beiden Fällen die gleichen sind. Mit anderen Worten: für denselben Kompressionsdruck würde die nach dem Kreisprozeß für konstantes Volumen arbeitende Maschine der für konstanten Druck überlegen sein, doch aus bereits erwähnten Gründen ist es unmöglich, in der Gasmaschine die Arbeitsbedingungen der Dieselmaschine zu erreichen. Der Höchstdruck des Treibmittels ist begrenzt durch die Festigkeit des Materials, und die Dieselmaschine gibt für diesen Höchstdruck die größte Kraftausbeute.

Trotz des viel höheren Kompressionsenddruckes (aber nicht des Höchstdruckes), der in der Dieselmaschine gegenüber der Gasmaschine zur Verwendung kommt, ist doch die Temperatur bei Beendigung der Verbrennung in ersterer beträchtlich niedriger als in letzterer, da die Zeitdauer der Verbrennung in der Dieselmaschine im Vergleich zu der Zeitdauer der Explosion in der Gasmaschine lang ist, wodurch mehr Wärme im Kühlwasser abgeführt werden kann. Die Verbrennung der Dieselmaschine ist indes keineswegs isothermisch, und die Temperatur steigt beträchtlich nach Einführung des Brennstoffes und auch weiterhin noch nach Schluß des Brennstoffventils, aber dessenungeachtet bleibt die wichtige Tatsache bestehen, daß trotz hoher Drücke die Temperaturen niedriger sind als in Gasmaschinen.

Die folgende Tabelle gibt den Verbrauch an WE. für 1 PS für die verschiedenen Kraftmaschinenarten, nämlich für eine Auspuffdampfmaschine, Heißdampfturbine, Sauggasmaschine und Dieselmaschine.

Die gegebenen Zahlen stellen Grenzwerte aus der Praxis dar. Die Zahlen für die Wirkungsgrade beziehen sich auf das Wärmeäquivalent für 1 PSe-Stunde. Dies berechnet sich zu $\frac{75 \cdot 60 \cdot 60}{424} = 640$ WE. Beigefügt sind ferner die in jedem Fall erreichten Drücke:

Maschinenart	Druck des Treibmittels kg/cm²	Verbrauch an WE. für 1 PSe-Std. WE.	Wirkungsgrad %
Dampfmaschine mit Auspuff	—	7500—9600	6,6—8,4
Dampfmaschine mit Kondensation und Turbinen für überhitzten Dampf. .	10—15	4300—6300	10—15
Sauggasmaschinen	20—25	2800—3500	18—23
Dieselmaschinen	35—40	1900—2000	32—34

Der Wirkungsgrad der Zweitaktdieselmaschine bleibt etwa 2 % unter dem der Viertaktmaschine. Alle Zahlen für die Wirkungsgrade gelten für Vollast und nehmen ab für niedere Belastung.

Die Werte der Tabelle beziehen sich auf die effektiven Wirkungsgrade, die Kraftausbeute; die thermischen Wirkungsgrade sind höher. So erreicht die Dieselmaschine einen thermischen Wirkungsgrad von 42—48%.

Zweiter Abschnitt.

Arbeitsweise der Dieselmaschine.

Viertaktmaschine. — Zweitaktmaschine. — Doppeltwirkende Zweitaktmaschine. — Liegende Maschine. — Schnellaufende Maschine. — Vorzüge der einzelnen Bauarten. — Leistungsgrenze. — Brennstoffe.

Der wesentliche Unterschied zwischen der Dieselmaschine und anderen mit gasförmigen oder flüssigen Brennstoffen arbeitenden Kraftmaschinen ist der, daß sie eine wirkliche Verbrennungs-Kraftmaschine ist, im Gegensatz zu Gas- und Ölmaschinen anderer Bauart, die genau genommen Explosions-Kraftmaschinen sind.

Viertaktmaschine. In der gewöhnlichen Viertaktgaskraftmaschine wird beim Saughub eine Mischung von Gas und Luft in den Zylinder eingesaugt und auf dem darauffolgenden Hub komprimiert. Dies Gasgemisch wird dann durch äußere Mittel zu Beginn des dritten Hubes, des Arbeitshubes, entzündet. Die Arbeitsweise der Dieselmaschine ist, wie im vorangehenden Abschnitt auseinandergesetzt wurde, eine vollkommen hiervon verschiedene und vollzieht sich bei einer Viertaktmaschine gewöhnlicher Bauart in folgender Weise:

1. Bei dem ersten abwärts gerichteten Kolbenhub wird Luft durch ein mit Schlitzen versehenes Rohr mit Hilfe des Lufteinlaßventils aus der Atmosphäre in den Arbeitszylinder eingesaugt. Am Ende des Saughubes ist der Zylinder gefüllt mit reiner Luft von atmosphärischem Druck, die zur Kompression bereit steht.

2. Während des folgenden zweiten, aufwärts gerichteten Kolbenhubes wird die Luft auf den verlangten Druck, meistens etwa 35 kg/qcm, komprimiert, wobei ihre Temperatur auf 500—600° C steigt. Alle Ventile sind dabei geschlossen.

3. Zu Beginn des dritten oder Arbeitshubes wird der Brennstoff mit Hilfe von Druckluft, die unter einem höheren als dem Kompressionsdruck steht, etwa 55 kg/qcm, durch ein besonderes Brennstoffventil eingeblasen, das über dem Kolben im Zylinderdeckel angeordnet ist. Hierbei findet Verbrennung statt, da die Temperatur der komprimierten Luft höher ist als der Flammpunkt des Brennstoffes. Die Dauer der Verbrennung hängt vom Schluß des Brennstoffventils ab,

der meistens nach etwa $^1/_{10}$ des Arbeitshubes erfolgt. Nach Schluß des Brennstoffventiles setzt sich die Verbrennung für eine kurze Zeit fort, hierauf erfolgt Ausdehnung der Gase und Abgabe von äußerer Arbeit an den Kolben für den Rest dieses Hubes. Kurz bevor der Kolben seinen unteren Totpunkt erreicht, wird das Auspuffventil geöffnet und der Druck fällt sofort ab. Wollte man die Expansion bis zu ihrem vollen Ende führen, so ist klar, daß dazu ungewöhnlich lange Arbeitszylinder notwendig wären.

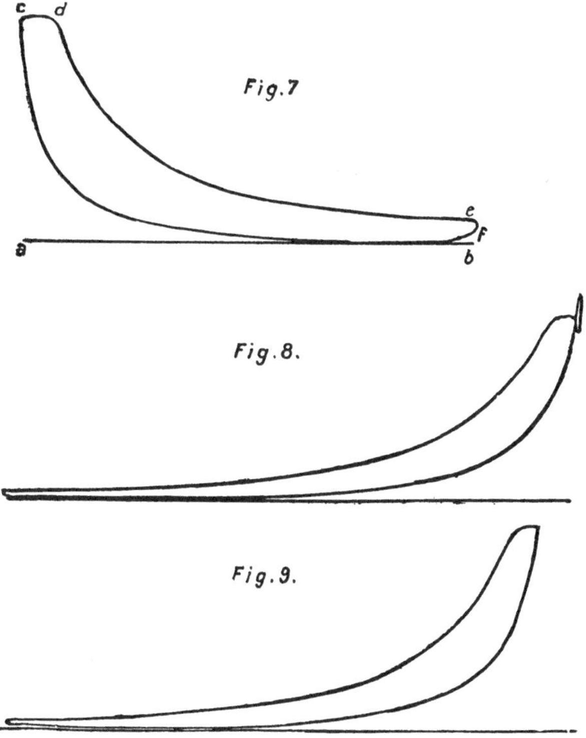

Fig. 7, 8 u. 9. Diagramm der Dieselmaschine.

4. Während des letzten Hubes bleibt das Auspuffventil offen. Die Auspuffgase werden durch den Kolben aus dem Zylinder in die Auspuffleitung gedrängt und die Reihe der Vorgänge wird von neuem durchlaufen, wenn der Kolben den oberen Totpunkt erreicht hat und den nächsten Saughub beginnt. Fig. 7 zeigt ein Indikatordiagramm einer Dieselmaschine aus der Praxis. Dabei stellt *a—b* den ersten oder Saughub dar, während dessen Luft in den Zylinder gesaugt wird. Auf der Linie *b—c* findet die mehr oder weniger adiabatisch verlaufende Kompression statt, *c—d* zeigt die Verbrennung während der Einführung

des Brennstoffs zu Beginn des folgenden Hubes und *d—e* die darauf folgende Expansion der Gase, bis sich das Auspuffventil bei *e* öffnet, von wo ab, während *e—f* durch das Entweichen der Gase der Druck rascher fällt. Während *f—a* werden alle Verbrennungsprodukte aus dem Arbeitszylinder ausgetrieben.

Diesels ursprüngliche Absicht war die, eine Kraftmaschine zu schaffen, die nach dem Kreisprozeß für konstante Temperatur arbeiten sollte, und obgleich die heutige Maschine nach einem Kreisprozeß arbeitet, der von dem vom Erfinder ursprünglich angestrebten abweicht, so wird doch die am Ende dieses Buches wiedergegebene Patentschrift von Interesse sein, nicht sowohl als ein geschichtliches Dokument, wie bezüglich der Grundgedanken, die Diesel in seinen ersten Maschinen zu verwirklichen gedachte.

Wie wir aus dem Diagramm und der Beschreibung der Wirkungsweise der Dieselmaschine gesehen haben, ist die Verbrennungslinie ihres Kreisprozesses, die als Isotherme gedacht war, in Wirklichkeit eine Linie konstanten Druckes und keineswegs isothermisch; denn die Temperatur steigt beträchtlich während der Verbrennung und wahrscheinlich auch noch während kurzer Zeit danach. Diese Art und Weise, den Verbrennungsvorgang zu leiten, war ebenfalls von Diesel beabsichtigt, und ist in seinem zweiten Patent beschrieben.

Vom praktischen Standpunkt aus ist indes sehr wichtig, daß die Zeitdauer der Verbrennung beträchtlich ist und deshalb viel mehr Zeit zur Wärmeabführung im Kühlwasser zur Verfügung steht als bei der Gasmaschine, wo die Explosion eine plötzliche Temperatursteigerung bedingt. Daraus folgt, daß für denselben Höchstdruck in den Zylindern einer Gasmaschine und einer Dieselmaschine der Temperatursprung in der ersteren größer ist als in der letzteren. Man bemerkt dabei, daß die Höchstdrücke der beiden Maschinenarten nicht sehr verschieden sind, daß aber in der Gasmaschine dieser Höchstdruck nicht durch Kompression, sondern erst nach der Zündung erreicht wird. Eine Dieselmaschine kann mit viel höherem Kompressionsdruck arbeiten als eine Gasmaschine und braucht doch nicht solch hohen Temperaturen, wie diese, ausgesetzt zu sein. Dies deutet auf die bereits wohl erkannte Tatsache hin, daß größere Leistungen in einem Zylinder beherrscht werden können als mit den anderen Arten der Verbrennungskraftmaschinen. In dieser Beziehung sind indes noch andere Tatsachen von maßgebendem Einfluß.

Aus der vorangehenden Beschreibung ist zu ersehen, daß die Dieselmaschine ebensowenig wie jede andere Verbrennungskraftmaschine beim Inbetriebsetzen ohne äußere Mittel anspringt. Das Anlassen erfolgt, wie dort, mit Druckluft, die durch ein besonderes im Zylinderdeckel angeordnetes Anlaßventil dem Arbeitszylinder zugeführt wird.

Die Anordnung dieses Anlaßventils ist derart, daß es nie gleichzeitig mit dem Brennstoffventil in Wirksamkeit treten kann. Zum Anlassen wird die Kurbelwelle so weit mit Hilfe der Schaltvorrichtung gedreht, bis der Kolben etwas über dem oberen Totpunkt steht. Die Maschine läuft als Luftmaschine an, bis sie genügend Geschwindigkeit erlangt hat, um ihre Arbeit als Ölmaschine aufzunehmen, was nach zwei oder drei Umdrehungen der Fall ist. Die Druckluft muß nicht nur zum Zweck des Anlassens hergestellt werden, sondern auch fortgesetzt im Betrieb zum Einblasen des Brennstoffes. Gewöhnlich werden drei zylindrische Luftgefäße vorgesehen; davon dienen zwei für die Druckluft zum Anlassen, wovon eines als Reserve, und das dritte für die Druckluft zum Einblasen. Die Luft wird von einem unmittelbar von der Maschine angetriebenen Luftkompressor in genügender Menge und unter dem notwendigen Druck geliefert. Sämtliche Ventile sind bei der stehenden Bauart im Deckel angeordnet. Diese ist bis heute fast allgemein angenommen, nebenher findet auch die liegende Bauart mehr und mehr Aufnahme. Eine einfachwirkende Einzylinder-Viertaktmaschine besitzt demnach in ihrem Deckel vier Ventile, nämlich: Ein- und Auslaßventil, Brennstoff- und Anlaßventil. Jedes dieser Ventile wird durch einen auf einer Nockenwelle sitzenden Nocken betätigt. Diese Nockenwelle wird ihrerseits durch zwei Schraubenräderpaare und eine Zwischenwelle von der Kurbelwelle aus angetrieben. Alle Ventile werden durch starke Federn gegen ihre Sitze gedrückt. Durch Verstellung der Nocken und deren Form wird für jedes Ventil die verlangte Öffnungsdauer zur richtigen Zeit erreicht. Für eine Mehrzylindermaschine ist ein Anlaßventil nur an einem Zylinder notwendig, wenngleich oft mehrere zur Verwendung kommen.

Fig. 8 zeigt das Diagramm einer Maschine von 250 PS Leistung. Man erkennt die unrichtige Einstellung des Brennstoffventils. Die Verbrennung findet zu spät statt, da das Brennstoffventil nicht früh genug öffnet. Fig. 9 zeigt ein Diagramm für denselben Zylinder nach Einstellung des Brennstoffventils; die wagrechte Verbrennungslinie nach Erreichung des Höchstdruckes zeigt, daß der Brennstoff im richtigen Augenblick eingeblasen wird.

Der Luftkompressor wird von den verschiedenen Firmen in verschiedener Weise angetrieben. Einige treiben ihn durch einen schwingenden Hebel von der Pleuelstange, andere durch eine am Ende der Kurbelwelle sitzende Stirnkurbel an. Die Kompressoren sind zwei- oder dreistufig. Für große Leistungen und für Schiffsmaschinen ist ein getrennter Kompressorsatz als Reserve notwendig, der ebenfalls von einer Dieselmaschine oder einer anderen Verbrennungskraftmaschine angetrieben werden kann. Die Regulierung der Dieselmaschine kann auf verschiedene Weise erfolgen. Das fast allgemein angewandte Verfahren besteht darin, daß die Brennstoffmenge, die von der Brennstoffpumpe dem Brennstoffventil zugeführt wird, der Belastung entsprechend verändert wird. Die Brennstoffpumpe wird dabei meist von der horizontalen Nockenwelle oder der vertikalen Regulatorwelle durch Exzenter betätigt. Eine genaue Beschreibung der Bauart der Brennstoffpumpe soll im nächsten Abschnitt gegeben werden.

Zweitaktmaschine. Während einer Reihe von Jahren nach ihrer Aufnahme wurde die Dieselmaschine ausschließlich als Viertaktmaschine gebaut. In letzter Zeit sind jedoch große Fortschritte im Bau von Zweitaktmaschinen gemacht worden. Die Arbeitsweise einer solchen Maschine ist folgende:

1. Angenommen, der Kolben stehe am Ende seines Hubes in seiner tiefsten Stellung. Der Arbeitszylinder ist dann gefüllt mit Luft von nahezu Atmosphärendruck und diese wird beim ersten aufwärtsgerichteten Hub auf etwa 35 kg/qcm verdichtet, genau wie beim zweiten Hub in der Viertaktmaschine.

2. Während des zweiten Hubes müssen Verbrennung, Ausdehnung, Auspuff und Füllung des Zylinders mit frischer Luft stattfinden. Der Brennstoff wird am Anfang des Arbeitshubes durch das Brennstoffventil mit Hilfe von Druckluft eingeblasen, wie vorher. Hierauf erfolgt Ausdehnung der Gase während etwa 75% des Kolbenweges, wenn der Auspuff geöffnet wird und die Verbrennungsprodukte entweichen. Frischluft unter einem Druck von 0,3—0,6 kg/qcm tritt hierauf in den Zylinder ein, entweder durch besondere, im Deckel angeordnete Ventile oder durch Schlitze in der Zylinderwand. Die Spülluft wird von einer Luftpumpe geliefert, die vom Luftkompressor getrennt ist. Die Verbrennungsgase entweichen durch Schlitze in der Zylinderwand. Am Ende des Kolbenhubes ist der Zylinder mit Frischluft gefüllt und fertig zur Kompression auf dem ersten Hub des nächsten Arbeitsspiels. Brennstoff- und Anlaßventil, sowie Spülventile sind bei der Kompression geschlossen. Fig. 10 zeigt das Diagramm einer Zweitaktmaschine. Es unterscheidet sich nicht wesentlich von dem der Viertaktmaschine. *c—d* stellt die Verbrennung, *d—e* die Expansion bis *e* dar, wenn die Auspuffschlitze freigegeben werden, wodurch der Druck nach *e—f* stark abfällt. Während der Zeitdauer des Auspuffs wird der Zylinder durch die Spülpumpe mit frischer Luft gefüllt. Die wagrechte Linie, die in der Viertaktmaschine den Lufteintritt darstellt, fällt fort, da alle Luft unter höherem als Atmosphärendruck eingeführt wird. Die Einführung der Luft findet längs *f—g* bis zum Punkt *g* statt, worauf die Kompression beginnt. Die Spülventile oder -schlitze öffnen sich zeitlich etwas nach den Auspuffschlitzen, so daß der Druck im Zylinder bereits um ein gewisses Maß gefallen ist, ehe die Spülluft in den Zylinder eintritt.

Was den Aufbau anbelangt, so unterscheidet sich die Zweitaktmaschine von der Viertaktmaschine in der Anordnung der Ventile und dem Vorhandensein der Spülpumpe. Im übrigen sind die beiden Bauarten einander gleich. Bei großen Maschinen ist die Spülpumpe meist in einer Reihe mit den Arbeitszylindern angeordnet und der Pumpenkolben durch eine Schubstange von der für diesen Zweck verlängerten Kurbelwelle aus angetrieben, während sie in anderen Fällen durch Hebel von der Pleuelstange eines Arbeitszylinders aus angetrieben wird.

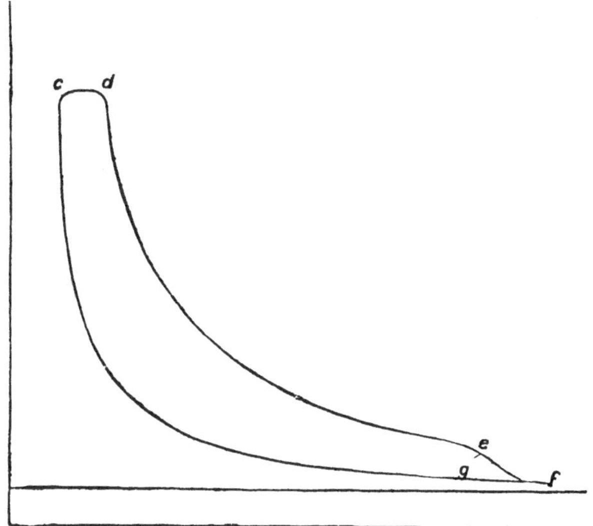

Fig. 10. Diagramm der Zweitaktmaschine.

Die Spülpumpe ist gebaut zur Lieferung von Druckluft unter einem Druck von 0,3—0,6 kg/qcm, doch sind dabei die Größe und die Bauart der Spülventile oder -Schlitze von maßgebendem Einfluß. Bei der Zweitaktmaschine ist kein Einlaßventil gewöhnlicher Bauart für Luft unter Atmosphärendruck vorhanden. Die Spülluft kann entweder durch im Zylinderdeckel angeordnete Spülventile oder nahe dem unteren Zylinderrande angeordnete Spülschlitze eingeführt werden. Die Auspuffschlitze sind immer in der Zylinderwand, in der Längsrichtung verlaufend, angeordnet und erstrecken sich über etwa 15% des Kolbenhubes von der tiefsten Kolbenstellung aus gerechnet.

Doppeltwirkende Zweitaktmaschine. Bei dieser Bauart ist jeder Hub ein Arbeitshub, und die Wirkung kann verstanden werden, wenn man jeden Zylinder als Kombination von zwei getrennten einfachwirkenden Zylindern mit gemeinsamen Auspuffschlitzen und getrennten, im oberen und unteren Deckel angeordneten Brennstoffventilen auffaßt. Der

Zylinder wird bei dieser Bauart beträchtlich länger als für einfachwirkenden Zweitakt. Der Kolben ist etwa halb so lang als dort. Die Wirkungsweise der Maschine ist folgende: Der Arbeitskolben stehe in seiner tiefsten Stellung, wo er die Auspuffschlitze vollständig freigegeben hat. Der Raum über ihm ist mit frischer Luft gefüllt, die von der Spülpumpe eingeblasen wurde, unter dem Kolben ist die Luft zu dem vollen Kompressionsdruck zusammengepreßt. Der nun folgende aufwärtsgerichtete Hub enthält dann zwei Hubvorgänge, wie sie bereits für die einfachwirkende Zweitaktmaschine beschrieben sind. Über dem Kolben findet Kompression statt, unter dem Kolben folgen sich der Reihe nach Brennstoffeinführung, Verbrennung, Ausdehnung, schließlich Öffnen der Auspuff- und darauf der Spülventile oder -schlitze kurz ehe der Kolben seine höchste Stellung erreicht.

Liegende Maschine. Obwohl Diesel selbst am Anfang der Entwicklung eine seiner Maschinen in liegender Bauart ausführte, so zeigten doch bis vor ein oder zwei Jahren alle auf den Markt kommenden Maschinen die stehende Bauart. In letzter Zeit hat jedoch auch die liegende Bauart auf die Dieselmaschine Anwendung gefunden. Sie ist in den Fällen von Vorteil, wo die zur Verfügung stehende Bauhöhe begrenzt und der Preis von Grund- und Bodenfläche von untergeordneter Bedeutung ist; denn die liegende Bauart ist viel niedriger, bedarf aber einer bedeutend größeren Grundfläche als die stehende. Die liegende Maschine wird einfach- und doppeltwirkend ausgeführt und unterscheidet sich, was ihre Arbeitsweise anbelangt, nicht wesentlich von der stehenden. Das Brennstoffventil sitzt horizontal im Zylinderdeckel, während die Spülventile oben und unten am Zylinderkopf angeordnet sind, genau wie die Ein- und Auslaßventile der liegenden Viertaktgasmaschinen. Alle Ventile sind durch Hebel und Nocken oder Wälzhebel und Exzenter von der horizontalen Steuerwelle aus, die durch ein Schraubenräderpaar von der Kurbelwelle angetrieben wird, in der von der gewöhnlichen Gasmaschine her bekannten Weise betätigt. Der Kompressor sitzt auf einer Verlängerung der Kurbelwelle und ist zwei- oder dreistufig. Die liegende Bauart besitzt bessere Zugänglichkeit für Reinigung, Wartung und Reparatur, geringeren Auflagedruck auf die Flächeneinheit des Fundaments und geringere Anschaffungskosten als die stehende.

Schnellaufende Maschine stehender Bauart. Für stationäre Zwecke, vor allem für elektrische Anlagen, besitzt eine schnellaufende Maschine einer langsamlaufenden gegenüber Vorteile, soweit dadurch sowohl Größe, Preis und Gewicht der Dynamomaschine, als Größe und Gewicht der Dieselmaschine selbst sich verringern. Die gewöhnliche, langsamlaufende Bauart wechselt in ihren Umdrehungszahlen von 150—250 Umdrehungen in der Minute, je nach der Leistung, die schnellaufende, von einer Reihe von Firmen heute auf den Markt gebrachte, läuft mit 180—350 Umdrehungen in der Minute oder mehr, je nach der Leistung. Die Wirkungsweise ist dieselbe wie bei der langsamlaufenden Maschine, nur daß gewöhnlich sämtliche Teile nach außen abgeschlossen sind und Druckschmierung mit einem Druck von etwa 10 kg/qcm zur Verwendung kommt. Das Kurbelgehäuse ist vollkommen geschlossen. Nockenwelle und Nocken laufen gewöhnlich in einem Ölbad. Die für die schnellaufende Bauart geltend gemachten Vorteile liegen, bei denselben Wartungskosten wie für die stehende, in dem verringerten Raumbedarf und Gewicht, der geringen Bauhöhe und etwas geringeren Anlagekosten.

Vorzüge der einzelnen Bauarten. Maschinenbau ist meist unvermeidlich ein Kompromiß, und es ist schwierig oder unmöglich, allgemeingültige Gesetze zu schaffen, die in allen Fällen befolgt werden können, da oft besondere Überlegungen das beeinflussen, was als das Zweckmäßigste für den allgemeinen Fall gehalten wird. Die folgenden Bemerkungen bezüglich der Verwendungsfähigkeit der verschiedenen Bauarten nehmen daher nur auf die gewöhnlichen Fälle Bezug, wo keine besondere Überlegung zur Abweichung vom gebräuchlichen Weg zwingt.

Die weiteste Erfahrung ist an Dieselmaschinen langsamlaufender Bauart gewonnen worden. Ihr Wirkungsgrad ist notwendigerweise höher als der schnellaufender Bauarten und ihre Betriebssicherheit und Wirtschaftlichkeit sind während der letzten 15 Jahre bewiesen worden. Diese Tatsachen allein werden der langsamlaufenden Bauart zu allgemeiner Verwendung verhelfen, und für kleine Leistungen ist nicht einzusehen, weshalb sie durch die schnellaufende Bauart ersetzt werden sollte, abgesehen dort, wo Raum- und Bauhöhe sehr beschränkt sind. Seit einiger Zeit besteht eine Neigung für große Einheiten, der man vielleicht in der kommenden Zeit noch mehr nachgeben wird, und insofern erscheint die Sache unter einem neuen Gesichtspunkt. Die in dem Zylinder einer Viertaktmaschine entwickelbare Leistung ist verhältnismäßig klein. Eine Vermehrung der Zylinderzahl über vier oder sechs macht die Maschine unübersichtlich. Man erreicht daher bald Leistungen, für die die Viertaktmaschine nicht mehr anwendbar ist, und kann hier den etwas geringeren Wirkungsgrad der Zweitaktmaschine gegenüber der Viertaktmaschine gern in Kauf nehmen, wenn man dabei größere bauliche Einfachheit gewinnt. Die meisten Firmen bauen ihre Viertaktmaschinen bis 700 oder 1000 PSe und verwenden für größere Leistungen Zweitaktmaschinen. Bei weiterer Verfolgung dieser Überlegungen mag scheinen, als ob die doppeltwirkende Zweitaktmaschine das Ende der Entwicklung darstellt, doch ist dies nicht notwendigerweise der Fall. Man hat an einer einfachwirkenden Zweitaktmaschine eine Leistung von 1200 PSe erreicht und die Bewältigung von 2000 PSe in einem Zylinder scheint keine unüberwindlichen Schwierigkeiten zu besitzen, so daß für die Frage großer Einheiten die doppeltwirkende Bauart nicht allein maßgebend ist. Es bestehen gewisse Schwierigkeiten für die doppeltwirkende Bauart, so in der Kühlung von Kolben und Kolbenstange und der Betriebssicherheit der Stopfbüchsen für die Kolbenstange. Diese Schwierigkeiten sind von den verschiedenen Firmen in befriedigender Weise gelöst worden, müssen aber bei einer Besprechung der Vor- und Nachteile der verschiedenen Bauarten Erwähnung finden. Es ist ferner zu beachten, daß für große Leistungen so große Spülpumpenabmessungen verlangt werden, daß damit der Vorteil geringerer Raumbeanspruchung für den doppeltwirkenden Zweitakt hinfällig wird. Für sehr große Leistungen ist die Verwendung liegender doppeltwirkender Maschinen in Erwägung zu ziehen.

In der einfachwirkenden Zweitaktmaschine wird per Zylinder theoretisch die doppelte Leistung erzielt wie in der Viertaktmaschine, während für den doppeltwirkenden Zweitakt die Zylinderleistung weiter wächst, abgesehen von der Gewichtverminderung für die gleichen Leistungen. Die Theorie deckt sich nicht mit den Ergebnissen der Wirklichkeit, da das Zylindervolumen nicht in so wirksamer Weise ausgenützt werden kann, als in der Viertaktmaschine. Dies hat seinen Grund in der Anordnung von Auspuff- und Spülschlitzen in der Zylinderwand, so daß nur etwa 75—80% des Hubvolumens zur vollen Ausnutzung gelangen kann. Wenn sonst keine Unterschiede beständen, so schiene die einfach- oder doppeltwirkende Zweitaktmaschine der Viertaktmaschine überlegen zu sein, indes sind hier noch eine Reihe weiterer Überlegungen zu beachten. Eine Zweitaktmaschine kann nicht denselben Wirkungsgrad haben als eine Viertaktmaschine, da die Notwendigkeit der Spülung verbietet, die Expansion ganz zu Ende zu führen, abgesehen davon, daß der Antrieb der Spülungen eine Arbeitsleistung beansprucht. Allgemein kann man sagen, daß der Wirkungsgrad der Zweitaktmaschine nur etwa 3—4% geringer ist als der der Viertaktmaschine, was indes ein vollkommen genügender Grund ist, letzterer den Vorzug zu geben. Wo indes der Raum sehr beschränkt ist, kommt dies der Zweitaktmaschine zugut, die für dieselbe Leistung einen bedeutend geringeren Raum beansprucht als die Viertaktmaschine.

Was die Verwendung der Dieselmaschine für den Schiffsbetrieb anlangt, so muß hier unvermeidlich die Viertaktmaschine durch die Zweitaktmaschine verdrängt werden, ungeachtet ihres höheren Wirkungsgrades. Mehrere Schiffsviertaktmaschinen sind bereits gebaut, doch ist die Verwendung dieser Bauart weiterhin unwahrscheinlich und vielleicht bisher nur deshalb erfolgt, weil mit ihr die meiste Erfahrung vorliegt und man sich nicht in kostspielige Versuche einlassen wollte.

Für den Schiffsbetrieb ist die Zweitaktmaschine der Viertaktmaschine aus zwei wichtigen Gründen vorzuziehen. Erstens sind Raumbeanspruchung und Gewicht verringert und zweitens ist die Zweitaktmaschine bedeutend leichter umzusteuern als die Viertaktmaschine. Ein weiterer Punkt zugunsten des Zweitakts für Schiffe ist die Abwesenheit von Auspuffventilen und deren Betriebsschwierigkeiten. Die Auspuffschlitze werden hier durch die Spülluft bei jedem Arbeitsspiel gereinigt und verlangen keinerlei Wartung.

Im Betrieb der Viertaktmaschine bedürfen nur Auspuff- und Brennstoffventil der Wartung und sollten alle zwei Wochen gereinigt werden. Wird indes für einen klaren Auspuff gesorgt, so kann das Auspuffventil ein halbes Jahr ohne Wartung arbeiten. Öfter notwendiges Reinigen ist möglicherweise für Schiffe auf langen Reisen unbequem, doch kann diese Schwierigkeit dadurch überwunden werden, daß jeder Zylinder für Reinigungszwecke einzeln ausgeschaltet werden kann, während die Maschine im Betrieb bleibt, eine Methode, die bereits Anwendung gefunden hat. Immerhin ist es vorzuziehen, jegliches Reinigen an in Bewegung befindlichen Maschinen überhaupt soweit als möglich zu beschränken. Es ist möglich, Viertaktmaschinen an Stelle von Auspuffventilen mit Auspuffschlitzen zu versehen, und tatsächlich befinden sich auch heute bereits derartige Maschinen im Bau, so daß dort, wo die Viertaktmaschine im Schiffsbetrieb Verwendung findet, wahrscheinlich diese Einrichtung zu ausgedehnterer Verwendung kommen wird.

Bezüglich der Frage, ob der einfach- oder doppeltwirkenden Maschine der Vorzug zu geben ist, muß gesagt werden, daß viele Firmen trotz günstiger Versuchsresultate Gegner der doppeltwirkenden Maschine sind. Indes ist nicht von der Hand zu weisen, daß größere Zylinderleistungen erlangt werden können, als mit den anderen Bauarten, und daß für gleiche Leistung und gleiches Drehmoment nur die Hälfte der sonst nötigen Zylinderzahl verlangt ist. Der Hauptvorwurf, der der doppeltwirkenden Maschine gemacht wird, ist die zweifelhafte Betriebssicherheit der Stopfbüchsen für die Kolbenstange. Dafür hat man zwar an Großgasmaschinen Erfahrung gesammelt, doch sind die Schwierigkeiten bei der Dieselmaschine wegen der Vereinigung hoher Drücke und Temperaturen, sowie größerer Ungleichheit der Drücke erheblicher als bei Gasmaschinen. Die doppeltwirkende Maschine ist notwendigerweise umständlicher im Bau als die einfachwirkende, und obgleich dies den Erfolg nicht zu beeinflussen braucht, so ist doch Einfachheit für den Schiffsbetrieb äußerst erwünscht und Fragen der Betriebssicherheit, Zugänglichkeit aller Teile und leichte Reparaturfähigkeit verlangen die vollste Aufmerksamkeit beim Entwurf einer Schiffsdieselmaschine. Für doppeltwirkende Maschinen sind große Spülpumpen notwendig, derart, daß die Ersparnis an Raum und Gewicht nicht so groß ist, als sie auf den ersten Blick erscheinen mag. Weiterhin ist größere Sorgfalt auf die Kühlung der Kolben, Kolbenstangen und Auspufforgane zu verwenden.

Bei der doppeltwirkenden Maschine ist es für die Bodenseite des Zylinders unmöglich, den Brennstoff in der Mittellinie des Zylinders einzuführen, da sich hier die Kolbenstange befindet. In gleicher Weise ist die zentrale Anordnung des Brennstoffventils für liegende Maschinen oft unmöglich, da die Kolbenstange manchmal durch das hintere Zylinderende hindurchgeführt ist, um einen Teil des Kolbengewichts mit Hilfe eines besonderen Gleitschuhes aufzunehmen. Dies macht es notwendig, die Brennstoffventile außerhalb der Mittellinie anzuordnen. Diese Lösung ist indes wenig zweckmäßig, und der Ventilantrieb wird dabei nicht einfach, die am unteren Zylinderende sitzenden Ventile sind dabei schwer zugänglich. Sofern in einer stehenden Maschine der Brennstoff oben in der Zylindermitte und unten außerhalb derselben eingeführt wird, entstehen beim Betrieb verschiedene Kolbendrücke, was beim Entwurf zu berücksichtigen ist. Ein weiterer Nachteil der doppeltwirkenden Maschine ist die Tatsache, daß der Kompressionsraum an jedem Zylinderende nicht in derselben Weite als bei der Viertaktmaschine eingestellt werden kann, nämlich durch Zwischenlegen einer Platte im Kurbelzapfenlager der Pleuelstange. Es sind hierfür besondere Maßnahmen vorzusehen.

Tatsächlich liegt kein Grund zur Annahme vor, daß die einfach- oder doppeltwirkende Bauart ausschließlich das Feld behaupten wird. Ist es möglich, mit der einfachwirkenden Maschine die verlangten großen Zylinderleistungen zu erreichen, so wird damit der für die doppeltwirkende Maschine geltend gemachte Hauptvorteil hinfällig. Augenscheinlich sind, abgesehen von Betrachtungen mehr theoretischer Natur, auf beiden Seiten eine ganze Reihe Eigenschaften zu berücksichtigen, sofern es sich um den Schiffsantrieb handelt, und alles, was man mit ziemlicher Sicherheit voraussagen kann, ist, daß nach einem einige Jahre dauernden Versuchszustand wahrscheinlich die Zweitaktmaschine für den Schiffsbetrieb ausschließlich zur Verwendung kommen wird. Ob dies aber in ihrer einfach- oder in ihrer doppeltwirkenden Bauart geschehen wird, kann nur längere Erfahrung entscheiden. Heute haben sie beide eifrige Fürsprecher, und dieser Zustand ist deshalb sehr erwünscht, weil er dafür bürgt, daß die äußersten Anstrengungen gemacht werden, beide Bauarten bestmöglichst auszubilden.

Mit Rücksicht auf den für zunehmende Umlaufszahl begrenzten Wirkungsgrad des Propellers muß, namentlich für langsame Fahrzeuge, die Verwendung einer Zahnradübersetzung zwischen Maschinen- und Propellerwelle in Erwägung gezogen werden. Auf den ersten Blick scheint dies die Anlage umständlicher, teurer und schwerer zu machen, in besonderen Fällen wird indes die Umsteuerung einfacher. Die Umdrehungszahl einer verhältnismäßig kleinen Dieselmaschine ist gewöhnlich etwa 150—180 Umdrehungen in der Minute. Dies ist ziemlich hoch für ein langsam fahrendes Fahrzeug. Setzt man durch ein Vorgelege die Umdrehungszahl herab auf etwa 130 Umdrehungen in der Minute, was einen Mittelwert zwischen der Umdrehungszahl der Maschine und der für den Propeller günstigsten darstellt, so verbessert man den Propellerwirkungsgrad, vergrößert aber das Gewicht der Anlage. Diese Maßnahme kann jedoch einen Vorteil bedeuten. Bei Anwendung eines Vorgeleges kann eine schnellaufende Maschine zur Verwendung kommen, und trotzdem braucht der Propeller die für ihn günstigste Umdrehungszahl von 70—90 Umdrehungen in der Minute nicht zu überschreiten. Weiterhin gestattet diese Einrichtung, die untere Grenze der Umlaufszahl des Propellers so niedrig zu halten, als sie die langsamste Fahrt des Schiffes erfordert, in welchem Fall die verhältnismäßig hohe Umlaufszahl bei unmittelbarem Antrieb oft unbequem ist.

Die Leistungsgrenze der Dieselmaschine. Eine der Hauptschwierigkeiten, die sich bei der Entwicklung der Verbrennungskraftmaschinen herausgestellt hat, war die, eine Maschine großer Leistung ohne Vermehrung der Zylinderzahl zu schaffen. Der Bedarf an solchen Maschinen führte zur Einführung des Zweitakts und zur doppeltwirkenden Maschine. So bei der Gasmaschine vornehmlich zur Ausnutzung von Hochofengas. Die dort gewonnenen Erfahrungen können heute in weitem Maß bei der Dieselmaschine zur Anwendung gebracht werden. Gasmaschinen verschiedener Bauart werden heutzutage bis zu 4000 PSe Leistung ausgeführt mit einer Leistung von 1000 PS für einen Zylinder, und mit Bau und Betrieb dieser Maschinen sind keine unüberwindlichen Schwierigkeiten verknüpft. Für die Dieselmaschinen sind auf der anderen Seite mehrere Gründe vorhanden, weshalb man die Möglichkeit größerer Zylinderleistungen von ihr erwarten sollte als von anderen nach dem Kreisprozeß für konstantes Volumen arbeitenden Verbrennungskraftmaschinen. Aus dem Diagramm der Dieselmaschine erkennt man, daß der mittlere Kolbendruck bedeutend höher ist, als der in der Gasmaschine, im Mittel etwa 7,0—7,5 kg/qcm, in einigen Fällen sogar 8,5 kg/qcm, gegenüber 4,0—4,5 kg/qcm in der Gasmaschine. Daher hat die Dieselmaschine für dieselben Zylinderabmessungen eine höhere Leistung als die Gasmaschine. Der Temperatursprung bei der Verbrennung oder Explosion hat wahrscheinlich einen sehr bedeutenden Einfluß auf die Begrenzung der einfachen Zylinderleistung. Wie wir gesehen haben, ist er geringer bei der Diesel- als bei der Gasmaschine. Ebenso bleibt die Größe des Kompressionsraumes mit etwa 6—8% in der Viertaktmaschine unter der für den der Gasmaschine mit etwa

25% des Hubvolumens, wenn auch dies Verhältnis für größere Leistungen und für den Zweitakt nicht mehr so streng zutrifft. Es ist heute schwer zu sagen, welche größte Leistung mit Sicherheit in einem Dieselmaschinenzylinder entwickelt werden kann, und diese Frage erheischt weitgehende Erfahrung. Der Kolbendurchmesser ist durch den hohen Kompressionsdruck und die daraus sich ergebenden hohen Drücke in Schub- und Kolbenstange begrenzt, außerdem wird bei großen Zylinderdurchmessern eine wirksame Kühlung von Kolben- und Kolbenstange schwierig.

Dieser Punkt ist besonders wichtig für die Dieselmaschine, soweit sie zum Schiffsantrieb verwendet werden soll, da man bereits heute mit Sicherheit sagen mag, daß für stationäre Zwecke ihre Leistung jeder verlangten Größe angepaßt werden kann. Mit Rücksicht auf die mit Großdieselmaschinen vorliegenden Erfahrungen geht die Meinung der Fachleute dahin, daß für eine Zylinderleistung von 2000 PS in der einfachwirkenden und 2500 PS in der doppeltwirkenden Zweitaktmaschine keine unüberwindlichen Schwierigkeiten verknüpft sind. Damit liegt eine Maschine, die mit 8 Zylindern 16 000—20 000 PS entwickelt, ganz im Bereich der Möglichkeit, und da für den Augenblick keine Notwendigkeit für größere Leistungen besteht, so scheint die Dieselmaschine damit den Anforderungen größter und schnellster Passagierschiffe, sowie Schlachtschiffe gewachsen zu sein.

Brennstoffe der Dieselmaschine. Allgemein kann man sagen, daß fast jedes Öl zum Betrieb der Dieselmaschine Verwendung finden kann. Die hauptsächlich in Frage kommenden Brennstoffe sind die natürlichen Erdöle, wie sie in allen Teilen der Erde zutage treten, sowie deren Destillationsprodukte. Außer diesen die Destillationsprodukte der Kohle, der Braunkohle und des Schiefers. Es bestehen Zweifel darüber, ob die wachsende Verwendung der Dieselmaschine nicht Schwierigkeiten in der Brennstoffversorgung und demzufolge höhere Brennstoffpreise herbeiführt, ein Umstand, der die Wirtschaftlichkeit der Maschine in Frage stellen könnte. Wenn man indes bedenkt, daß die jährliche Öllieferung unserer Erde etwa 40 Mill. Tonnen beträgt und dabei stark im Steigen begriffen ist, so ist dieser Einwand kaum stichhaltig. Heute verbrauchen alle Dieselmaschinen zusammengenommen etwa 5% der gesamten Öllieferung der Erde, und dabei sind nach der Meinung der Geologen in vielen Teilen der Erde noch weite, unentdeckte Öllagerstätten vorhanden, deren Lieferung als nahezu unbegrenzt angesehen wird. Es hat daher für kommende Tage den Anschein, als ob bei der starken Nachfrage die Ölproduktion steigen und dadurch die Ölpreise eher fallen als steigen werden. Wenig Zweifel besteht darüber, daß Öl verbreiteter ist als Kohle und daher ist ein Steigen der Ölpreise weniger wahrscheinlich als ein Steigen der Kohlenpreise. Das Zögern in der Verwendung der Dieselmaschine wegen etwaigen Steigens der Brennstoffpreise würde sein Gegenstück darin haben, daß man der Dampfmaschine mißtraut, weil möglicherweise die Kohlenpreise steigen.

Man darf dabei jedoch nicht vergessen, daß die Länder des größten Kraftmaschinenbedarfs, nämlich die Hauptteile Europas, keine ölproduzierenden Länder und deshalb auf auswärtige Lieferung angewiesen sind. Dies ist von keiner allzu großen Bedeutung für England, Belgien, Dänemark und Schweden, wo kein Zoll auf eingeführtes Öl besteht, ist aber sehr wichtig für Deutschland, Frankreich, Italien und Spanien, wo ein hoher Zoll darauf ruht. Namentlich für die ersten beiden trifft dies besonders zu, derart, daß für Frankreich die Verwendung von crude-Öl für Dieselmaschinen nahezu ausgeschlossen ist.

Diese Tatsache kann an Hand der gegenwärtigen Preise für crude-Öl verstanden werden. Sein Preis an der Erzeugungsstätte ist 15—25 M. für die Tonne und in einem europäischen Hafen etwa 35—50 M. für die Tonne. Für Deutschland beträgt der Zoll etwa 36 M. für die Tonne und erreicht damit nahezu die Höhe des Ölpreises selbst, wodurch die Brennstoffkosten für die Dieselmaschine etwa doppelt so hoch sind als in England, wo kein Zoll besteht. Aus diesem Grund hat man in Deutschland und anderwärts der Frage der Verwendung anderer Brennstoffe große Aufmerksamkeit geschenkt. Es kommen dabei die Destillationsprodukte der Kohle, der Steinkohle und des Schiefers in Betracht, die in großer Menge zur Verfügung stehen. Die Öle der Braunkohlendestillation werden seit langem verwertet, doch wird dabei, da ihr Preis von 75 M. für die Tonne hoch ist, gegenüber dem eingeführten crude-Öl wenig gespart. Das aus der Destillation der Steinkohle gewonnene Öl, das sog. Steinkohlenteeröl, steht in etwa der doppelten Menge als das aus der Braunkohlendestillation gewonnene zur Verfügung, sein Preis beträgt weniger als 40 M. für die Tonne. Seiner Verwendung stand anfänglich sein hoher Flammpunkt, der etwa 200° C beträgt, hindernd im Wege. Diese Temperatur würde zur sicheren Zündung einen viel höheren Kompressionsdruck bedingen als für crude-Öl mit einem Flammpunkt von nur etwa 90° C. Zur Vermeidung dieser Schwierigkeit hat man neuerdings die Einrichtung getroffen, daß unmittelbar vor oder gleichzeitig mit dem Hauptbrennstoff, dem Steinkohlenteeröl, eine geringe Menge Öl mit niedrigerem Flammpunkt, sog. „Zündöl", in den Zylinder eingespritzt wird, dessen Menge dem Gewicht nach etwa 5—10% des Gewichtes des Hauptbrennstoffs für Vollast beträgt. Die durch die Verbrennung des Zündöls erzeugte Wärme steigert die Temperatur des Verbrennungsraumes soweit, um das Öl höheren Flammpunkts mit Sicherheit zur Entzündung zu bringen, ohne daß eine höhere Kompression nötig wäre. Ein und dasselbe Brennstoffventil gewöhnlicher Bauart ist für diesen Zweck geeignet. Die Einrichtung hat sehr zufriedenstellend gearbeitet und ist heute bereits in weitem Umfang im Gebrauch. Der nutzbare Heizwert des Steinkohlenteeröls ist etwa 8500—9000 WE. gegenüber 10000—10500 WE. von crude-Öl oder Residuen, und der Brennstoffverbrauch wächst in demselben Maß als der Heizwert abnimmt. Er ist für Steinkohlenteeröl etwa 220 g für die PSe-Stunde für Maschinen kleinerer Leistung.

Der Brennstoff, der in England und in allen ölproduzierenden Ländern oder dort, wo kein Zoll erhoben wird, zur Verwendung kommt, ist das sog. crude-Öl oder Residual-Öl. Dasselbe wird gewonnen durch Destillation des Rohpetroleums, wie es aus der Erde kommt, wobei die spezifisch leichteren Stoffe, wie Benzin und Leuchtpetroleum, abdestilliert werden und das Residual-Öl als Rückstand zurücklassen. Bei einem spezifischen Gewicht von 0,85—0,92 ist es seines hohen Flammpunkts wegen auf Lampen nicht zu brennen, und auch für die meisten Verbrennungskraftmaschinen für flüssige Brennstoffe, wie Petroleummotoren, mit Ausnahme des Bolinder- und Bronsmotors, sowie einiger anderer Bauarten von Schwerölmotoren nicht zu verwenden. Vor seiner Verwendung als Kesselheizmaterial und als Brennstoff für Dieselmaschinen wurde es als wertloses Abfallprodukt angesehen.

Es sind außer den erwähnten noch andere Öle vorhanden, die gelegentlich in der Dieselmaschine zur Verwendung gekommen sind und in besonderen Fällen von großem Wert sein können.

Dritter Abschnitt.

Bauart der Dieselmaschine.

Allgemeine Bemerkungen. — Einfachwirkende Viertaktmaschine, allgemeine Anordnung. — Anlassen und Betrieb. — Beschreibung der einfachwirkenden Viertaktmaschine. — Ventile und Nocken. — Regulierung. — Bauarten der Viertaktmaschine. — Schnellaufende Maschine. — Liegende Maschine. — Zweitaktmaschine. — Luftkompressoren für Dieselmaschinen.

Allgemeine Bemerkungen. Für die Fabrikation der Dieselmaschine ist eine Forderung ganz besonders zu beachten, und das ist die, daß bedeutend mehr Sorgfalt auf ihre Herstellung verwendet werden muß als für eine gewöhnliche Dampfmaschine. Eine richtig entworfene und sorgfältig gebaute Dieselmaschine wird durch keine andere Kraftmaschine an Betriebssicherheit und Einfachheit der Arbeitsweise übertroffen, doch dafür ist bestes Material, beste und genaueste Arbeit für Ventile, Steuerung und andere Bauteile Bedingung. Man sollte glauben, daß dies keiner besonderen Hervorhebung bedarf, indes der Unterschied im Betrieb einer wirklich guten Dieselmaschine und einer solchen, die mit der oft dem Dampfmaschinenbau eigenen Ungenauigkeit der Arbeit hergestellt ist, ist zu groß.

Es ist eine in der Herstellung von Verbrennungskraftmaschinen längst erkannte Wahrheit, daß die Sorgfalt, die auf Details in Entwurf und Herstellung verwendet wird, Erfolg oder Mißerfolg bedingt. Und dies gilt ganz besonders für die Dieselmaschine, deren Betriebssicherheit von hoher Kompression abhängt.

Beinahe alle Firmen bauen die Dieselmaschine in normalisierten Größen und Bauarten. Dies ist einfach, da für größere Leistungen 2, 3 und 4 Zylinder eines kleineren Modells zur Verwendung kommen. Auf diese Weise besitzt eine der Hauptfirmen 50 verschiedene Typen der Viertaktmaschine von 10—1000 PS Leistung, die alle aus etwa 15 normalisierten Zylindertypen von 10—250 PS Leistung zusammensetzbar sind. Einige Maschinen haben dieselbe Leistung bei verschiedener Zylinderzahl, doch innerhalb der angegebenen Grenzen bestehen immerhin 35 Maschinentypen verschiedener Leistung unter Verwendung von nur 15 verschiedenen Modellen. Die Forderung der Normalisierung ist von äußerster Wichtigkeit für die Verringerung der Herstellungskosten, die Auswechselbarkeit einzelner Teile zwischen verschiedenen Maschinen, Verringerung der Anzahl Reserveteile für ganze Anlagen, besonders wenn Maschinen verschiedener Leistung zur Verwendung kommen. Diese Vorteile werden von all denen anerkannt werden, die je mit größeren Anlagen zu tun gehabt haben. Es ist zweifelhaft, ob diese Frage überall diese sorgfältige Beachtung gefunden hat, und ob es, wenn die Maschine nach Kontrollmaßen gearbeitet ist, möglich ist, einen Teil von einer Maschine an einer anderen derselben Type zu verwenden. Die meisten Firmen garantieren diese Möglichkeit und überzeugen sich von der Auswechselbarkeit aller Teile auf dem Versuchsstand.

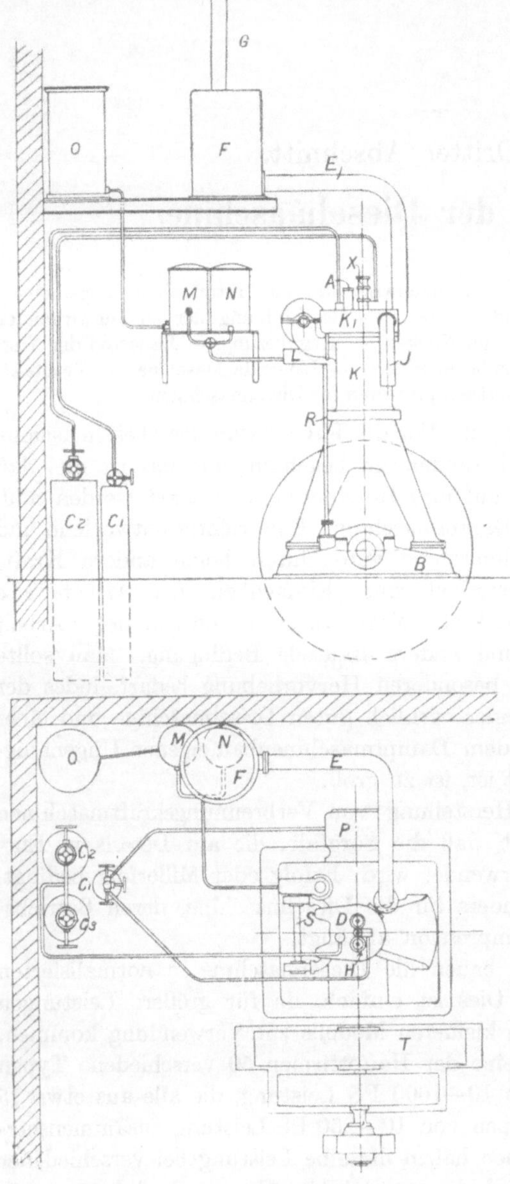

Fig. 11 u. 12. Dieselmaschinen-Anlage.

Einfachwirkende Viertaktmaschine, allgemeine Anordnung. Fig. 11 u. 12 zeigen die Gesamtanordnung einer stehenden Einzylindermaschine der gewöhnlichen Bauart in Grund und Aufriß mit allen wesentlichen Einzelheiten. Der Arbeitszylinder K ist mit dem A-förmigen Ständer in einem

Stück gegossen, der seinerseits mit der Grundplatte verschraubt ist. Der Zylinderdeckel ist von kräftiger Bauart und enthält die vier Ventile. Das Anlaßventil A steht mit den Anlaßgefäßen C_1 und C_2 in Verbindung. Die Auspuffgase entweichen durch das Ventil D und die Auspuffleitung E nach einem Schalldämpfer F, der oft unter Flur angeordnet ist und gelangen von dort durch ein langes Steigrohr in die freie Luft. Durch das Saugventil H und ein mit Schlitzen versehenes Saugrohr J wird Luft aus dem Maschinenraum in den Zylinder gesaugt. X ist das Brennstoffventil mit Zerstäuber, das die Aufgabe hat, den Brennstoff zur richtigen Zeit in fein verteiltem Zustand einzublasen. Der Brennstoff wird durch eine Brennstoffpumpe, die unter dem Einfluß des Reglers steht, in das Brennstoffventil eingepumpt. Die Pumpe saugt aus einem an ihrem unteren Teil angebrachten kleinen Behälter, dem der Brennstoff nach Durchfließen eines Filtriergefäßes M zufließt. Der Spiegel im Saugbehälter der Pumpe wird dabei durch einen Schwimmer in gleichbleibender Höhe gehalten. Es ist die Einrichtung getroffen, daß die Brennstoffpumpe ihren Zufluß auch aus einem zweiten Gefäß N erhalten kann, das meist Petroleum enthält. Um Pumpenventile und Rohrleitungen rein zu halten, ist es empfehlenswert, die Maschinen täglich einige Minuten mit Petroleum laufen zu lassen. Das Filtriergefäß selbst ist mit einem größeren Brennstoffvorratsgefäß verbunden, das etwas höher angebracht ist. Es ist zweckmäßig, den Inhalt dieses Gefäßes für mehrtägigen Betrieb ausreichend zu wählen. Der Hauptbrennstoffbehälter, der den Vorrat für mehrere Monate enthalten kann, ist meistens unter Flur gelagert. Das Öl wird mit Hilfe einer kleinen Pumpe, die in jeder beliebigen Weise angetrieben werden kann, in das Brennstoffvorratsgefäß gepumpt.

Die Kühlwasserführung ist derart angeordnet, daß das Wasser am unteren Ende des Zylindermantels eintritt und am oberen Ende des Zylinderdeckels abfließt. Der Ablauf ist meist unterbrochen, derart, daß das Wasser dem Maschinisten sichtbar in einen Trichter abläuft, damit jener sich von dem Vorhandensein eines ununterbrochenen Kühlwasserstromes überzeugen kann. In einigen Fällen, wo das Wasser teuer ist, kann ein Kühlturm zur Verwendung kommen und das Wasser wieder und wieder benutzt werden, in welchem Falle aber die Kühlwasserleitung keine Unterbrechung gestattet. Die Anordnung des sichtbaren Ablaufs ist indes vorzuziehen und in jedem Falle sollte ein Thermometer in den Kühlwasserabfluß eingeschaltet sein.

Nach Fig. 11 u. 12 stellt P den Luftkompressor dar, der von der Kurbelwelle oder auf andere Weise angetrieben wird. Er liefert die zum Anlassen und zum Einblasen des Brennstoffes nötige Druckluft. Alle Druckluftgefäße $C_1 C_2 C_3$ sind miteinander verbunden, so daß eines derselben durch die beiden anderen aufgefüllt werden kann. Während des Betriebes wird nur Luft zum Einblasen des Brennstoffes gebraucht und der Kompressor fördert nur Luft nach dem Einblasegefäß C_1. Der verlangte Druck wird durch Einstellen des Luftsaugventils in der Niederdruckstufe des Kompressors erreicht. Während der ersten Zeit des Betriebes werden gleichzeitig die Anlaßgefäße aufgefüllt.

Die senkrechte Reglerwelle R ist durch ein Schraubenräderpaar von der Kurbelwelle aus angetrieben und treibt ihrerseits auf dieselbe Weise die in zwei Lagerböcken gelagerte Nockenwelle an, durch deren Nocken die Ventile betätigt werden. Die Regulator- oder Nockenwelle treibt außerdem die Brennstoffpumpe. Nocken und Ventilhebel sind aus den Fig. 11 u. 12 nicht erkennbar, doch ist die Anordnung der Ventile zu ersehen, wie sie sich für diese Bauart als sehr zweckmäßig bewährt hat. Einlaß- und Auslaßventil liegen außen, Brennstoff- und Anlaßventil innen nahe beieinander, so daß sie mit einem Handgriff wechselweise in und außer Betrieb gesetzt werden können. Die Einrichtung ist so getroffen, daß sie nie beide gleichzeitig in Wirksamkeit sein können. Das Brennstoffventil läßt durch seine Lage den Brennstoff in der Mitte des Zylinders eintreten, wodurch eine gleichmäßige Druckverteilung auf den Kolben während der Verbrennung erreicht wird.

Das Schwungrad T sitzt zwischen dem Lager in der Grundplatte und einem Außenlager. Es wird seines Gewichtes wegen nicht fliegend angeordnet.

Anlassen und Betrieb. Zum Anlassen werden durch einen Handgriff Brennstoffventil und Anlaßventil in eine solche Stellung gebracht, daß das erstere geschlossen bleibt, während das Anlaßventil von der Nockenwelle aus betätigt wird. Das Schwungrad wird mit Hilfe eines Schaltwerkes so weit gedreht, daß der Kolben etwas über dem Totpunkt in der Drehrichtung steht. Mit einer kleinen an der Brennstoffpumpe angebrachten Handpumpe wird die zum Brennstoffventil führende Leitung voll Brennstoff gepumpt und dann die Einblaseluft angestellt. Hierauf wird das Ventil am Anlaßgefäß geöffnet, und die Maschine läuft mit Druckluft an. Nach 2 oder 3 Umdrehungen wird durch denselben Handgriff das Anlaßventil außer und das Brennstoffventil in Wirksamkeit gesetzt, worauf die Maschine als Dieselmaschine arbeitet.

Beschreibung der einfachwirkenden Viertaktmaschine. Fig. 13 u. 14 zeigen Längs- und Querschnitt einer langsamlaufenden Einzylinder-Dieselmaschine gewöhnlicher Bauart der Maschinenfabrik Augsburg-Nürnberg. Alle Ventile sind im Zylinderdeckel angeordnet. Einlaßventil E und Auslaßventil A sind von gleicher Bauart. Es sind Tellerventile in den Zylinder hinein öffnend. Ihre Teller werden durch nachstellbare Federn auf ihre Sitze gedrückt. Das Auslaßventil ist durch die Auspuffleitung mit dem Auspufftopf, der als Schalldämpfer dient,

Additional information of this book

(Dieselmaschinen für Land- und Schiffsbetrieb,

978-3-642-49453-6; 978-3-642-49453-6_OSFO1) is provided:

http://Extras.Springer.com

verbunden. Das Einlaßventil entnimmt seine Luft durch ein mit Schlitzen versehenes Rohr aus dem Maschinenraum. Dies Rohr hält den Staub zurück und vermindert das Geräusch des Einsaugens. Das Brennstoffventil *B*, der wichtigste Teil der Maschine, sitzt in der Mitte des Zylinders. Die Brennstoffnadel wird durch eine nachstellbare Feder auf ihren Sitz gedrückt. Das Anlaßventil *V* ist so nahe wie möglich an das Brennstoffventil herangerückt; abgesehen von seiner Größe gleicht es in seiner Bauart dem Ein- oder Auslaßventil. Die Nockenwelle *H*, die vier Nocken trägt, ist in zwei am Zylinder angeschraubten Lagerböcken gelagert, Fig. 14. Die Ventilhebel sind auf einer Welle drehbar, die ihrerseits auf dem Deckel durch kleine Ständer gehalten wird. *D* ist der Anlaßventil- und *F* der Brennstoffventilhebel. Die senkrechte Reglerwelle betätigt Nockenwelle, Brennstoffpumpe, Regler und oft kleine Schmierpumpen. Sie wird durch Schraubenräder von der Kurbelwelle mit deren halben Umdrehungszahl angetrieben. Der Regler ist einer der bekannten Bauarten und regelt die Geschwindigkeit der Maschine dadurch, daß er die Pumpe mehr oder weniger Brennstoff nach dem Brennstoffventil pumpen läßt. Eine getrennte Zylinderlaufbüchse ist vorgesehen. Der für das Kühlwasser bestimmte Raum ist genügend weit. Das Wasser tritt unten bei *N* ein und oben bei *O* durch das Rohr *P* aus. In einigen Fällen sind Auspuffventil und Auspuffleitung ebenfalls wassergekühlt, ein wenig zugunsten des Gesamtwirkungsgrades. In jedem Fall ist eine wirksame Kühlung des Zylinderdeckels notwendig, um eine übermäßige Erwärmung der Ventile zu vermeiden. Der Zylinderdeckel ist von kräftiger Bauart und in der Regel von 8 Bolzen festgehalten. Der Kolben ist als Tauchkolben ausgebildet. Er verläuft oben schwach konisch und ist besonders lang gehalten, um den aus Gründen der endlichen Schubstangenlänge auf die Lauffläche ausgeübten Seitendruck zu verringern. Er trägt an seinem oberen Ende 6—8 selbstspannende Kolbenringe. Die Schmierung des Kolbens erfolgt durch eine ringförmige Ölleitung *Q*. Diese steht durch mehrere radial angeordnete Ölführungen, die durch Wassermantel und Laufbüchse hindurchtreten, mit dem Innern des Zylinders in Verbindung. Die Enden der Pleuelstange sind für den Fall der Abnützung nachstellbar gemacht und zeigen sorgfältige Schmierung. Der Luftkompressor *L* ist mit dem Ständer der Maschine verschraubt und wird von der Pleuelstange aus mit Hilfe eines schwingenden Hebels angetrieben. Dies ist jedoch keineswegs die allgemein angenommene Antriebsart. Oft wird er direkt von der Kurbelwelle aus an der dem Schwungrad gegenüberliegenden Seite der Maschine angetrieben und ist dann mit der Grundplatte verschraubt. Der Kompressor der Fig. 13 u. 14 ist zweistufig, wie dies für kleinere Leistungen üblich ist. Sein Arbeitszylinder ist ebenfalls wassergekühlt, wobei dieser in die Hauptkühlwasserleitung oder in einen Zweig derselben eingeschaltet werden kann. Die Druckluft wird durch eine Kupferrohrleitung in die Einblasegefäße geschafft.

Ventile und Nocken. Die Anordnung der verschiedenen Nocken mag ihrer Wichtigkeit wegen hier Erwähnung finden, da die genaue Öffnungsdauer der Ventile und ihre richtige, zeitliche Betätigung durch die Nockenform bestimmt ist. Die Stellung der Nocken zueinander ist wichtig und soll an einem Schema erklärt werden. In Fig. 15 bezeichnet *A* den Brennstoffventil-, *B* den Anlaßventil-, *C* den Einlaßventil- und *D* den Anlaßventilnocken. Bei einer Viertaktmaschine wird jedes Ventil einmal während zweier Umdrehungen der Kurbelwelle betätigt, und die Nockenwelle macht deshalb in derselben Zeit nur halb so viele Umdrehungen als die Kurbelwelle. Daher ist eine Umdrehung der Kurbelwelle im Schema durch einen Winkel von 180° dargestellt und während eines Kolbenhubes macht jeder Nocken eine Viertelumdrehung.

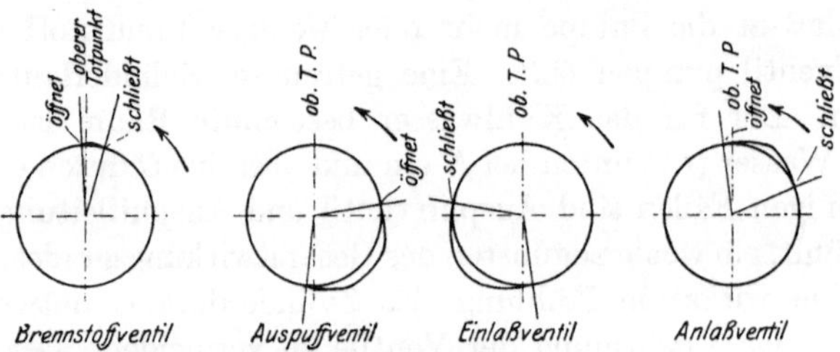

Fig. 15. Anordnung der Nocken.

In Fig. 15 stellt die wagrechte Mittellinie die unteren, die senkrechte die oberen Totpunkte des Kolbens dar. Der Brennstoffventilnocken öffnet sein Ventil kurz bevor der Kolben seinen oberen Totpunkt erreicht; die Voröffnung erstreckt sich dabei auf etwa 1% des Hubes und wächst mit der Kolbengeschwindigkeit. Das Ventil wird dann während der Verbrennung offen gehalten, d. h. während der Kolben etwa 8—9% seines Hubes zurücklegt. Der Auspuff öffnet kurz vor dem Ende des Arbeitshubes, bleibt während des nächsten Hubes offen und schließt kurz nach Überschreiten des Totpunktes. Das Anlaßventil öffnet kurz vor dem oberen Totpunkt und schließt beträchtliche Zeit vor Erreichung des unteren. Die Nockenform ist überall derart, daß rasches Öffnen und Schließen erreicht wird. Das Schema zeigt die Nocken nicht in ihrer richtigen Stellung zueinander. In der wirklichen Maschine öffnen Einlaß-, Auslaß- und Anlaßventil nach innen zu, das Brennstoffventil aber nach außen. Dementsprechend muß die Rolle des Brennstoffventilhebels in einem Winkel von etwa 180° zu den Rollen der übrigen Hebel gesetzt werden. Die Anordnung des Brennstoffventils mit Nocken und Hebel ist in Fig. 16 dargestellt. Der Nocken hebt bei der Berührung mit dem Hebel die Brennstoffnadel, die mittels einer

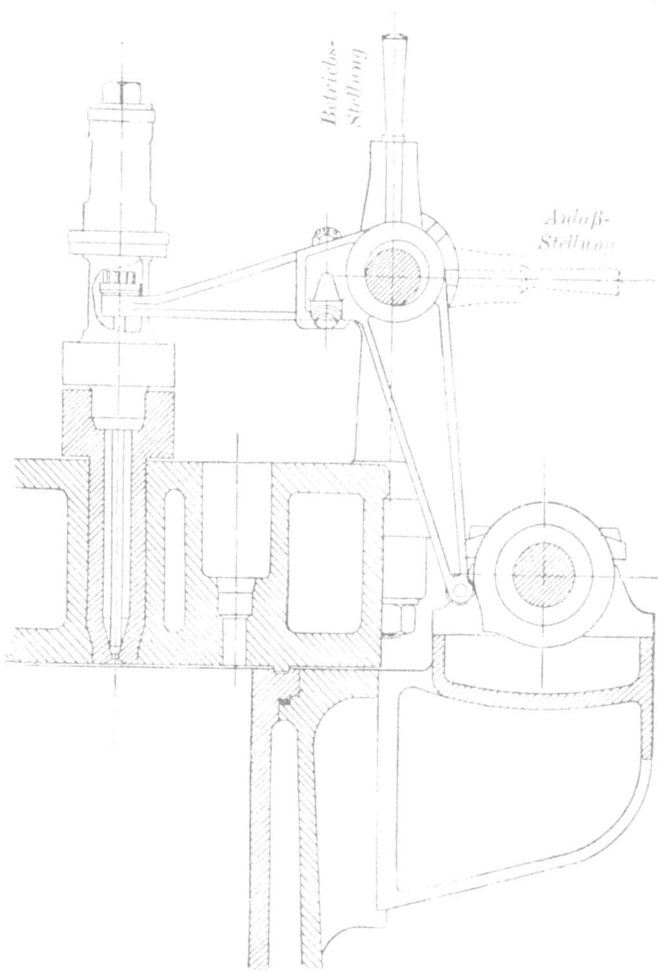

Fig. 16. Brennstoffventil und Nocken.

Feder auf ihren Sitz niedergedrückt ist, an. Der Hub der Nadel ist nur sehr klein. Fig. 16 zeigt außerdem den Hebel, mit Hilfe dessen beim Anlassen der Anlaßventilhebel mit der Nockenwelle in Berührung gebracht und gleichzeitig der Brennstoffventilhebel von der Nockenwelle abgehoben werden kann. Es ist zweckmäßig, daß eine kraftschlüssige

Verbindung zwischen Anlaßventilhebel und Spindel besteht, was durch eine Feder erreicht wird. Fig. 17 zeigt die gewöhnliche Bauart des Brennstoffventils und Zerstäubers, doch finden sich hier bei den einzelnen Firmen etwas verschiedene Ausführungen. Der Brennstoff tritt bei *A* ein, seine Menge wird durch den Regler eingestellt. Das Öl fließt im

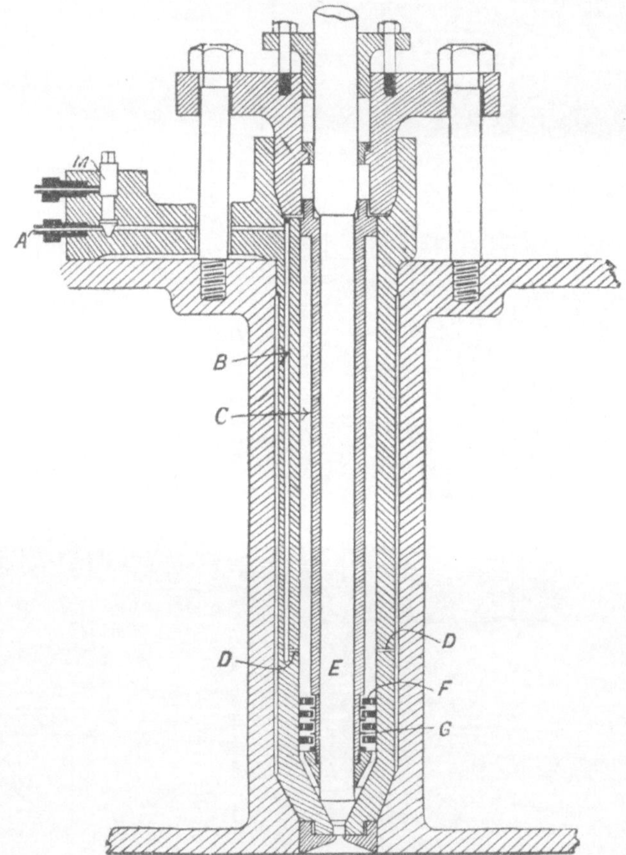

Fig. 17. Brennstoffventil mit Zerstäuber.

Ventil durch eine Bohrung *B* herab und tritt durch die Bohrung *D* über dem Zerstäuber *F* nach dem Raum *C* am unteren Ende der Nadel *E*, die mit einem Winkel von 60° auf ihren Sitz aufgeschliffen ist. Der Zerstäuber besteht aus 4 Platten, die mit einer Anzahl Löcher, 20 oder mehr, von etwa 2 mm Durchmesser versehen sind. Die Löcher sind gegeneinander versetzt, damit das Öl nicht ohne Widerstand zu finden durchgeblasen werden kann. Zwischen den Zerstäuberplatten sitzen schmale Zwischenringe *G*. Unterhalb der Platten ist ein kegelförmiges

Stück aufgeschraubt, das auf seinem Umfang eine etwa der Lochzahl gleiche Anzahl Kanäle von etwa 2 mm Tiefe hat. Sie formen eine Art Düsen, durch die der Brennstoff nach Passieren der Löcher hindurchtreten muß. Der Brennstoff tritt dann durch die stählerne Düsenplatte in den Zylinder. Das Innere des Brennstoffventils steht mit dem Gefäß für die Einblasedruckluft in Verbindung. Der Raum *C* steht immer unter Druck, und sobald die Brennstoffnadel öffnet, wird Öl in feiner Zerstäubung durch den Zerstäuber getrieben. Ein kleiner Hahn *M* ist als Probierhahn und Überlauf in die Brennstoffleitung eingeschaltet. Etwas Brennstoff kann mittels einer kleinen Handpumpe vor dem Anlassen in das Brennstoffventil gepumpt werden, und durch Öffnen des Probierhahns erkennt man, ob die Pumpe zur Zufriedenheit arbeitet.

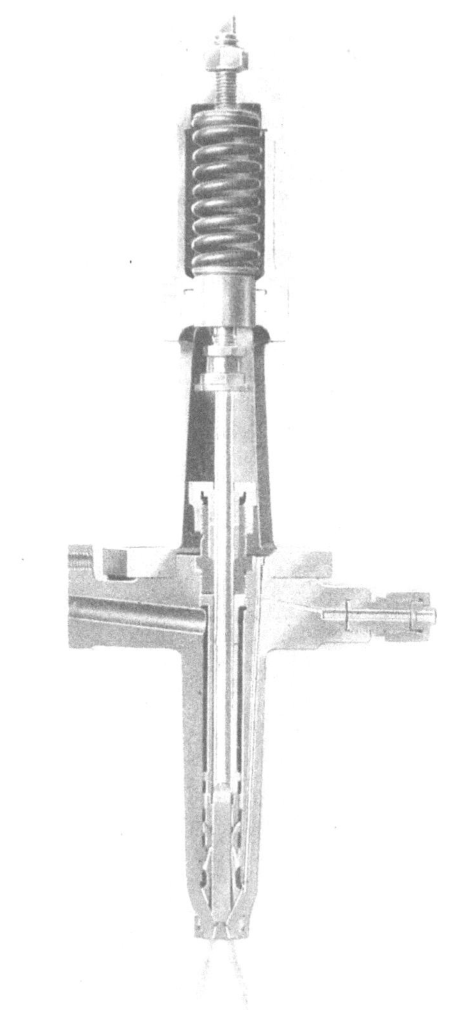

Fig. 18. Brennstoffventil der Actiebolaget Diesels Motorer.

Die einzelnen Bestandteile des Brennstoffventils können aus der Figur ersehen werden. Nach Entfernen des Antriebshebels kann das Ventil leicht herausgenommen werden. Die Ventilfeder ist nachstellbar,

Fig. 16. Es wäre zu erwarten, daß für verschiedene Öle verschiedene Zerstäuber notwendig werden. Dies ist bis zu einem gewissen Maß auch der Fall, doch ist ein für dickes Öl passender Zerstäuber meist ohne weiteres für leichter flüssiges verwendbar, während für den umgekehrten Fall oft geringfügige Änderungen in der Anzahl der Zerstäuberplatten und der Weite ihrer Löcher vorgenommen werden müssen.

Fig. 19. Mundstück des Zerstäubers.

Der von der Actiebolaget Diesels Motorer, Stockholm, ausgeführte Zerstäuber zeigt eine von der gebräuchlichen abweichende Bauart und soll sich sehr gut bewähren.

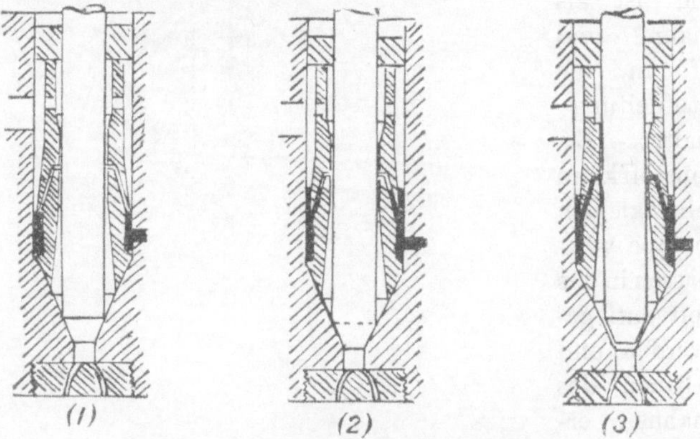

Fig. 20. Wirkungsweise des Zerstäubers.

Fig. 18 u. 19 geben ein Bild desselben und Fig. 20 zeigt seine Wirkungsweise. Das Öl tritt wie gewöhnlich in den freien Raum am unteren Ende des Zerstäubers. Fig. 20 (1) zeigt seinen Zustand kurz nach der Öffnung der Brennstoffnadel. (2) zeigt den Zerstäuber nach einer frischen Ladung, während (3) den Zustand während des Einspritzens wiedergibt. Die Druckluft preßt den Brennstoff durch besonders geformte Kanäle, die gekrümmt oder von unregelmäßiger Form sind. Die Ölteilchen kommen dabei in drehende Bewegung, die schwereren werden mehr nach außen geschleudert, wodurch die Zerstäubung bewirkt wird. Die Tatsache, daß der Zerstäuber nach jeder

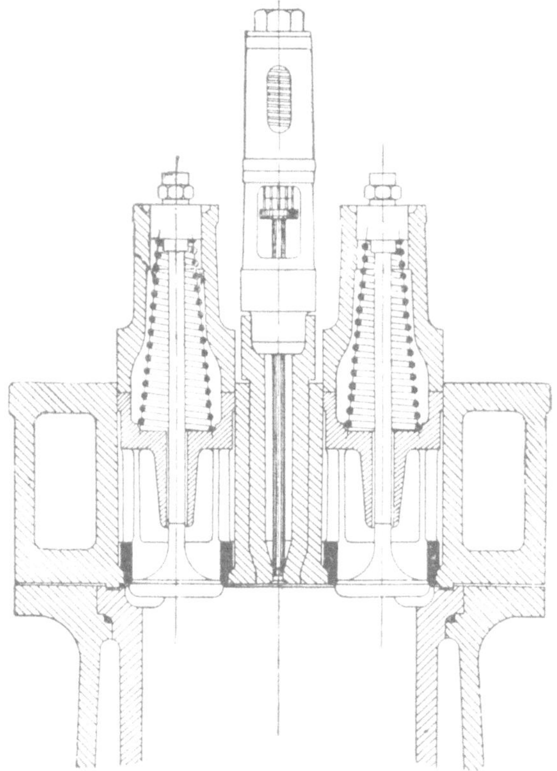

Fig. 21. Ein- und Auslaßventil.

Einspritzung frei von Öl ist, ist namentlich für umsteuerbare Schiffsmaschinen von großem Wert. Sie hat zur Folge, daß immer genau die von der Pumpe geförderte Brennstoffmenge eingeblasen wird.

Für die gewöhnliche Bauart der Dieselmaschine zeigt Fig. 21 die Anordnung des Brennstoff-, Saug- und Auspuffventils im Zylinderdeckel. Fig. 22 gibt einen Schnitt durch Nockenwelle und Auspuffventilantrieb. Wie man sieht ist eine Demontage leicht auszuführen. Bei einigen Maschinen, so bei denen der American Diesel Engine Co., ist das Brennstoffventil wagrecht angeordnet. Auspuff- und

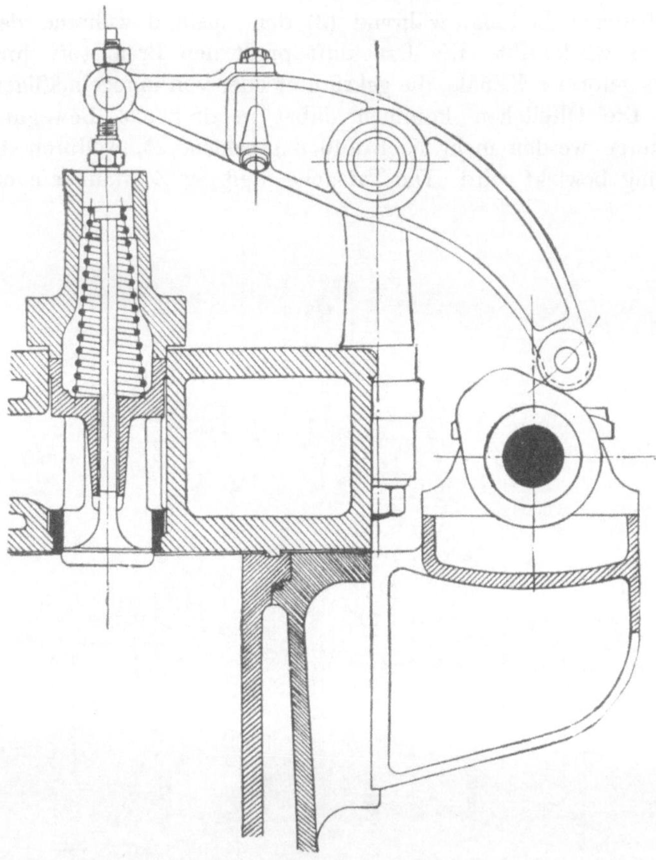

Fig. 22. Auslaßventil.

Einlaßventil liegen an der Seite, und zwar das erstere über dem letzteren.

Regulierung. Fast von allen Firmen ist dieselbe Art und Weise der Reglung der Umdrehungszahl der Dieselmaschine angewandt. Diese besteht in der Änderung der einzublasenden Brennstoffmenge. Auf diese Weise ist es nicht nötig, etwa den Hub oder die Öffnungsdauer der Brennstoffnadel zu ändern, was für gleichbleibende Brennstofflieferung nötig wäre. Letzteres Verfahren ist umständlich, um so mehr, als es wünschenswert ist, den Hub des Brennstoffventils vor der Inbetriebnahme einzustellen und hinterher nichts mehr daran zu ändern. Die Einrichtung ist folgende. Eine kleine Brennstoffpumpe drückt den Brennstoff nach dem Einspritzventil. Beim Aufwärtsgang des Pumpenkolbens wird Brennstoff angesaugt. Beim Abwärtsgang bleibt das Saugventil der Pumpe eine Zeitlang offen, schließt dann, und von diesem Augenblick an wird der Brennstoff nach dem Einspritzventil gefördert. Die Zeitdauer, während der das Saugventil beim Druckhub offen bleibt, wird vom Regler beeinflußt, derart, daß bei wachsender Umdrehungszahl das Saugventil

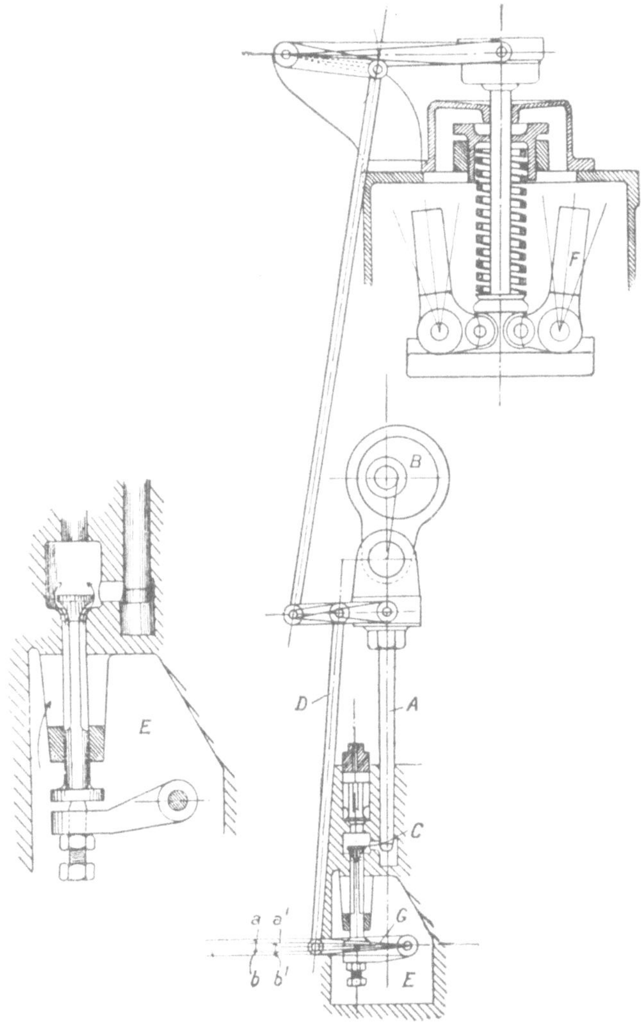

Fig. 23. Regler und Brennstoffpumpe von Mirrlees, Bickerton & Day, Ltd.

länger offen bleibt, und ein Teil des Öles wieder in den Saugbehälter zurückgedrückt wird. Bei abnehmender Umdrehungszahl schließt das Saugventil schon bald zu Anfang des Druckhubes, und der größte Teil des Brennstoffes wird gefördert. Einige Firmen führen an Mehrzylindermaschinen für jeden Zylinder eine besondere Pumpe aus, andere verwenden eine gemeinsame Pumpe für alle Zylinder. Letztere Ausführung ist nicht ganz so zufriedenstellend, aber billiger als erstere.

Fig. 23 zeigt die von Mirrlees, Bickerton & Day, Ltd., Hazelgrove bei Stockport, England, gewählte Reguliervorrichtung. *A* ist der Plunger, der von einem auf der wagerechten Steuerwelle sitzenden Exzenter angetrieben wird. Beim Aufwärtsgang wird Brennstoff durch das Ventil *C*, das durch eine an die Kreuzkopfführung der Pumpe angelenkte Stange offen gehalten wird, angesaugt. Die Wirkungsweise des Saugventils erkennt man besser aus der Abbildung links von Fig. 23, wo der Pfeil die Richtung angibt, in der das Öl angesaugt wird. Beim Abwärtsgang wird so lange Öl gefördert, als das Saugventil geschlossen bleibt, anderenfalls es in den Saugtank *E* zurückgedrückt wird. Die Pumpe steht unter dem Einfluß eines Hartnell-Reglers. Bei zunehmender Umdrehungszahl gelangen dessen Gewichte in die äußere Lage, und die Stange *D*, die das Saugventil beeinflußt, wird angehoben, bis der Mittelpunkt des Zapfens, an dem angreifend der Hebel *G* das Ventil betätigt, die Stellung *a* erreicht. Der Hub der Stange ist dann $a\,b$, anstatt $a_1 b_1$ für die innere Stellung der Reglergewichte. Das Saugventil wird daher länger offen gehalten und es wird weniger Öl in das Brennstoffventil gepumpt, die Umdrehungszahl nimmt ab, die Reglergewichte nähern sich mehr der Achse und der Hebel *G* kommt wieder in seine anfängliche Stellung.

In der von der Maschinenfabrik Augsburg-Nürnberg ausgeführten Pumpe wird der Plunger, wie vorher, durch ein Exzenter angetrieben, und das Saugventil ist durch einen auf einer Stange sitzenden Finger betätigt, die ihrerseits von einem an dem Exzenter angelenkten Hebel auf und ab bewegt wird. Das Ende dieses Hebels und damit die in ihm gelagerte Antriebsstange für das Saugventil kann vom Regler ein wenig gehoben oder gesenkt werden. Damit wird das Saugventil für kürzere oder längere Zeit offen gehalten und die oben beschriebene Wirkung erreicht.

Der Flüssigkeitsspiegel im Saugbehälter der Pumpe wird durch einen Schwimmer eingestellt. Der Saugbehälter steht mit dem Filtriergefäß in Verbindung. Die Pumpe wird von der Firma in senkrechter Anordnung ausgeführt.

Fig. 24 zeigt eine wagrecht angeordnete Pumpe mit Reguliervorrichtung, wie sie von Willans & Robinson, Ltd., Rugby, England, gebaut wird. Die senkrechte Reglerwelle *a*, die nebenbei mittels Schraubenrädern die Nockenwelle betätigt, trägt das Exzenter *h* für die Pumpe. Die Reglergewichte verdrehen bei einer Änderung der Umdrehungszahl eine Hülse und mit dieser das Exzenter *b*, das seinerseits das Stängchen *c* bewegt. Seine Bewegung verdreht *d*, wodurch Saugventil *e* angehoben und dem Brennstoff aus dem Raum *f* ein Zugang nach *g* gestattet wird. *l* ist der Anschluß zum Filtriergefäß. *h* ist das Druckventil, das vom Brennstoff auf seinem Weg nach dem Brennstoffventil passiert wird. Die Reguliervorrichtung gleicht der bereits beschriebenen. Bei Verdrehung des Exzenters wird durch Verschiebung des Stangenhubes das Saugventil zum früheren oder späteren Schluß gebracht. Die Spindel *p* kann von Hand entsprechend 3 verschiedenen Stellungen verdreht werden. In der Betriebsstellung sind Saug- und Druckventil

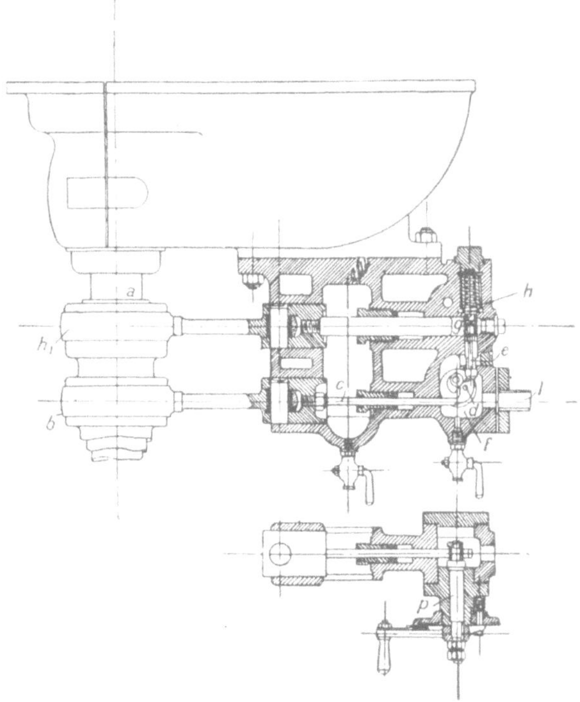

Fig. 24. Brennstoffpumpe von Willans & Robinson.

vollkommen frei. In der zweiten Stellung ist das Saugventil geöffnet und es wird kein Brennstoff gefördert. In der dritten Stellung wird das Druckventil geöffnet zur Entleerung der Druckleitung. Diese Anordnung verhindert eine übermäßige Brennstofförderung beim Anlassen. Für getrennte Brennstoffpumpen kann zum Anlassen eine davon überhaupt außer Betrieb gesetzt werden. Die Umdrehungszahl kann durch Verstellung der Reglerfedern in weiten Grenzen geändert werden.

Bauarten der Viertaktmaschine. Fig. 25 u. 26 zeigen Längs- und Querschnitt einer von Mirrlees, Bickerton & Day, Ltd., Hazelgrove bei Stockport, England, gebauten Maschine. Sie zeigt ebenfalls den langen Tauchkolben, dessen Gewicht indes durch Verringerung seiner Wandstärke unterhalb des Zapfens ermäßigt ist. Der Zapfen ist hohl und durch zwei Schrauben von unten gesichert. Beide Pleuelstangenlager haben Weißmetallfutter und sind im Fall der Abnutzung nachstellbar. Der richtige Kompressionsdruck kann durch Veränderung der Stangenlänge mittels einer am unteren Ende zwischengelegten Platte eingestellt werden. Der zweistufige Luftkompressor wird von der verlängerten Kurbelwelle mittels einer Kurbel angetrieben. Seine beiden Zylinder liegen übereinander. Zwischen den beiden Druckstufen ist ein Kühler zur Herabsetzung der Temperatur der Preßluft angeordnet. Fig. 27 u. 28 zeigen Längs- und Querschnitt einer langsamlaufenden Maschine der Nederlandschen Fabriek in Amsterdam. Die Anordnung zeigt keine bemerkenswerten Abweichungen von der normalen Bauart. Die Anordnung des Kompressors ist dieselbe wie bei der vorher erwähnten Maschine. Für Kolben, Laufbüchse und Zylinderdeckel kommt wegen der hohen Beanspruchung dieser Teile eine besonders hierfür geeignete Gußeisenmischung zur Verwendung. Am Kompressorende der Maschine erkennt man eine kleine Schmierpumpe mit Reservoir, Fig. 27 u. 29. Die Figuren zeigen die Anordnung der Ventile, Ventilhebel und Nockenwelle. Letztere wird

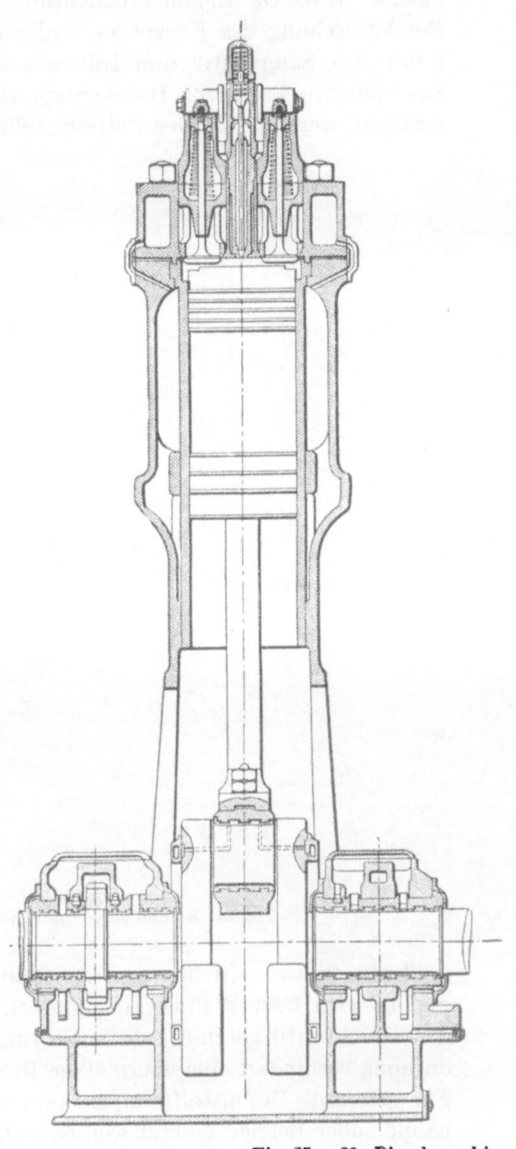

Fig. 25 u. 26. Dieselmaschine

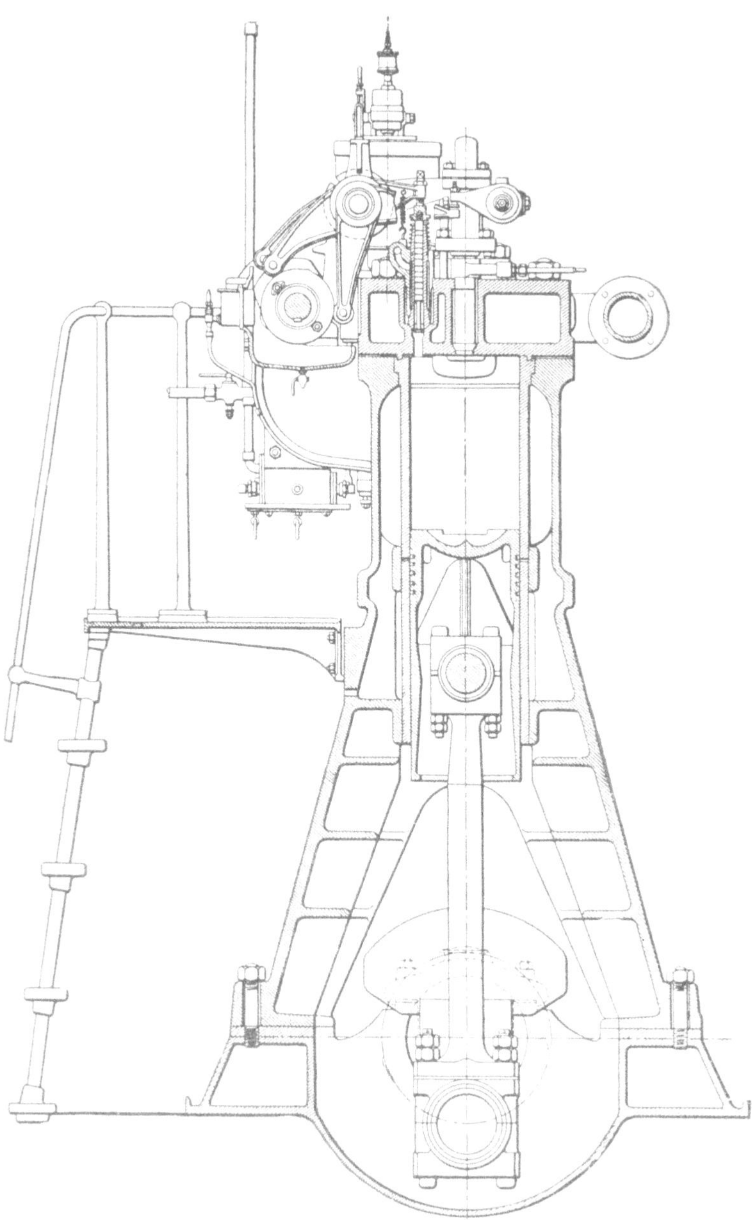

von Mirrlees, Bickerton & Day, Ltd., Hazelgrove b. Stockport.

wieder durch eine senkrechte Welle mittels Schraubenräder von der Hauptwelle aus angetrieben. Fig. 30 zeigt Einlaßventil und dessen Antriebshebel, sowie den Kühlwasserübertritt vom Kühlmantel nach

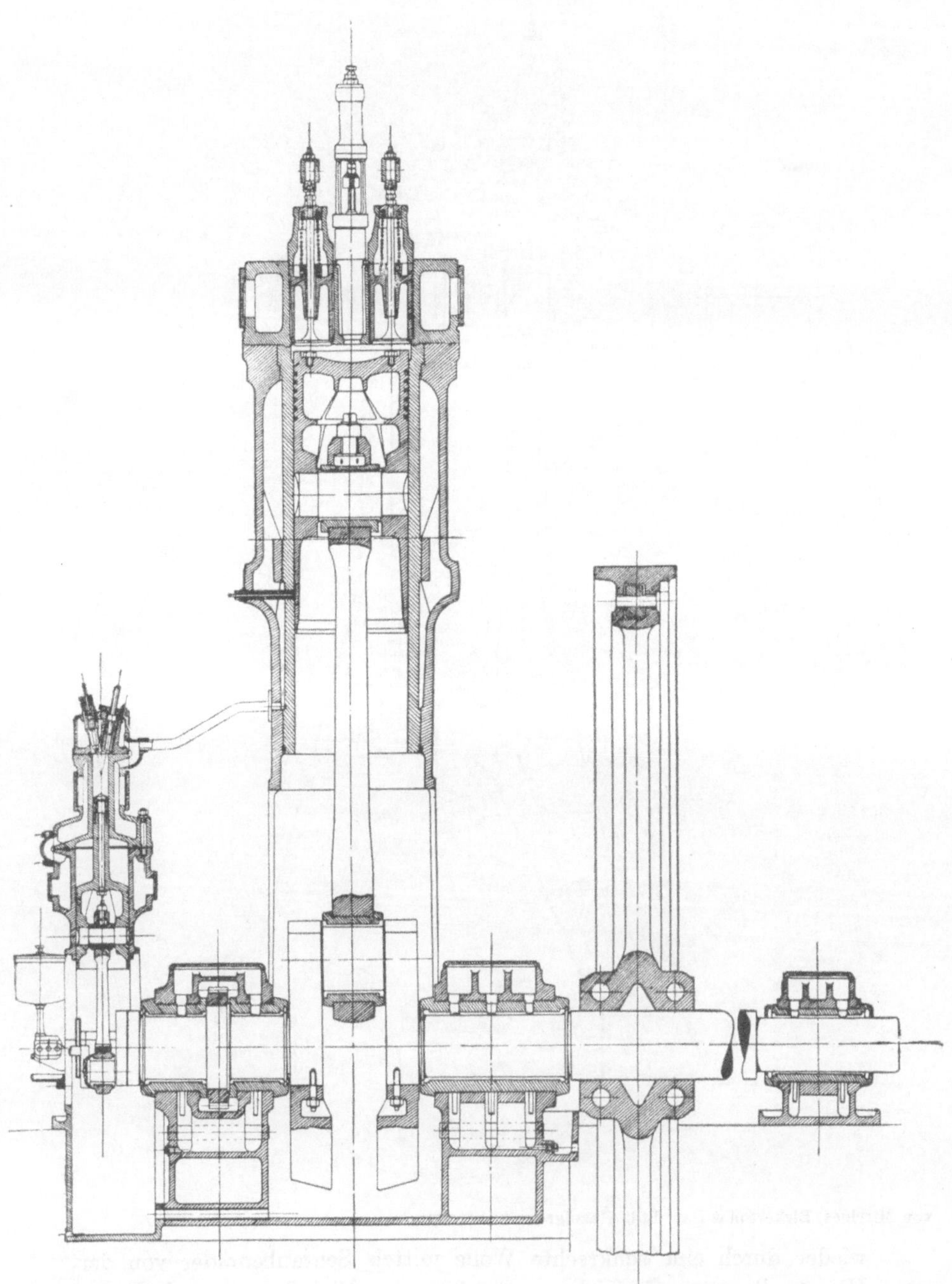

Fig. 27 u. 28. 80 PSe-Dieselmaschine der Nederlandschen

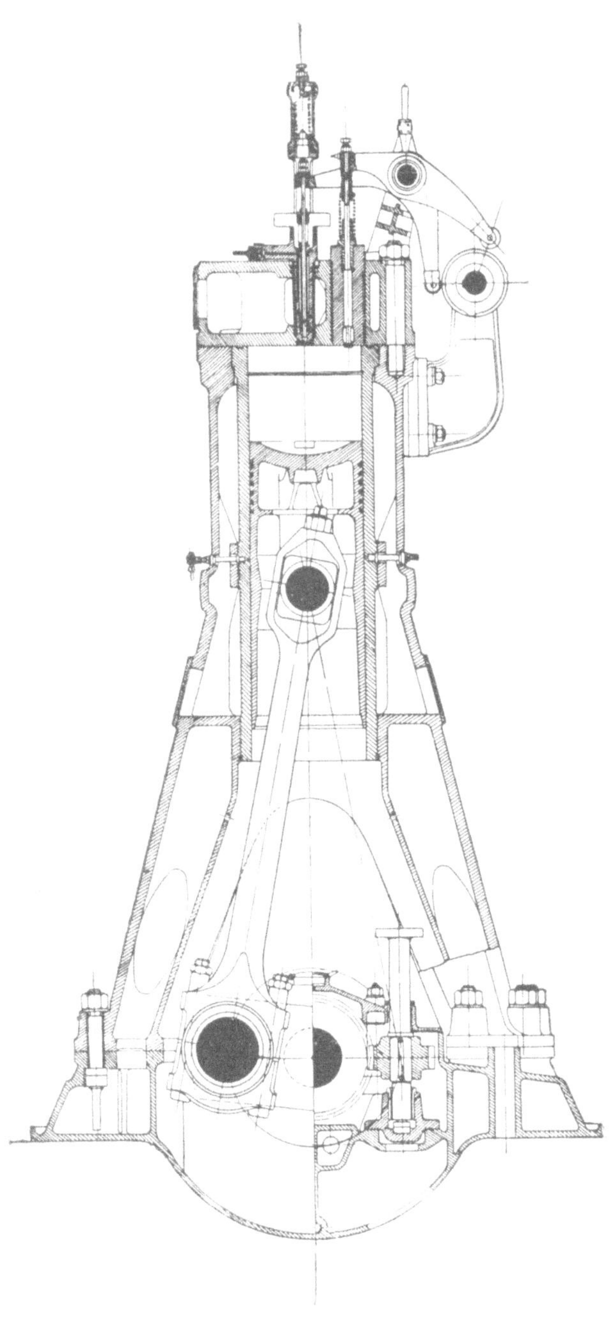

Fabriek, Amsterdam.

dem Zylinderdeckel. Fig. 31 ist eine Ansicht der Brennstoffpumpe mit Regulierung, die durch Fig. 32 näher erläutert wird. Die Beeinflussung des Saugventils der Brennstoffpumpe durch den Regler hat auch hier für die Regulierung Anwendung gefunden. Der Regler

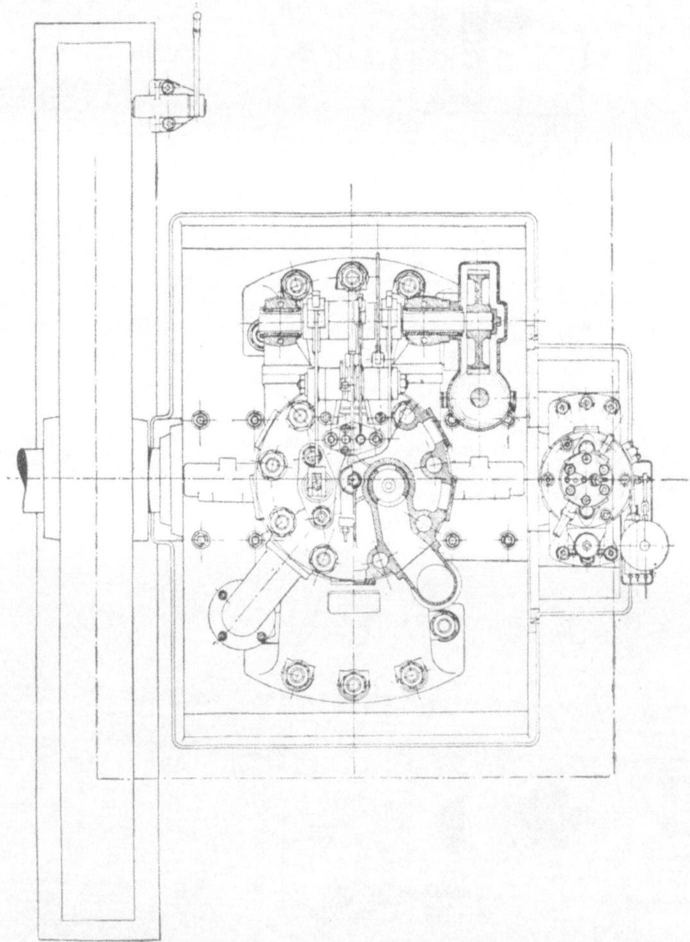

Fig. 29. 80 PSe-Dieselmaschine der Nederlandschen Fabriek, Grundriß.

bewegt den wagerechten Hebel, der an einem Ende einen Ölpuffer trägt und mit seinem anderen Ende mittels einer Stange das Saugventil beeinflußt. Durch Veränderung der Stangenlänge durch den Regler wird das Saugventil der Pumpe kürzere oder längere Zeit offen gehalten mit der bereits mehrfach beschriebenen Wirkung.

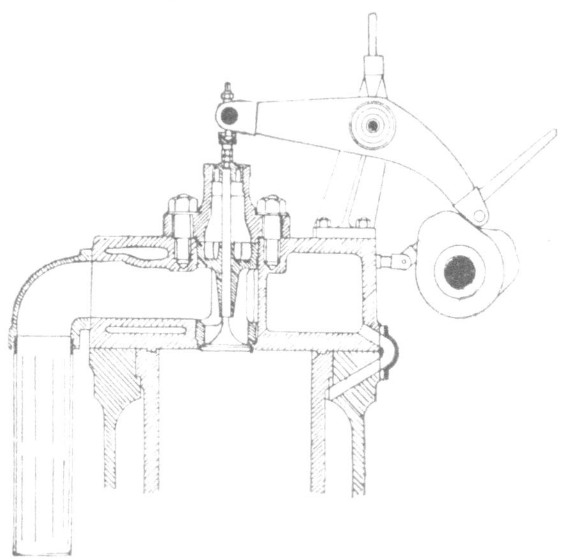

Fig. 30. Einlaßventil der Maschine der Nederlandschen Fabriek.

Fig. 31. Regler und Brennstoffpumpe der Maschine der Nederlandschen Fabriek.

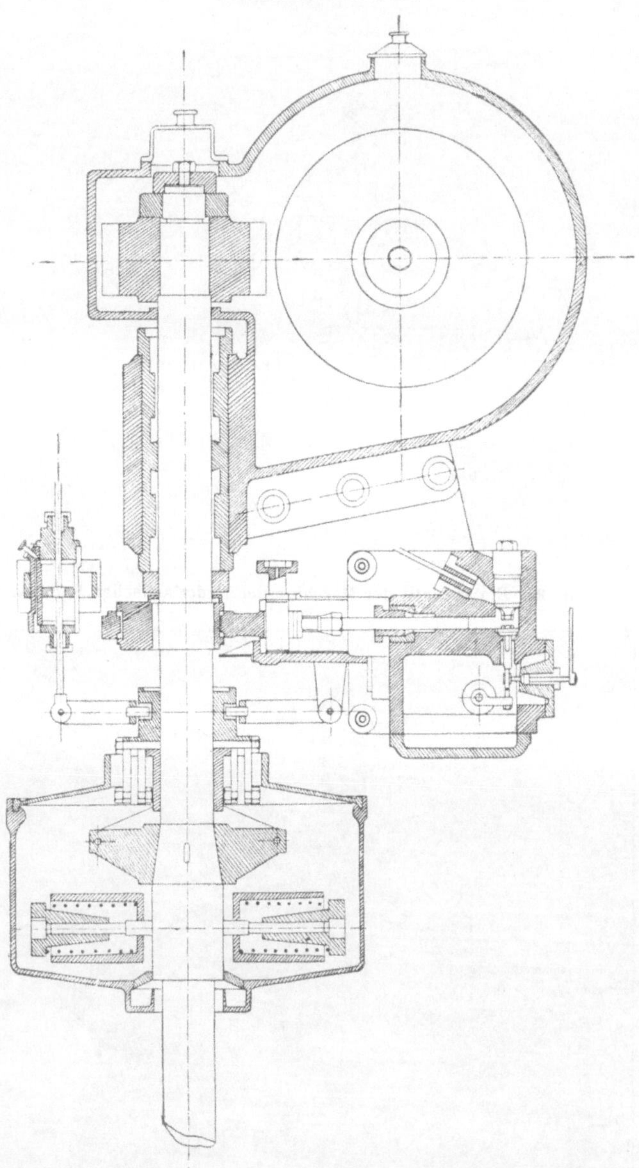

Fig. 32. Schnitt durch Brennstoffpumpe der Maschine der Nederlandschen Fabriek.

Im Zylinderdeckel sitzt ein Sicherheitsventil gegen die Gefahr allzu hohen Druckes im Zylinder, das durch einen Hebel betätigt werden kann, Fig. 29 u. 30. Alle Ventile sitzen in besonderen Gehäusen. Der Kühlmantel ist mit weiten Öffnungen versehen, um ihn bei Verwendung schmutzigen Kühlwassers leicht reinigen zu können.

Bei der gewöhnlichen Bauart der Dieselmaschine wird der Kolben nach Entfernung der Ventilhebel und des Zylinderdeckels nach oben herausgezogen. Bei neueren Ausführungen der Nederlandschen Fabriek ist Vorkehrung getroffen, den Kolben nach unten herauszuziehen. Fig. 33 zeigt dies für eine Maschine mit Tauchkolben. Der untere Teil

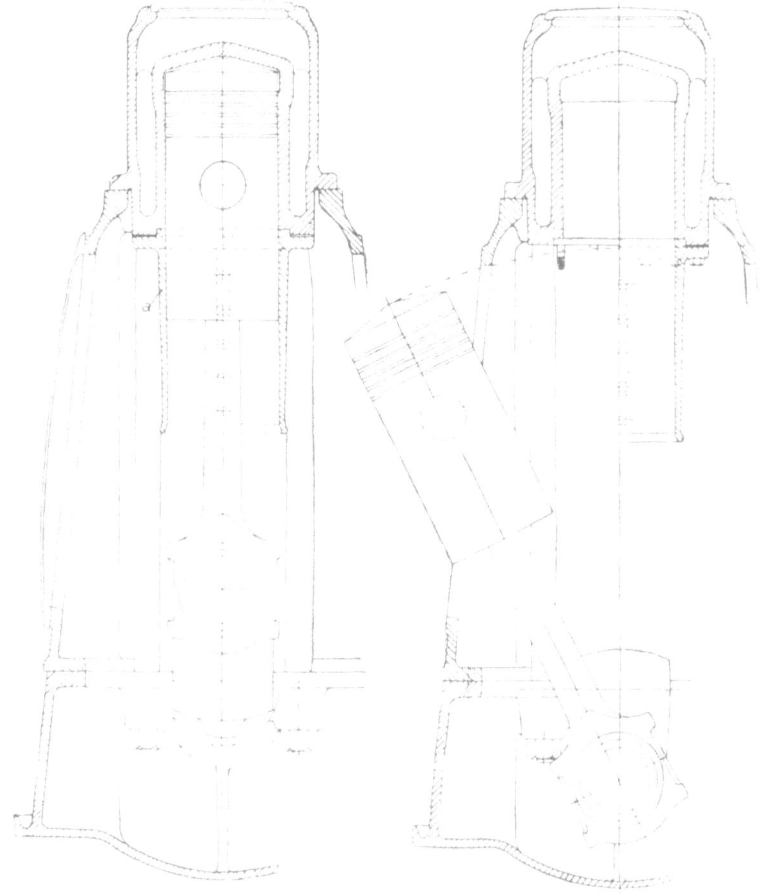

Fig. 33. Ausbau des Kolbens bei der Maschine der Nederlandschen Fabriek.

des Zylinders besteht aus einer Laufbüchse, die mit dem oberen Teil verschraubt ist. Der Kolben wird herabgelassen und nach Entfernung des Teiles *a* der Laufbüchse, wie ersichtlich, nach außen geschwungen. Fig. 34 zeigt eine Dreizylindermaschine für stationäre Zwecke neuester Bauart der Firma mit derselben Einrichtung zur Entfernung des Kolbens. Ein von der Pleuelstange angetriebener zweistufiger Kompressor findet Verwendung.

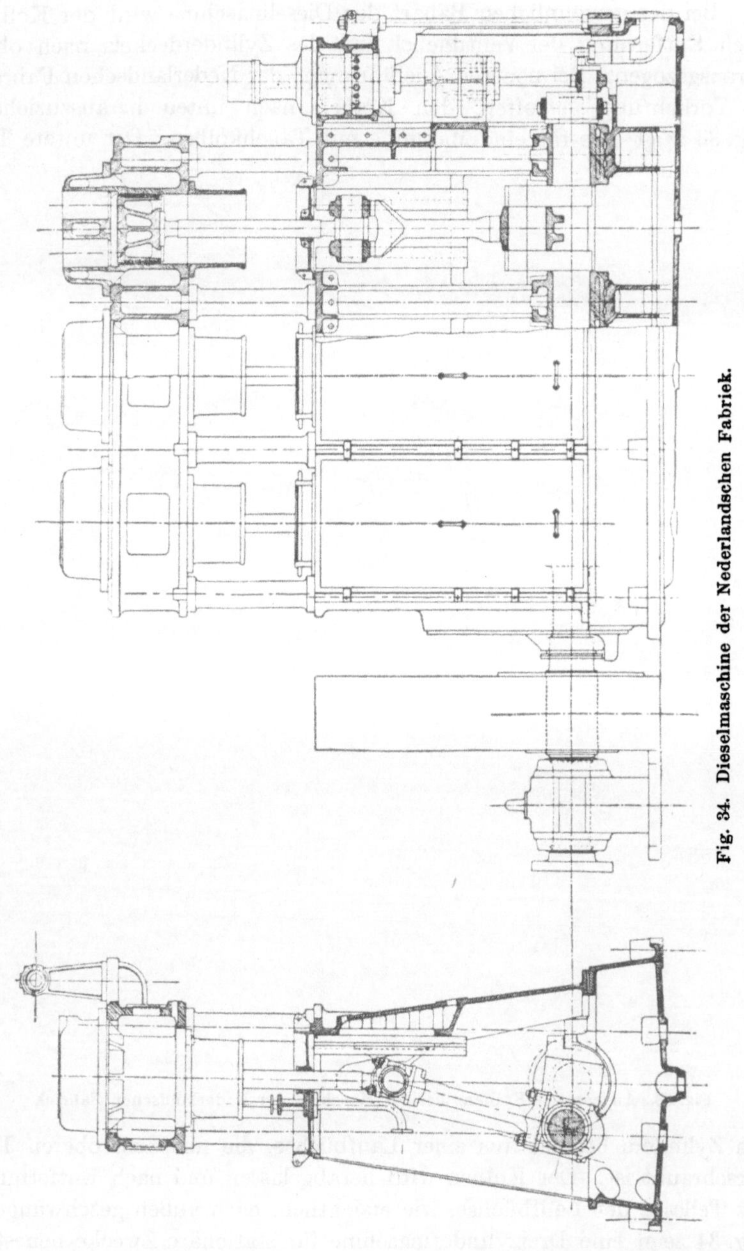

Fig. 34. Dieselmaschine der Nederlandschen Fabriek.

Schnellaufende Maschinen. Wie im zweiten Abschnitt auseinandergesetzt wurde, bestehen mehrere Vorteile zugunsten der schnellaufenden Maschine, und für besondere Fälle wird diese Bauart möglicherweise

Additional information of this book

(Dieselmaschinen für Land- und Schiffsbetrieb,
978-3-642-49453-6; 978-3-642-49453-6_OSFO2) is provided:

http://Extras.Springer.com

in Zukunft ausgedehntere Anwendung finden. Sie ist zum unmittelbaren Antrieb elektrischer Maschinen sehr geeignet, und obwohl sie hierfür kaum allgemein zur Annahme kommen wird, so ist sie doch zum Antrieb von Hilfsmaschinen an Bord von großer Wichtigkeit, da hier die Gewichts- und Raumersparnis maßgebend ist und außerdem die geringeren Anlagekosten ins Gewicht fallen. Schnellaufende Dieselmaschinen, unmittelbar gekuppelt mit Dynamomaschinen, kommen auf Kriegsschiffen zur Verwendung. Einige Angaben bezüglich Abmessungen, Leistung und Umdrehungszahl schnellaufender Maschinen sind im vierten Abschnitt gegeben, doch oft werden die dort angegebenen Umdrehungszahlen überschritten, und Maschinen für 300 PS Leistung mit 400 Umdrehungen in der Minute sind nichts Ungewöhnliches. Eine von Mirrless, Bickerton & Day, Ltd. für Dynamobetrieb auf englischen Kriegsschiffen gebaute Maschine von 120 PS Leistung läuft mit 400 Umdrehungen in der Minute. Für größere Leistungen bleibt die Umdrehungszahl ungefähr dieselbe und beträgt etwa das Doppelte wie bei langsamlaufenden Maschinen für stationäre Zwecke.

Dieselbe Firma baut schnellaufende Maschinen in folgenden Größen, alle für 400 Umdrehungen in der Minute:

3-Zylindermaschine	45 PSe
3- „	90 „
4- „	120 „
6- „	180 „
6- „	240 „
6- „	300 „

Die Haupteigenschaft der schnellaufenden Maschinen ist die, daß alle beweglichen Teile nach außen abgeschlossen sind und dabei durch reichliche Spritz-Schmierung ein ruhiges Arbeiten gesichert ist. Die Grundplatte hat meist Kastenform mit ebenem Boden, das Kurbelgehäuse ist vollkommen geschlossen und auf jeder Seite mit Öffnungen versehen in der Anzahl der Kurbeln. Die Zylindermäntel sind meist mit dem Gestell verschraubt, anstatt mit diesem aus einem Stück gegossen zu sein, wie dies bei der langsamlaufenden Bauart geschieht.

Fig. 35 zeigt eine schnellaufende Vierzylindermaschine von 360 PSe Leistung von Franco Tosi, Legnano. Die Zylinder sind auf das Gestell aufgeschraubt. Die von einem Exzenter der Nockenwelle angetriebene Brennstoffpumpe sitzt links auf der Vorderseite der Maschine und hat für jeden Zylinder einen besonderen Plunger, um die Brennstofförderung unabhängig für jeden Zylinder einstellen zu können. Die Umlaufszahl wird auf die bereits mehrfach erwähnte Weise vom Regler aus beeinflußt. Zur Erzeugung der Druckluft zum Einblasen und Anlassen dient der am Ende ein Maschine sitzender dreistufiger Kompressor Bauart Reavell.

Eine etwas von der üblichen abweichende Bauart einer schnelllaufenden Maschine, die besonders zum Dynamobetrieb auf Schiffen Verwendung findet, wird von der Actiebolaget Diesels Motorer, Stockholm gebaut. Fig. 36 zeigt eine dieser Maschinen für 200 PSe Leistung und 400 Umdrehungen in der Minute. Bei ihr sind die Kurbeln nicht nach außen abgeschlossen, und Druckschmierung hat keine Anwendung gefunden. Zylinder und Kompressor sind durch kräftige Säulen an Stelle des sonst üblichen Gestells unterstützt, so daß Kurbeln und Kurbellager leicht zugänglich sind.

Die schnellaufende Bauart für größere Leistungen der Nederlandschen Fabriek, Amsterdam, zeigt von den sonst gebräuchlichen Ausführungen bemerkenswerte Abweichungen. Fig. 37 zeigte einen Längsschnitt einer ihrer Maschinen von 600 PSe Leistung bei 215 Umdrehungen in der Minute. Es ist eine Vierzylinder-Viertaktmaschine. Die beiden inneren Kurbeln sind gegen die äußeren um 180° versetzt. Ein zweistufiger Luftkompressor sitzt mit den Zylindern auf derselben Grundplatte. An Stelle des Tauchkolbens kommt hier ein Kreuzkopf mit Kolbenstange zur Verwendung. Obwohl der Kolben nun nicht mehr die sonst notwendige Tragfläche zu haben braucht, ergibt sich eine etwas größere Maschinenhöhe als unter Verwendung des Tauchkolbens. Wie die Abbildung zeigt, hat der Kreuzkopf zwei Tragflächen, deren Führungen mit dem Gestell verschraubt sind. Die Pleuelstange ist am Kreuzkopfende gegabelt. Kurbelwellenlager und Kolben sind wassergekühlt. Wasserkühlung für den Kolben ist sonst in Viertaktmaschinen nicht gebräuchlich, wird aber von der Firma für Leistungen über 100 PSe in einem Zylinder ausgeführt. Die Vorrichtung zur Kolbenkühlung ist aus Fig. 37 zu ersehen. Die hohle Kolbenstange ist mittels eines Flansches mit dem Kolbenkörper verschraubt. Zwei dünne Rohre sind mit dem Hohlraum des Kolbens verbunden und bewegen sich in zwei langen Führungen, die den Kühlwasserzu- und -abfluß vermitteln, auf und ab. Wasseraustritt wird durch zwei Stopfbüchsen verhindert. Das Rohr für den Wasseraustritt führt von jedem Kurbellager nach einem an der Vorderseite der Maschine angebrachten Trichter. Jedes Lager hat seinen Trichter, so daß Wassertemperatur und -menge leicht beobachtet und eingestellt werden können. Druckschmierung ist für Kurbel- und Pleuelstangenlager verwendet. Das obere Pleuelstangenlager ist hier besser zugänglich als bei Maschinen mit Tauchkolben. Das Kurbelgehäuse zeigt Kastenform und ist durch besondere durchlaufende Bolzen versteift, die die Kräfte gut auf die Grundplatte übertragen, Fig. 37. Eine Vierzylindermaschine hat acht derartige Bolzen, vier auf der Vorderseite und vier auf der Rückseite. Die vier Zylinder sind in einem Stück zusammengegossen. Das Kurbelgehäuse ist vollkommen geschlossen, wobei gegenüber jeder Kurbel eine verschließ-

Additional information of this book

(Dieselmaschinen für Land- und Schiffsbetrieb,
978-3-642-49453-6; 978-3-642-49453-6_OSFO3) is provided:

http://Extras.Springer.com

Fig. 36. Schnellaufende Maschine von 200 PSe der Actiebolaget Diesels Motorer, Stockholm.

bare Öffnung vorgesehen ist. Die Kolbenstangen haben Stopfbüchsen im Kurbelgehäuse, so daß das obere Pleuelstangenlager vor der Wärmestrahlung der Arbeitszylinder geschützt ist.

Eine der Hauptabweichungen von der gewöhnlichen Bauart bei der Maschine ist die Verwendung von Exzentern anstatt Nocken zum Ventilantrieb, um einen ruhigeren Gang der Maschine zu erreichen. Die Exzenter sitzen auf einer horizontalen Welle, die in der üblichen Weise angetrieben wird. Die Exzenterstangen greifen an Hebeln an, die um wagerechte Wellen auf- und abbewegt werden. Die Enden der Hebel bewegen die Ventilspindeln unter Vermittlung von Kurvenstücken. Für das nur für wenige Umdrehungen arbeitende Anlaßventil ist der gewöhnliche Nockenantrieb beibehalten. Der Regler sitzt auf der vertikalen Steuerwelle, von der aus auch die Brennstoffpumpe angetrieben wird. Die Regelung der Umdrehungszahl geschieht wieder in der Weise, daß das Saugventil der Pumpe kürzere oder längere Zeit offen gehalten wird. Es kommen vier getrennte Pumpen mit einem gemeinsamen Saugbehälter zur Verwendung.

Maschinen dieser Bauart sind im eigentlichen Sinne kaum schnelllaufende Maschinen zu nennen, da ihre Umlaufszahl nur etwa 30% höher als die der langsamlaufenden Maschinen ist. Sie werden von der Firma gebaut für Leistungen von 200 PSe bei 275 Umdrehungen in der Minute bis 1000 PSe bei 200 Umdrehungen in der Minute. Unter einer Leistung von 300 PSe kommen drei Zylinder, darüber vier Zylinder zur Ausführung. Das Gewicht für 1 PSe ist für alle Größen nahezu dasselbe und beträgt einschließlich allen Zubehörs etwa 125 kg für die PSe-Einheit. Die Außenmaße der Maschine sind: Länge 8400 mm, Breite 2040 mm, Höhe 3800 mm.

Liegende Maschinen. Der Bau liegender Maschinen ist augenblicklich nur in verhältnismäßig kleinem Umfang aufgenommen und insofern eine Neuerung, als die Dieselmaschine von ihren ersten Tagen an in stehender Bauart bekannt ist. Zugunsten der liegenden Maschine kann gesagt werden, daß während der letzten 10 Jahre weite Erfahrung mit großen liegenden Gasmaschinen gesammelt wurde, die beim Bau liegender Dieselmaschinen Anwendung finden kann. Beide sind Verbrennungskraftmaschinen und haben manche Ähnlichkeit. Die liegende Bauart verlangt mehr Grundfläche, aber bedeutend geringere Bauhöhe als die stehende Form, wo der Maschinenraum meist so hoch gewählt werden muß, daß der Kolben nach oben herausgezogen werden kann. Ein weiterer Vorteil ist die Verminderung des Druckes auf die Flächeneinheit des Fundaments und der Fortfall fast aller Erschütterungen, wenngleich diese auch bei stehenden Maschinen unbedeutend sind. Der Kolben kann in einer liegenden Maschine leichter ausgebaut werden. Bei einer einfachwirkenden Maschine wird er nach Lösen der Pleuelstange vom Kurbelzapfen mit dieser nach vorn herausgezogen. Die Steuerung bleibt dabei unberührt. Das Längenverhältnis zwischen Pleuelstange und Kurbelkreishalbmesser ist bei liegenden Maschinen etwa 6 : 1, bei stehenden 5 : 1. Es wird bei liegenden größer gewählt, um den durch die endliche Pleuelstangenlänge bedingten Druck auf die untere Kolbenlaufbahn zu vermindern. Der Druck auf die obere Seite der Kolbenbahn ist bei der liegenden Bauart nahezu durch das Gewicht der Triebwerksteile ausgeglichen.

Die Dieselmaschine wird in liegender Bauart als Viertakt- und Zweitaktmaschine, einfach und für größere Leistungen doppeltwirkend, ausgeführt. Für Leistungen unter 200 PSe kommt meist nur ein Zylinder zur Verwendung, für größere Leistungen sind zwei Zylinder nebeneinander angeordnet, mit dem Schwungrad am Ende der Kurbelwelle. Für noch größere Leistungen arbeiten zwei dieser Zweizylindermaschinen auf eine gemeinsame Kurbelwelle, das Schwungrad sitzt dabei zwischen den beiden Maschinen. Für die größten Leistungen kommen doppeltwirkende Maschinen in Zwillingstandemanordnung zur Verwendung, wobei die Kraftabgabe zwischen beiden Maschinen erfolgt. Die Viertaktmaschine wird in liegender Bauart als Ein-, Zwei- und Vierzylindermaschine, die Zweitaktmaschine nur als Ein- oder Zweizylindermaschine ausgeführt.

Die Grundplatte der liegenden Maschine zeigt Kastenform und ist mit dem Zylindermantel in einem Stück zusammengegossen. Die Zylinderlaufbüchse besteht aus besonders dichtem Guß und ist herausnehmbar. Wie bei der stehenden Maschine, so ist auch hier der Zylinderdeckel auf den Zylinder aufgeschraubt und enthält die Ventile, deren Anordnung jedoch von der der stehenden Bauart beträchtlich abweicht. Bei der Viertaktmaschine ist dabei das Brennstoffventil wagrecht in der Zylindermitte angeordnet, während das Anlaßventil dicht daneben sitzt. Auslaß- und Einlaßventil sind senkrecht übereinander angeordnet. Bei der Zweitaktmaschine geschieht der Auspuff durch Schlitze auf bekannte Weise. Auspuff- und Einlaßventil der Viertaktmaschine werden hier durch die Spülventile vertreten. Die wagrechte Steuerwelle wird, wie bei der Gasmaschine, durch Schraubenräder angetrieben. Ein- und Auslaßventile oder Spülventile können von einem einzigen Exzenter aus angetrieben werden, da sie symmetrisch gesetzt sind. Für Zweizylindermaschinen kommt dann nur eine Steuerwelle und ein Exzenter zur Verwendung, die Verbindung zwischen den Ventilen erfolgt durch Stangen. Das Brennstoffventil wird von einer kurzen, unter rechtem Winkel an die Hauptsteuerwelle angesetzten Welle durch Nocken und Hebel betätigt. Bei der doppeltwirkenden Maschine wird, um die Kolbenstange vor hohen Temperaturen zu schützen, der Brennstoff in einen durch die Formgebung von Kolben, Zy-

5*

linderwand und -Deckel entstehenden Hohlraum eingespritzt. Diese Anordnung schützt außerdem die Stopfbüchse.

Der Regler sitzt auf einer von der Kurbelwelle angetriebenen, senkrechten Welle und arbeitet auf das Saugventil der Brennstoffpumpe wie bei stehenden Maschinen. Das Exzenter zum Antrieb der Brennstoffpumpe sitzt auf der wagrechten Steuerwelle. Die Pumpe hat Saugtank und Schwimmer. Der zweistufige, wagrecht gebaute Luftkompressor sitzt meist auf derselben Seite wie die Steuerwelle und wird von der Kurbelwelle angetrieben. Für größere Viertaktmaschinen ist der Luftkompressor getrennt von der Grundplatte der Maschine auf ein besonderes Fundament gesetzt. Für Zweitaktmaschinen, wo eine Spülpumpe nötig wird, ist diese mit den Kompressorzylindern in Tandemordnung ausgeführt und mit dem Gestell der Maschine verschraubt. Zwischen der Nieder- und Hochdruckstufe liegt ein Kühler für die Luft und ein Reiniger gegen mitgerissenes Schmieröl. Die Luftförderung wird durch Drosselung des Saugventils oder Öffnen eines Ablaßventils eingestellt.

Da die Auspuffventile unten im Zylinder sitzen, kann die Auspuffleitung vollständig unter Flur verlegt werden und bedarf keiner Wasserkühlung; doch ist bei Zweitaktmaschinen oft eine direkte Wassereinspritzung in die Auspuffleitung vorgesehen. Bei der Viertaktmaschine erhalten nur der Zylinderkopf, Zylindermantel, Kompressorzylinder und Zwischenkühler Kühlwasser, das zuerst in diesen eintritt. Bei der Zweitaktmaschine verlangt auch der Arbeitskolben Kühlung. Alle zu kühlenden Teile haben getrennte Leitungen und Hähne, so daß die passenden Temperaturen leicht hergestellt werden können. Da die Luft meist aus dem Gestell angesaugt wird und sämtliche Rohrleitungen unter Flur liegen, zeigt die Maschine eine ruhige Form. Eine beträchtliche Anzahl dieser Maschinen ist bereits gebaut oder im Betrieb. Die größte bis heute gebaute leistet 1600—2000 PSe und ist eine von der Maschinenfabrik Augsburg-Nürnberg, Werk Augsburg, für das Städtische Elektrizitätswerk Halle a. S. gebaute doppeltwirkende Viertaktmaschine in Zwillingstandemanordnung, Fig. 38. Sie hat 650 mm Bohrung, 900 mm Hub und leistet bei 150 Umdrehungen in der Minute 1800 PSe. Die Maschine ist zum Betrieb mit Steinkohlenteeröl unter Verwendung von Paraffinöl als Zündöl eingerichtet.

Zweitaktmaschinen. Von besonderen Umständen abgesehen, wird für Leistungen bis 600—700 PSe für stationäre Zwecke die einfachwirkende Viertaktmaschine verwendet, für größere Leistungen kommt die einfach- oder doppeltwirkende Zweitaktmaschine zur Verwendung. Für Viertaktmaschinen großer Leistung werden Maschinengestell und Schwungrad übermäßig schwer und der Hauptnachteil der Zweitaktmaschine, die Spülpumpe, fällt weniger ins Gewicht als bei Maschinen

Additional information of this book

(Dieselmaschinen für Land- und Schiffsbetrieb,

978-3-642-49453-6; 978-3-642-49453-6_OSFO4) is provided:

http://Extras.Springer.com

kleinerer Leistung. Der Unterschied im Bau und äußerer Erscheinung der Zwei- und Viertaktmaschine ist gering und kennzeichnet sich meist nur durch das Hinzukommen der Spülpumpe, die mit den Zylindern auf dieselbe Grundplatte auf, seitlich an diese angesetzt oder unter Flur gelagert werden kann. Die Umdrehungszahlen für Zweitaktmaschinen, die selten für eine niedrigere Leistung als 500 PSe, meistens erst von 700 PSe ab gebaut werden, schwankt zwischen 150 und 180 Umdrehungen in der Minute. Die Auspuffventile der Viertaktmaschine sind hier durch die Auspuffschlitze am unteren Zylinderende ersetzt, die der Kolben bei seinem Abwärtsgang freigibt. Dies bedeutet eine bauliche Vereinfachung. Bei den heute vorliegenden Ausführungen tritt die Spülluft durch im Zylinderdeckel angeordnete Ventile in den Arbeitszylinder ein. Diese Spülventile werden von einer wagrechten Steuerwelle aus durch Hebel betätigt. Es ist indes möglich, daß für Schiffsmaschinen im weiteren Verlauf der Entwicklung am unteren Zylinder neben den Auspuffschlitzen angeordnete Spülschlitze an Stelle der Spülventile im Zylinderdeckel zur Verwendung kommen. Solche Schlitze werden bereits von Gebrüder Sulzer, Winterthur, und der Actiebolaget Diesels Motorer, Stockholm, angewendet, wobei diese Firmen sie den Auspuffschlitzen gegenüberliegend anordnen. Für große Maschinen, insbesondere Schiffsmaschinen, ist nicht allein die Brennstofförderung, sondern auch die Spülluftförderung der wechselnden Belastung anzupassen. Die Außerachtlassung dieser Forderung bedeutet Verschwendung von Spülluft und damit Kraftverlust.

Fig. 39 zeigt die größte bis heute von Gebrüder Sulzer, Winterthur, gebaute, einfachwirkende Zweitaktmaschine. Sie leistet in 4 Zylindern 2400 PSe und dient zum Dynamobetrieb in einem französischen Kraftwerk. Zwei Spülpumpen sind auf einer Verlängerung der Grundplatte aufgesetzt und werden unmittelbar von der Kurbelwelle durch Pleuelstangen angetrieben. Von den beiden dreistufigen Luftkompressoren ist jeder mit dem Gestell einer Spülpumpe verschraubt. Dabei liegt die Niederdruckstufe unterhalb der Spülpumpe, Mittel- und Hochdruckstufe, durch Schwinghebel angetrieben, mit ihr in einer Ebene. Das A-förmige Gestell ist mit dem Zylinder zu einem Gußstück vereinigt. Wie bei der Viertaktmaschine, so ist auch hier eine besondere Zylinderlaufbüchse und der Tauchkolben verwendet. Jeder Zylinder ist mit einem Anlaßventil versehen, so daß die Maschine fast in jeder Stellung angelassen werden kann, eine durch ihre Größe gestellte Forderung. Die an den Zylinderdeckeln entlanglaufende Steuerwelle ist vollständig nach außen abgeschlossen. Da alle Nocken in einem Ölbad laufen, ist der Gang der Maschine außerordentlich ruhig. Die für jeden Zylinder getrennten Kühlwasserabflußleitungen erkennt man auf der Vorderseite der Maschine. Der Abfluß erfolgt sichtbar in einen offenen Trichter, wobei die Wassertemperatur gemessen werden kann. Das Kühlwasser für die Kolben fließt in dieselben Trichter ab und gelangt von dort in die gemeinsame Abflußleitung. Fig. 40 gibt die Außenmaße der Maschine.

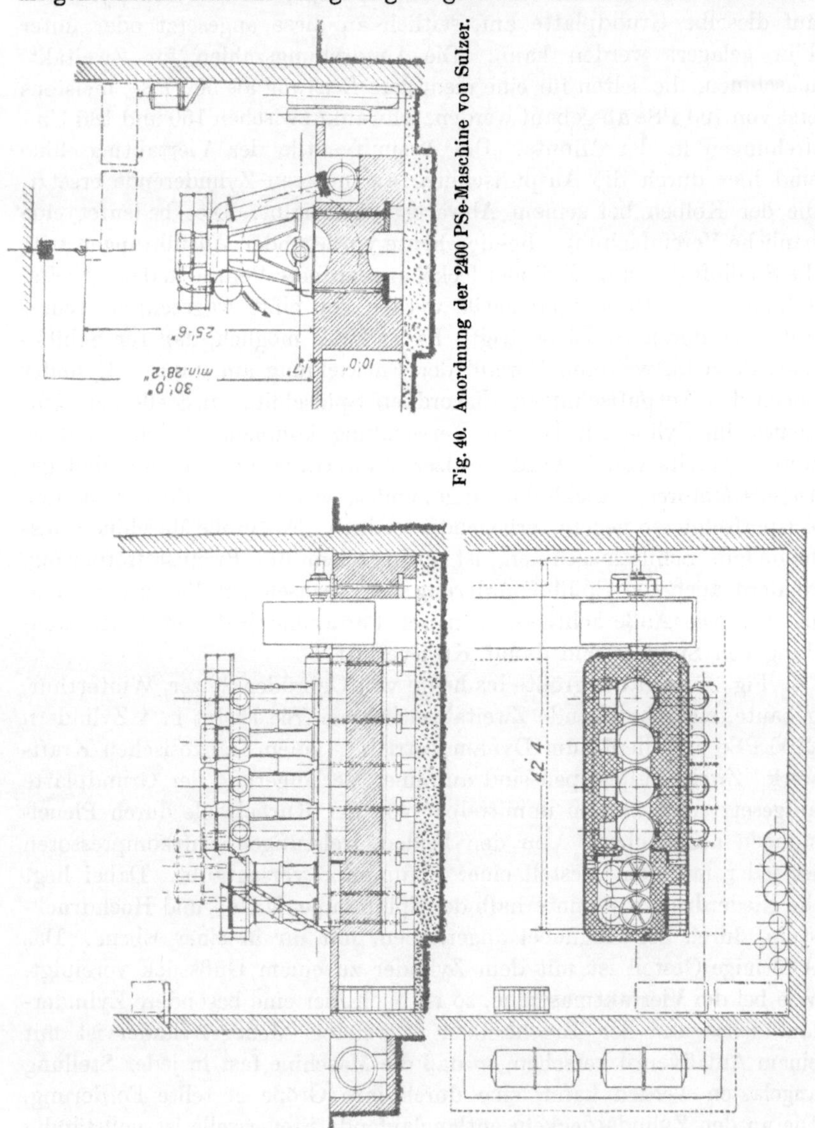

Fig. 40. Anordnung der 2400 PSe-Maschine von Sulzer.

Die Länge beträgt einschließlich Schwungrad 13 000 mm. Zwei Auspufftöpfe sind als Schalldämpfer unter Flur aufgestellt und die Hauptauspuffleitung, mit der jeder Arbeitszylinder durch ein besonderes Rohr verbunden ist, Fig. 40, ist ebenfalls unter Flur verlegt. Fig. 41

zeigt eine zweite Maschine derselben Bauart von 1100 PSe Leistung, die im Kraftwerk Liestal aufgestellt ist. Da die Maschinen in allen Teilen der bekannten Viertaktbauart gleichen, kann die Besprechung weiterer Einzelheiten hier unterbleiben.

Fig. 41. 1000 PSe-Zweitaktmaschine der Gebrüder Sulzer.

Luftkompressoren für Dieselmaschinen. Die Kompressoren für Lieferung der Druckluft zum Einblasen des Brennstoffes und Anlassen der Maschine sind für die Dieselmaschine sehr wichtige Bauteile, und da die von ihnen verzehrte Leistung einen wirtschaftlichen

Verlust darstellt, so ist die größte Sorgfalt für beste Kraftausnützung auf ihren Entwurf zu verwenden, um so mehr als mit ihnen Drücke bis 70 kg/qcm erreicht werden müssen. Die Kompressoren können allgemein in zwei Klassen geschieden werden:

1. die senkrechte Bauart, wobei deren Kolben entweder durch schwingende Hebel von der Pleuelstange oder durch eine Kurbel vom Ende der Hauptwelle aus angetrieben wird, und
2. die Reavell-Bauart, bei der alle Kolben von einer Kurbel am Ende der Hauptwelle aus betätigt werden.

Fig. 42. Quadruplex-Kompressor von Reavell, Ipswich.

Wegen des hohen Druckes sind einstufige Kompressoren nur noch vereinzelt im Gebrauch. Meist kommt die zwei- oder dreistufige Bauart zur Ausführung. Von einigen deutschen Firmen wird für jeden Zylinder ein besonderer Kompressor vorgesehen. Was die Wirkungsweise der Kompressoren anlangt, so tritt die Luft aus der Atmosphäre in den Niederdruckzylinder. Nach der Kompression in der ersten Stufe durchströmt sie einen Kühler auf ihrem Weg zum Hochdruckzylinder, von wo aus sie, auf den nötigen Druck gebracht, durch einen weiteren Kühler hindurch in die Druckluftgefäße übertritt. Jede Stufe hat ein oder zwei nach innen öffnende Saugventile und dieselbe Anzahl nach außen öffnender Druckventile. Die Zylinder und die zwischen den einzelnen Stufen liegenden, als Aufnehmer dienenden Rohrleitungen sind wegen der beträchtlichen Temperatursteigerung durch die Kom-

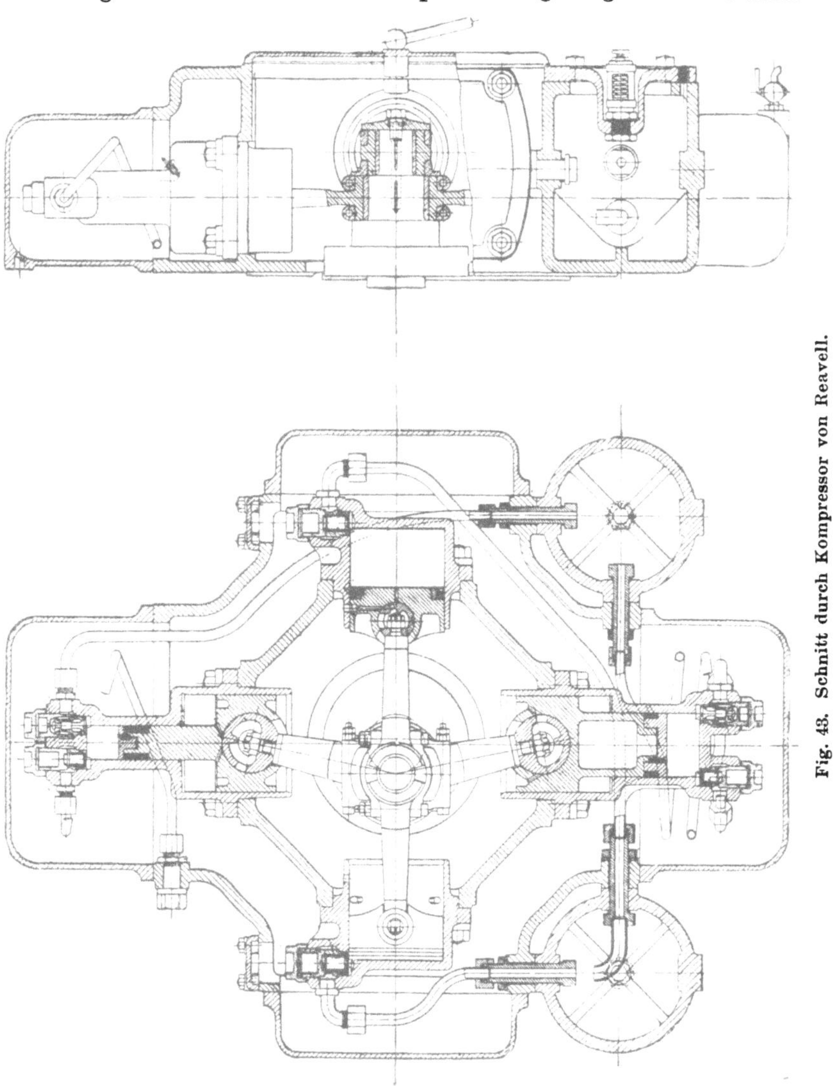

Fig. 43. Schnitt durch Kompressor von Reavell.

pression gut zu kühlen. Die seit lange in einstufiger Ausführung bekannte Reavell-Bauart ist in mehrstufiger Ausführung ebenfalls den Zwecken der Dieselmaschine angepaßt worden und wird von einigen Firmen in weitgehendem Maße verwendet. Fig. 42 gibt eine Ansicht und Fig. 43 zwei Schnitte des Kompressors. Die Maschinen kommen

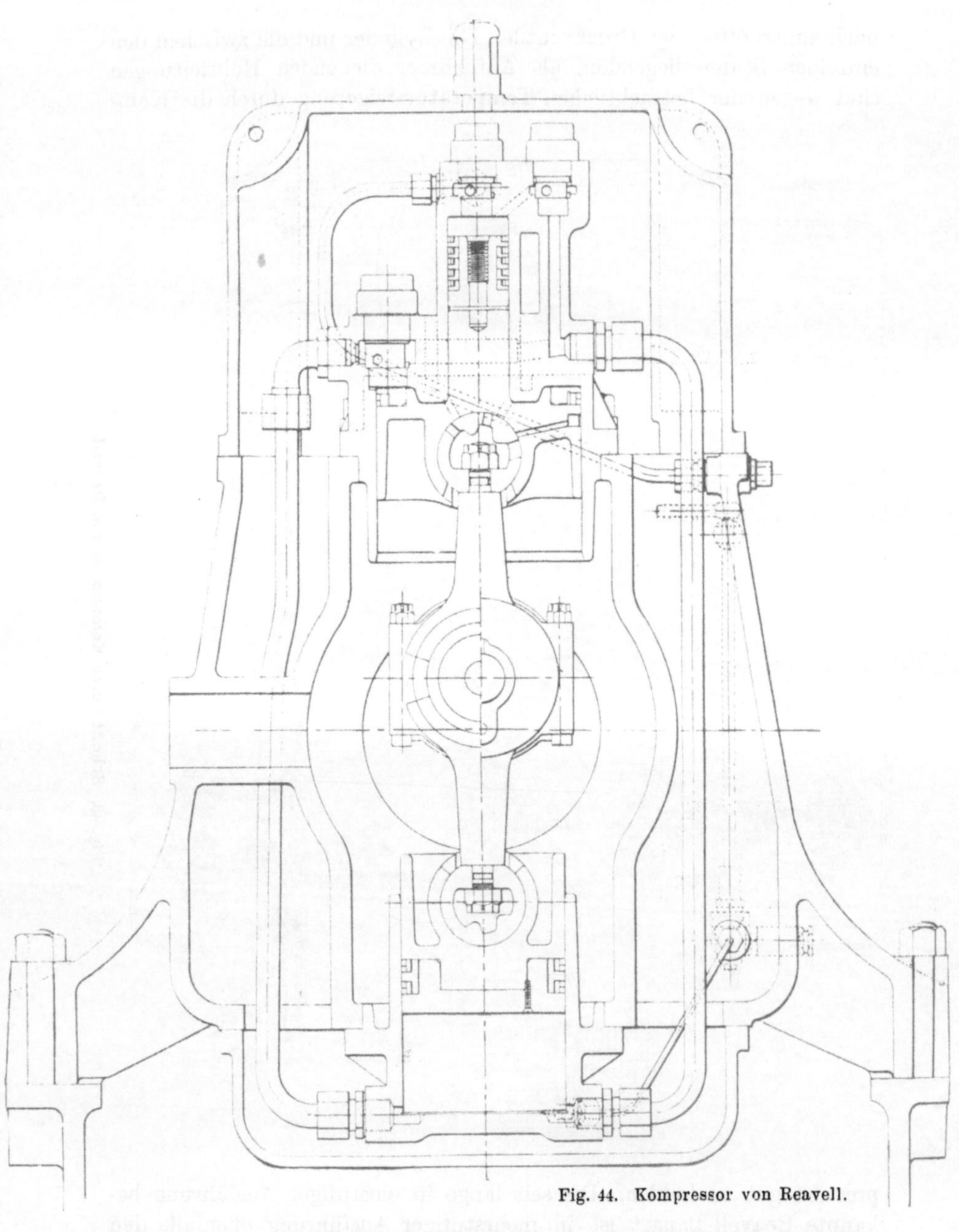

Fig. 44. Kompressor von Reavell.

dabei meist in der dreistufigen Bauart zur Verwendung, die oft der zweistufigen vorgezogen wird. Die beiden wagrecht liegenden Zylinder sind beide Niederdruckzylinder, so daß bei jedem Hub Druck-

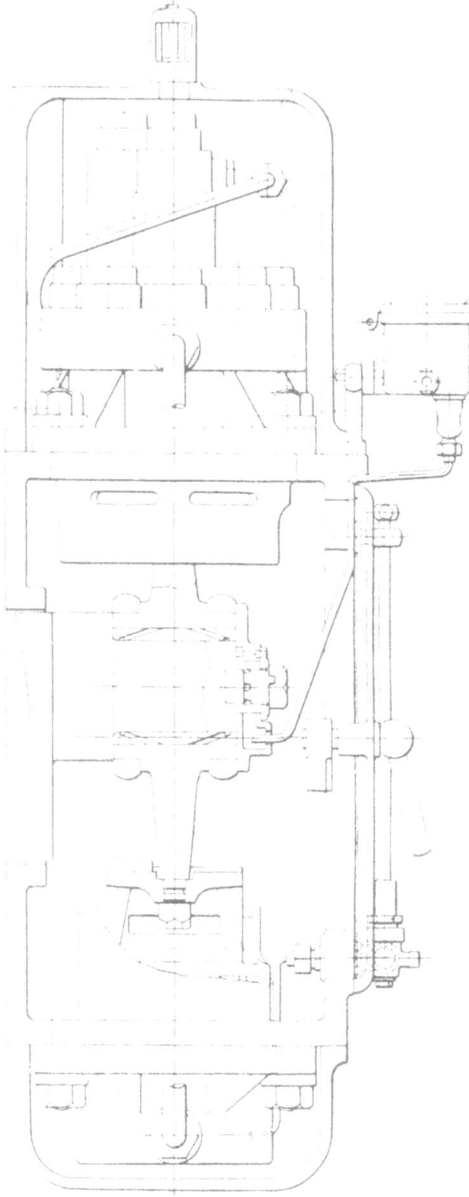

luft nach dem Mitteldruckzylinder übertritt. Die Luft tritt aus der Atmosphäre in das Kurbelgehäuse und von dort durch in den Kolbenbolzen angeordnete Schlitze in die Niederdruckzylinder, so daß besondere Saugventile für die Niederdruckstufe vermieden werden.

Beim Kompressionshub werden diese Schlitze durch die ausschwingende Pleuelstange geschlossen, so daß Kompression stattfinden kann. Die Luft wird dann durch das Druckventil in die Kühlschlange, Fig. 43, gedrückt und gelangt von dort in eine Reinigungskammer, aus der Feuchtigkeit und mitgerissenes Schmieröl abgeblasen werden können. Von hier gelangt die Luft nach dem über der Kurbel angeordneten Hochdruckzylinder, der die gleichen Saug- und Druckventile hat wie der Mitteldruckzylinder. Nach weiterer Kühlung strömt die Luft in die Luftgefäße über.

Kompressoren dieser Art werden von Reavell & Co. Ltd., Ipswich, England, für Dieselmaschinen von 100 PSe Leistung ab aufwärts für jede Maschinengröße gebaut. Da sämtliche Zylinder symmetrisch um ein gemeinsames Gehäuse herum angeordnet sind, ist es möglich, dies Gehäuse unmittelbar an die Grundplatte der Maschine anzuschrauben, so daß kein weiteres Lager notwendig wird. Der Antriebszapfen für den Kompressor sitzt dabei auf einer Kurbelscheibe, die auf das Ende der Kurbelwelle sorgfältig aufgepaßt und durch Keil, Gewinde oder querdurchlaufenden Bolzen gesichert ist.

Fig. 44 zeigt einen Luftkompressor dreistufiger Bauart von Reavell & Co. für schnellaufende Maschinen. Er zeigt eine bemerkenswerte Neuerung insofern, als Saug- und Druckventil in der Mitteldruckstufe wegfallen.

Wie aus der Abbildung ersichtlich ist, sind sämtliche Zylinder in einer Senkrechten angeordnet, wobei sich Hoch- und Niederdruckzylinder in Tandemanordnung oberhalb und Mitteldruckzylinder unterhalb der Kurbelzapfen befinden. Die Luft tritt auch hier wieder, unter Fortfall der Saugventile, durch Öffnungen in den Kolbenbolzen in den Niederdruckzylinder ein. Der Niederdruckzylinder hat ein Druckventil, das die Luft auf ihrem Weg zum Mitteldruckzylinder passiert, um von dort ohne Passieren weiterer Ventile am Mitteldruckzylinder durch ein Saugventil in den Hochdruckzylinder einzutreten. Durch passende Abmessung der Verbindungsrohre und des Mitteldruckzylindervolumens kann erreicht werden, daß die Luft während ihrer Kompression in der zweiten Stufe und ihres Verweilens im Verbindungsrohr zum Hochdruckzylinder zur selben Zeit wirksam gekühlt wird, was eine gute Kraftausnützung mit sich bringt. Während des auf die Kompression folgenden Hubes fällt der Druck unter dem Mitteldruckkolben mit der Expansion der Luft, bis das Druckventil des Niederdruckzylinders sich öffnet und eine neue Ladung Luft an den Mitteldruckzylinder abgibt. Auf dem folgenden Hub wird diese zusammen mit der in den Kühlrohren zurückgebliebenen komprimiert. Der Hochdruckzylinder führt zu derselben Zeit seinen Saughub aus, so daß der wachsende Druck im Mitteldruckzylinder bald die Luft nach dem Hochdruckzylinder übertreten läßt, wo sie dann den endgültig verlangten Druck erhält und das Arbeitsspiel von neuem beginnt. Im übrigen gleicht dieser Kompressor der Quadruplexbauart von Reavell & Co., insofern er keinerlei Lager aufweist und der Kurbelzapfen am Ende der Kurbelwelle sitzt.

Für kleinere, besonders für schnellaufende Maschinen, wird dieser Kompressor mit eigens zu dem Zwecke angegossenen Füßen auf dieselben Träger aufgesetzt, die auch die Maschine tragen, für größere Maschinen erhalten Grundplatte und Kompressorgehäuse je einen besonderen Anpaß. Der Kompressor hat in dieser Ausführung den Vorteil, daß alle tiefliegenden Ventile vermieden sind, so daß bei größerer baulichen Einfachheit und besserer Kraftausnützung die Wartung leicht ist. Wie man erkennt, sind die einzigen Ventile, die eine solche fordern, durch Abheben des oberen Deckels, der den Wassermantel für Nieder- und Hochdruckzylinder bildet, leicht zugänglich. Bei all diesen Kompressoren sind Ventile und Ventilköpfe vollständig mit Wasser umgeben, eine Anordnung, die erfahrungsgemäß ein durch die erhitzte Luft verursachtes Hängenbleiben der Ventile verhindert.

Additional information of this book

(Dieselmaschinen für Land- und Schiffsbetrieb,

978-3-642-49453-6; 978-3-642-49453-6_OSFO5) is provided:

http://Extras.Springer.com

Für die Verwendung in Schiffsdieselmaschinenanlagen wird ein in seiner Bauart der Quadruplexform ähnlicher Kompressor verwendet, der jedoch in seinem Bau die folgenden beiden Abweichungen von dieser zeigt. Fig. 45 zeigt einen Schnitt durch diesen Kompressor. Durch einen Vergleich mit dem für stationäre Zwecke gebräuchlichen erkennt man, daß die Kolbenführung für die Mitteldruckzylinder in Fortfall gekommen ist und die Ventile in Kammern an der Seite dieser Zylinder anstatt an deren Bodenende angeordnet sind. Die Führungen wegzulassen war möglich durch die größeren Abmessungen dieser Kompressoren. Die neue Ventilanordnung ermöglicht einen flachen Boden für das Gehäuse und gestattet, den Kompressor in derselben Weise, wie die Maschine selbst, auf das Fundament aufzusetzen.

Da dieser Kompressor bei seiner Verwendung im Schiffsbetrieb für Vorwärts- und Rückwärtsgang in gleicher Weise geeignet sein muß, so sind hier die Einlaßschlitze in den Kolbenzapfen der Niederdruckzylinder durch besondere Saugventile ersetzt, die eine Verbindung zwischen den Zylindern und dem Innenraum des Gehäuses herstellen.

Vierter Abschnitt.

Aufstellung und Betrieb der Dieselmaschine.

Allgemeine Bemerkungen. — Platzbedarf. — Inbetriebsetzung und Betrieb. — Wartung. — Betriebskosten.

Allgemeine Bemerkungen. Die Dieselmaschine ist eine Kraftmaschine aus der Reihe aller anderen, bei deren Entwurf Wissenschaftlichkeit im weitesten Maße zur Anwendung kommt, und deshalb verlangen alle ihre Teile die größte Sorgfalt in der Herstellung. Unter diesem Gesichtspunkt mag sie als eine empfindliche Maschine erscheinen, und in der Tat kann bis zu dem Augenblick ihrer Inbetriebsetzung die äußerste Sorgfalt in Entwurf und Herstellung nicht nachdrücklich genug empfohlen werden. Ist diese aber einmal aufgewendet worden, so dankt sie dies mit größter Betriebssicherheit und verlangt, alles zusammengenommen, weniger Aufsicht und Wartung als eine Dampf- oder Gasmaschine. Die Aufstellung einer Dieselmaschine sollte mit derselben Sorgfalt als ihre Herstellung geschehen und nicht von der Nachlässigkeit begleitet sein, die man so häufig bei Dampfanlagen findet. Vor allem sollten Staub und Schmutz jeder Art von den wichtigsten arbeitenden Teilen ferngehalten werden. Besonders gilt dies für das Brennstoffventil, das wegen enger Führungen für Luft und Brennstoff gegen die kleinsten Fremdkörper empfindlich ist.

Die notwendigen Fundamente sind, wie bei allen stehenden Maschinen, verhältnismäßig schwer, aber durch die Gleichmäßigkeit der Verbrennung und den Fortfall jeglichen Stoßes explodierender Gemische sind die Erschütterungen geringer als bei Gasmaschinen ähnlicher Bauart. Die Höhe der Fundamente hängt von der Beschaffenheit des Baugrundes ab, da in jedem Fall eine genügend feste Unterlage erreicht werden muß. Durch während der Aufmauerung eingesetzte Kästen oder Rohre passender Weite, die hinterher herausgezogen werden, sind Löcher für die Ankerbolzen freizulassen. Die Bolzen werden bei der Montage eingesetzt, und meist wird zu diesem Zweck unter dem Fundament ein gewölbter Kanal vorgesehen, der für einen Mann genügend Raum bietet, um die Bolzenmuttern anzuziehen, sobald die Grundplatte der Maschine in ihre richtige Lage gebracht und zum Untergießen fertig ist.

Bei der Aufstellung von Maschinen in bereits vorhandenen Gebäuden oder unter bewohnten Räumen, wo die Erschütterungen möglicherweise durch die Gebäudemauern fortgeleitet werden, sind die Maschinenfundamente von denen der Umfassungsmauern vollkommen getrennt zur Ausführung zu bringen. In Fällen, wo mehrere Maschinen in gedrängtem Raum untergebracht werden sollen, wie dies oft in den Kellerräumen großer Geschäftshäuser geschieht, empfiehlt sich die bereits auch oft ausgeführte Anlage eines einzigen großen Fundamentes gemeinsam für alle Maschinen.

Das auf der äußeren Schwungradseite notwendige Lager muß mit den übrigen Kurbelwellenlagern auf das sorgfältigste ausgerichtet werden. Dabei wird die Kurbelwelle eingesetzt und jedes Lager solange nachgeschabt, bis überall ein gutes Aufliegen der Welle erzielt ist. Dies hat zu geschehen, auch wenn die Maschine bereits vorher auf dem Versuchsstand gelaufen hat, da sich die Verhältnisse bei der Montage ändern. Die Kurbelwelle wird dann entfernt und wieder eingesetzt, nachdem die untere Hälfte des Schwungrads in dessen Grube gebracht ist. Die weitere Montage ist einfach, auch für Mehrzylindermaschinen, da hier meist alle Teile auswechselbar sind. Die beiden Anlaßgefäße und das Einspritzgefäß, die meist etwa 2-3 m lang sind, werden zur Hälfte in den Boden eingelassen, so daß ihre Ventile bequem zu bedienen sind.

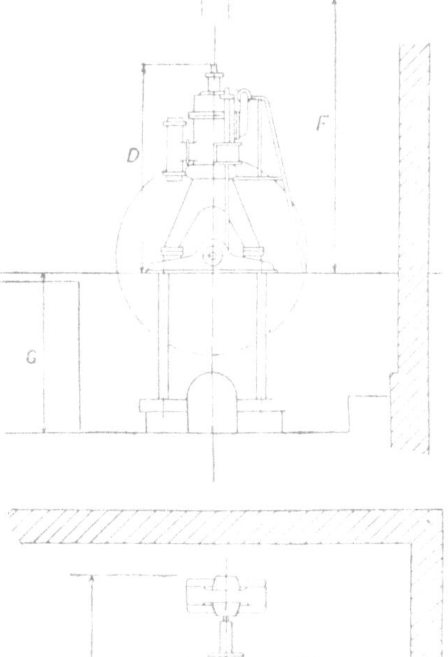

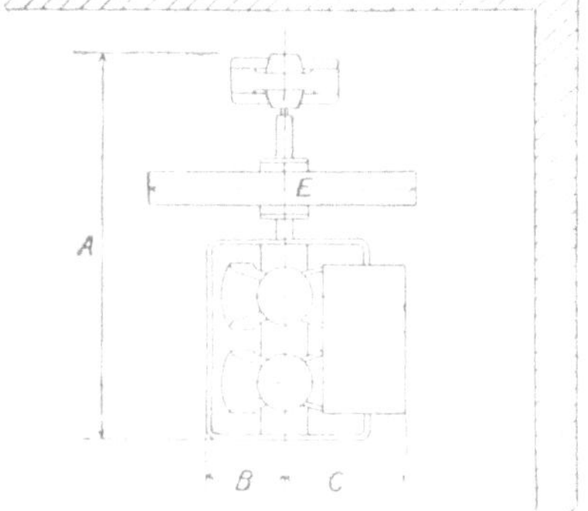

Fig. 46. Außenmaße der Maschinen von Sulzer (zu Tabelle I).

Platzbedarf. Der einschließlich aller Nebenapparate für eine Dieselmotorenanlage nötige Raum ist bedeutend geringer als der für eine Dampf- oder Gasmaschinenanlage erforderliche. Tabelle I gibt im Anschluß an Fig. 46 die Abmessungen des für die gewöhnlichen langsamlaufenden Maschinen der Gebrüder Sulzer notwendigen Raumes. Die Abmessungen lassen sich etwas vermindern, wenn dies bei besonders beschränktem Raum verlangt werden sollte. Sie sind kleiner für schnelllaufende Maschinen. Tabelle II gibt Maße und Gewichte der von der Maschinenfabrik Augsburg-Nürnberg gebauten Viertaktmaschinen gewöhnlicher Bauart. Tabelle III bezieht sich auf schnellaufende Maschinen derselben Firma.

Tabelle I. Hauptabmessungen von Dieselmaschinen normaler Ausführung der Gebrüder Sulzer, Winterthur.

Maße in Millimetern. S. Fig. 46.

Leistung	Einzylindermaschinen			Zweizylindermaschinen				Dreizylindermaschinen				
PSe	25	50	65	60	80	100	130	200	300	400	500	600
A	2450	3350	4050	3450	3950	4250	5000	5600	6100	7300	8000	8600
B	660	850	950	725	800	850	950	950	1200	1300	1400	1500
C	990	1450	1550	1175	1350	1450	1550	1550	2000	2200	2400	2800
D	2250	3050	3500	2550	2650	3050	3500	3500	3800	4000	4400	5050
E	2300	2800	3000	2500	2700	2800	3000	3000	3400	3600	3800	4000
F	3150	4150	4550	3450	3750	4150	4550	4550	5800	6350	6900	7500
G	1600	2200	2400	1800	2000	2200	2400	2400	2700	2800	2900	3000

Maße unverbindlich.

Tabelle III.

Hauptabmessungen von schnellaufenden Dieselmaschinen der Maschinenfabrik Augsburg-Nürnberg A.-G.

Maße in Millimetern.

	Dreizylindermaschinen					Vierzylindermaschinen					
Normalleistung in PSe	110	185	375	525	750	150	250	400	600	800	1 000
Umdrehungen in der Minute	375	300	250	215	187	375	300	250	215	187	187
Schwungraddurchmesser	1 600	2 000	2 700	3 200	3 800	1 600	2 000	2 700	3 200	3 700	3 800
Außenmaße der Maschinen:											
quer zur Welle .	1 150	1 350	1 850	2 150	2 400	1 150	1 350	1 700	2 050	2 250	2 400
parallel zur Welle	4 050	4 900	6 700	7 750	8 850	4 700	5 700	7 100	8 500	9 700	10 300
Höhe über Fußboden	2 150	2 700	3 600	4 100	4 700	2 150	2 700	3 350	3 950	4 500	4 700
Erwünschte Lokalhöhe mit Rücksicht auf Montieren . .	3 300	4 200	5 300	6 400	7 600	3 300	4 200	5 000	5 900	7 200	7 600
Fundamenttiefe . .	1 700	2 100	2 800	3 300	4 000	1 700	2 100	2 600	3 100	3 600	4 000
Gewichte ungefähr* netto kg	11 000	19 500	43 000	66 000	110000	13 000	24 000	46 000	71 000	107 000	136 000

* Bei einem Ungleichförmigkeitsgrad des Schwungrades von $\frac{1}{90}$ für Dreizylindermaschinen.
„ $\frac{1}{250}$ „ Vierzylindermaschinen.

Tabelle II.

Hauptabmessungen
von Dieselmaschinen normaler Ausführung der Maschinenfabrik Augsburg-Nürnberg, A.-G.

Maße in Millimetern.

	Einzylindermaschinen				Zweizylindermaschinen				Dreizylindermaschinen				Vierzylindermaschinen			
Normalleistung in PSe	25	70	150	220	100	160	250	440	250	375	450	660	300	500	600	880
Umdrehungen in der Minute	205	160	155	150	170	160	155	150	175	155	155	150	175	155	155	150
Schwungraddurchmesser	2500	3 300	3 850	4 300	3 100	3 400	3 700	4 450	3 400	3 700	3 850	4 450	3 300	3 700	3 850	4 450
Außenmaße der Maschinen:																
quer zur Welle	3000	3 800	4 400	5 300	3 600	3 900	4 200	5 300	3 800	4 000	4 300	4 800	3 700	4 000	4 300	4 800
parallel zur Welle	2550	3 700	4 800	5 800	4 200	5 000	5 800	7 700	6 400	7 200	7 900	9 200	7 200	8 600	9 300	10 600
Höhe über Fußboden	2600	3 700	5 000	5 600	3 300	3 900	4 500	5 600	3 900	4 500	5 000	5 500	3 700	4 500	5 000	5 500
Erwünschte Lokalhöhe mit Rücksicht auf Montieren	4100	5 800	8 300	9 000	5 200	6 600	7 800	9 200	6 600	7 800	8 200	9 200	5 900	7 800	8 200	9 200
Fundamenttiefe	2200	2 900	3 800	4 300	2 700	3 300	3 700	4 500	3 300	3 700	4 000	4 500	3 000	3 700	4 000	4 500
Gewichte ungefähr* netto kg	6650	19 500	42000	62 000	24 150	38 000	57 500	101 200	51 600	77 000	94 200	136 200	52 000	92 000	115 000	173 000

* Bei einem Ungleichförmigkeitsgrad des Schwungrades von $\frac{1}{30}$ für Einzylindermaschinen,
„ $\frac{1}{70}$ „ Zweizylindermaschinen,
„ $\frac{1}{90}$ „ Dreizylindermaschinen,
„ $\frac{1}{250}$ „ Vierzylindermaschinen.

Die in den Tabellen aufgeführten Maschinen erschöpfen keineswegs die Gesamtzahl normalisierter Maschinen. Jede Firma hat ihre eigenen Normalien, es ist davon meist eine solche Zahl vorhanden, daß für jede verlangte Leistung eine normalisierte Maschine zu erhalten ist.

Inbetriebsetzung. Nach vollendeter Montage muß die Kurbelwelle der Maschine mit Hilfe des am Schwungradkranz angreifenden Schaltwerkes mehreremal gedreht werden. Nachdem man sich vergewissert hat, daß die Kühlwasserführung keine Unterbrechung hat, ist die Maschine zum Anlassen bereit. Zum Einlaufen der Lager sollte sie dann einige Stunden leer und danach mit etwa $^1/_4$ der normalen Last laufen. Diagramme können während dieser Zeit genommen und die notwendigen Nachstellungen ausgeführt werden, falls der Verlauf der Verbrennung nicht zufriedenstellend ist. Ehe man auf Vollast übergeht, setzt man die Maschine still und untersucht sämtliche Lager auf Erwärmung. Falls sie in Ordnung sind, erfolgt Wiederanlassen und Belastung zur Vollast. Die Einstellung der Brennstofförderung für Mehrzylindermaschinen ist derart vorzunehmen, daß alle Zylinder gleichmäßig belastet sind. Dies kann mittels einer an ihrem Ende konisch geformten Schraube geschehen, die in die Brennstoffleitung zwischen Pumpe und Brennstoffventil hineingeschraubt wird und damit die Fördermenge für den betreffenden Zylinder verringert. Diese Anordnung ist indes nur dort verwendbar, wo eine einzige Brennstoffpumpe für sämtliche Zylinder zur Anwendung kommt, die den Brennstoff nach einem „Verteiler" liefert. Für getrennte Pumpen geschieht die Einstellung mittels einer Stellschraube, die das Saugventil der Pumpe beeinflußt.

Wartung. Mit dem Betrieb einer zweckmäßig gebauten und sorgfältig aufgestellten Dieselmaschine sind keine besonderen Schwierigkeiten verbunden. Abgesehen zur Ausführung gelegentlicher Überholungen und kleiner Reparaturen an Brennstoffpumpen und Ventilen bedarf sie zur ihrer Wartung keines geschulten Bedienungspersonals. Die Bedienungskosten sind deshalb für sie geringer als für Dampfanlagen. Wie bei allen Verbrennungskraftmaschinen muß eine ununterbrochene genügende Kühlwasserzuführung gewahrt werden. Meistens sind in die Kühlwasser-Abflußleitungen Thermometer eingesetzt. Die Einstellung der geeigneten Temperatur geschieht durch Einstellung der Wasserzuführung mittels eines Hahnes getrennt für jeden Zylinder. Thermometer sind indes mehr für eine geschlossene Kühlwasserleitung nötig als für eine offene, wo der Wasserabfluß sichtbar ist. Letztere Anordnung ist dabei vorzuziehen. Wenn die Einrichtung derart getroffen ist, daß die Wasserzuführung getrennt für jeden Zylinder an eine Hauptzuleitung angeschlossen ist und alle Zylinder ihr Wasser in eine gemeinsame Leitung abfließen lassen, so kann durch Verstopfen seiner Zuleitung ein Zylinder ohne Wasser sein, ohne daß dadurch der Hauptstrom unterbrochen wird. Das einzige Anzeichen dafür ist dann nur ein Steigen des Thermometers in der Abflußleitung des betroffenen Zylinders, während beim offenen Abfluß die Unterbrechung sofort vom Wärter bemerkt wird. Die Temperatur des austretenden Kühlwassers wird für unsere Breiten am besten auf etwa 50° C gehalten, wenn auch eine Erhöhung auf 80° C für längere Zeit ohne Schaden stattfinden kann. Für Dieselmaschinen gewöhnlicher Bauart werden etwa 20—25% der durch die Verbrennung des Brennstoffes entwickelten Wärmemenge im Kühlwasser abgeführt, was gleichbedeutend ist mit etwa 60% indizierter Arbeit. Eine PSi-Stunde ist äquivalent $\frac{75 \cdot 60 \cdot 60}{424}$ $= 640$ WE.-Stunden, so daß die im Kühlwasser abgeführte Wärmemenge etwa $0{,}6 \cdot 640 = 380$ WE. für 1 PSi-Stunde beträgt. Für eine Temperaturerhöhung des Kühlwassers von 40° C werden etwa 14 l für die PSi-Stunde an Kühlwasser verlangt, während man, um sicher zu gehen, meist mit 18 l für die PSi-Stunde rechnet. Oft ist indes die Kühlwassermenge beträchtlich geringer und bleibt meist unter 14 l für die PSi-Stunde.

Bei der vollkommenen Verbrennung der Dieselmaschine verschmutzen die Auspuffventile nicht besonders. Wenn indes die Maschine für eine beträchtliche Zeit ohne Reinigung läuft, beginnt der Auspuff unreiner zu werden als er zu Anfang war, und das Auspuffventil verschmutzt dann mehr und mehr. Deshalb ist eine öftere, regelmäßige Reinigung des letzteren zu empfehlen, doch ist, wo auf richtig verlaufenden Arbeitsvorgang und reinen Auspuff gehalten wird, manchmal nur eine zwei- oder dreimalige Reinigung im Jahr notwendig. Meist empfiehlt es sich, die Auspuffventile bei Dauerbetrieb alle 14 Tage herauszunehmen. Da dies ohne besondere Mühe geschehen und ebenso leicht ein Reserve-Auspuffventil eingesetzt werden kann, ist der Zeitverlust gering. Das gereinigte Ventil wird am Ende der nächsten 14 Tage wieder gegen das Reserveventil ausgetauscht. Dies häufige Reinigen ist indes für einen einwandfreien Betrieb nicht unumgänglich notwendig, kann aber nur empfohlen werden, zumal es keine Unannehmlichkeiten mit sich bringt. Von größerer Wichtigkeit ist es, daß das Brennstoffventil regelmäßig mindestens alle 14 Tage gereinigt wird. Dasselbe gilt von den Ventilen der Brennstoffpumpe, die, wenn nötig, öfter neu einzuschleifen sind. Diese kleinen Überholungen nehmen wenig Zeit in Anspruch, verringern aber meist die Betriebs- und Reparaturkosten.

Bei dem hohen Kompressionsdruck ist es wesentlich, daß alle Ventile und Dichtungen, die unter hohem Druck stehen, vollkommen dicht sind. Undichtigkeiten können dabei vorkommen außer an den Ventilen, an der Dichtung zwischen Zylinder und Deckel und zwischen dem Kolben und dessen Lauffläche. Sie verhindern, den hohen Druck und damit die hohe Temperatur zu erreichen, die zu einer vollkommenen Verbrennung nötig ist. Undichtigkeiten verringern das für die Vollast notwendige Luftgewicht, so daß die Maschine nicht wie sonst belastet werden kann. Mit einem reichlich bemessenen Kompressor ist indes die Überwindung dieser Schwierigkeit meist möglich durch Erhöhung des Einblasedruckes. Dies setzt aber die Kraftausbeute herab und kann deshalb nur als ein vorübergehender Notbehelf angesehen werden, Das Auspuffventil neigt am meisten zur Undichtheit, doch hat man bei öfterer Reinigung wenig Unannehmlichkeiten damit. Es ist zweckmäßig, dasselbe ab und zu auf seinen Sitz aufzuschleifen. Undichtheit des Brennstoffventils äußert sich in Frühzündungen, die ebenfalls die Kraftausbeute herabsetzen und sich meist durch Stöße kundgeben. Das Ventil kann gleichzeitig mit seiner Reinigung auf seine Dichtigkeit untersucht und, wenn nötig, eingeschliffen werden. Auf die Behandlung des Brennstoffventils ist große Sorgfalt zu verwenden, da seine Vernachlässigung zu großen Unannehmlichkeiten Veranlassung geben kann. Die Brennstoffnadel *E* (Fig. 17), die leicht in ihrer Stopfbüchse und Führung arbeiten soll, muß beim Herausnehmen vorsichtig behandelt und darf nicht verborgen werden. Die Einstellung ihrer Länge erfolgt gewöhnlich mit Hilfe einer Stellmutter dort, wo sie in ihre obere Führung eingeschraubt ist oder wo der Brennstoffventilhebel angreift. Die Mutter wird mit einer Marke versehen, so daß sie immer wieder in dieselbe Stellung gebracht werden kann. Wenn undicht, muß der Nadelsitz frisch eingeschliffen werden, worauf man sich zu überzeugen hat, ob der Sitz dicht ist. Dies geschieht dadurch, daß man etwas Druckluft in die Einblaseleitung eintreten läßt. Die Kurbelwelle wird dann langsam gedreht und das Auspuffventil offen gehalten. Im Augenblick, wo die Brennstoffnadel von ihrem Sitz abgehoben wird, hört man die Druckluft durch das Auspuffventil ausströmen, wobei mit Hilfe der erwähnten Stellmutter der Zeitpunkt des Anhebens genau eingestellt werden kann. Das Brennstoffventil öffnet dabei, entsprechend der Kolbengeschwindigkeit mehr oder weniger, kurz bevor der Kolben seinen oberen Totpunkt erreicht.

Der Zerstäuber sollte öfter in allen seinen Teilen mit Petroleum und einer Bürste gereinigt werden, so daß alle seine Löcher und Kanäle vollkommen frei von Schmutz sind. Die Packung der Brennstoffnadel bedarf selten der Erneuerung, vorausgesetzt, daß sie zweckentsprechend ist. Getalkte Hanfpackung erfüllt neben metallischer Blei-Graphit-Packung gut ihren Zweck.

Gelegentlich zeigt die Brennstoffnadel eine Neigung hängen zu bleiben, wofür schlechte Verbrennung bei Überlastung oder übermäßige Erwärmung des Zylinderdeckels bei ungenügender Kühlung die Ursache sein kann. Schlechte Verbrennung verschmutzt den Zylinder, der danach sofort gereinigt werden sollte. Ein Hängenbleiben der Nadel kann außerdem durch die Einblaseluft verursacht werden, wenn diese Schmutz oder aus dem Kompressor mitgerissenes Schmieröl enthält.

Über Undichtheit des Kolbens hat man sich selten zu beklagen, vorausgesetzt, daß die Kolbenringe sachgemäß hergestellt sind. Gebrochene Kolbenringe müssen sofort durch neue ersetzt werden, und dies ist von allen die umständlichste Reparatur im Dieselmaschinenbetrieb. Die beiden obersten Kolbenringe sind größerer Hitze ausgesetzt als die anderen und neigen deshalb zum Festbrennen. Sie sind mit großer Sorgfalt einzupassen. Der Kompressionsraum ist bei den Dieselmaschinen sehr klein, nur etwa $^1/_3$ des bei anderen Verbrennungskraftmaschinen üblichen. Seine Veränderung zur Erreichung des richtigen Kompressionsdruckes geschieht durch Einlegen einer Platte in das Kurbelzapfenlager der Pleuelstange. Stöße in der Maschine haben meist ihren Grund in Frühzündungen durch zu frühe Öffnung des Brennstoffventils, doch können sie auch von Spiel in den Pleuelstangenlagern herrühren. Dies ist meistens der Fall, wenn die Lager von vornherein nicht mit genügender Sorgfalt eingepaßt wurden und stellt sich selten erst nach längerem Betrieb heraus.

In jeder Maschine sind Federn eine Quelle der Unannehmlichkeiten und deshalb sind für jede Feder womöglich mehrere Reservefedern wünschenswert. Tatsächlich hat eine gebrochene Feder meist keine schwerwiegenden Folgen und oft laufen Maschinen lange mit gebrochenen Federn, ohne daß dies bemerkt wird. Das Einsetzen einer Reservefeder nimmt nur kurze Zeit in Anspruch.

Die große Länge des Tauchkolbens verringert die Möglichkeit des Unrundlaufens der Laufbüchse durch die Verringerung des Druckes auf die Flächeneinheit. Eine Maschine von 80 PSe Leistung, die der Verfasser nachgemessen hat, nachdem sie 8 Jahre im Betrieb war, zeigte den Zylinder nur innerhalb 0,05 mm unrund.

Bei zweckmäßigem Entwurf der für die Dieselmaschine zur Verwendung kommenden Kompressoren kommen, gute Ausführung vorausgesetzt, für diese im Betrieb keine besonderen Vorsichtsmaßregeln zur Anwendung. Wie bei allen derartigen Maschinen, sind auch hier Brüche an Kolbenringen und Ventilfedern möglich, doch sind sie verhältnismäßig selten.

Die Schmierung der Dieselmaschine verlangt keine außergewöhnliche Aufmerksamkeit. Da indes die Treibölmenge so klein ist, erscheint die Schmierölmenge verhältnismäßig groß, und die Schmierölkosten sind in der Tat vom Betriebskostenstandpunkt aus mit den Brennstoffkosten zu vergleichen, weshalb die Schmierölmenge sorgfältig eingestellt werden muß. Die verwendeten kleinen Schmierölpumpen sind in weiten Grenzen regulierbar, und die Ersparnis bei sorgfältiger Einstellung ist der Mühe wert. Bei großen Maschinen wird das in der Grundplatte sich sammelnde Schmieröl durch ein Filter von anhaftendem Wasser und Schmutz befreit und wiederholt benutzt. Beiläufig beträgt die für einen vierstündigen Betrieb einer Maschine von 250 PSe notwendige Schmierölmenge nur 4,5 l. Der Verbrauch ist geringer bei langsamlaufenden als bei schnellaufenden Maschinen. Es ist namentlich für Mehrzylindermaschinen sehr zu empfehlen, in nicht zu großen Zeitabständen Indikatordiagramme zu nehmen und sich von der gleichmäßigen Belastungsverteilung auf alle Zylinder zu überzeugen. Denn es ist leicht möglich, daß dem einen oder anderen Zylinder mehr als sein Teil zugemutet wird, was bei rechtzeitiger Erkenntnis durch Verstellung der Verteilerschrauben in den Brennstoffdruckleitungen oder den Stellschrauben an den Pumpen leicht beseitigt werden kann. Namentlich für Betriebe mit stark wechselnder Belastung, etwa wo Arbeitsmaschinen öfter in und außer Betrieb gesetzt werden, kann die Kraftmaschine unbemerkt überlastet sein. Obschon die Dieselmaschine für kürzere Zeit leicht eine Überlastung von 10—15% verträgt, so ist doch besser von einer solchen abzusehen und eine Vergrößerung der Anlage in Erwägung zu ziehen.

Betriebskosten. Der Vergleich verschiedener Arten von Kraftmaschinen ohne genaue Kenntnis der Bedingungen, unter denen sie im allgemeinen und im besonderen Fall arbeiten, ist schwierig und führt oft zu unrichtigen Schlüssen. Trotzdem ist es meist möglich, in einigen gewöhnlichen Fällen die Vorteile, welche die Verwendung der Dieselmaschinen bringt, ohne weiteres zu erkennen, besonders da heute bereits eine Reihe einwandfreier Zahlen in dieser Hinsicht vorliegen. Für den Schiffsbetrieb mögen zahlreiche andere Gründe bestehen, die, abgesehen von der Frage der Wirtschaftlichkeit, für die Verwendung der Diesel- oder anderer Ölmaschinen ausschlaggebend sind, an Land jedoch hängt im allgemeinen der Erfolg der Dieselmaschine davon ab, welche Betriebskostenersparnis sie, verglichen mit der Dampf- oder Gasmaschine, zu bringen imstande ist. Die Frage ist indes hier nicht allein die nach dem geringsten Brennstoffverbrauch; denn käme dieser allein, gegenüber Kohlen- und Gasverbrauch, in Betracht, so wäre die Dieselmaschine die allgemein verwendete Kraftmaschine. Die Anlagekosten sind oft von entscheidender Wichtigkeit, und da sie auf die Betriebskosten hinsichtlich Verzinsung und Abschreibung von Einfluß und für die Dieselmaschine heute noch höher als für eine vollständige Dampf- oder Gasmaschinenanlage sind, so befindet sich die Dieselmaschine, wenn auch der Unterschied kein bedeutender ist, immerhin heute noch im Nachteil gegenüber diesen Kraftmaschinen.

Bei allen Neuanlagen spielt der Platzbedarf wegen der oft hohen Grund- und Bodenpreise eine wichtige Rolle und ist in vielen Fällen von ausschlaggebender Bedeutung. Hier ist die Dieselmaschine im Vorteil, da sie für dieselbe Leistung viel weniger Raum als die Dampf- oder Gasmaschinenanlage verlangt und in vielen Fällen, wo für die Betriebsvergrößerung keine bauliche Erweiterung geschaffen werden kann, fällt die Entscheidung zu ihren Gunsten.

Wenn auch an Land Betriebssicherheit nicht von so ausschlaggebender Bedeutung erscheint, als zur See, da meist Reserve vorhanden ist, so ist doch auch hier die vollkommene Sicherheit gegenüber jeglicher Betriebsstörung entscheidend, da in vielen Fällen ein Stilliegen von auch nur wenigen Stunden den Vorteil weitgehendster Herabsetzung der Betriebskosten wertlos macht. Dies ist der Grund, weshalb neue Maschinenarten, auch bei unzweifelhafter Wirtschaftlichkeit, oft auf allgemeine Aufnahme zu warten haben, so lange, bis sie ihre Betriebssicherheit während langer Zeiträume bewiesen haben. Nach der weiten Erfahrung, die mit der Dieselmaschine in den letzten 15 Jahren gewonnen wurde, können indes diese Zweifel nicht gegen sie geltend gemacht werden, und es wird heute allgemein zugegeben, daß sie bezüglich ihrer Betriebssicherheit den besten Dampfmaschinen gleich und den Gasmaschinen überlegen ist. Ferner ist zu bedenken, daß eine Dieselmaschinenanlage nur aus der Maschine selbst besteht, während in Dampf- und Gasanlagen, neben vielen Nebenapparaten, die die Dieselmaschine nicht aufweist, Dampfkessel und Gasgenerator die Quelle der Betriebsstörung sein können. Ferner haben Wartungs- und Reparaturkosten Anspruch auf Beachtung, da sie leicht die Höhe der Brennstoffkosten erreichen können. Die Dieselmaschine setzt dabei durch die ihr eigene Betriebssicherheit und Einfachheit die jährlichen Kosten für Reparaturen und Löhne herab. Die Löhne sind bei ihr verhältnismäßig niedrig und nicht höher als $^2/_3$—$^3/_4$ der bei Dampf- oder Gasmaschinen üblichen. Der Betrag, der für Ersatzteile und Reparaturen angesetzt werden muß, ist bei der Verschiedenheit der Fälle schwer zu bestimmen; immerhin sind Beispiele der Praxis bekannt, wo er für große Maschinen nur um 100 M. für 1 Jahr schwankt. Außerdem sind aber beim Vergleich mit anderen Kraftmaschinen einige weitere Vorteile nicht zu vergessen, die zwar nicht in Zahlen ausdrückbar, dessenungeachtet aber von großer Wichtigkeit sind. Darunter fällt die Vermeidung irgendwelcher Brennstoffverluste, wenn die Anlage im Zustand der Betriebsbereitschaft gehalten wird, die Maschine selbst aber nicht im Betrieb ist. Derartige Verluste spielen in der Kessel- und Generatoranlage von Dampf- und Gasmaschinen eine Rolle. Sie fallen bei der Dieselmaschine fort, da hier kein Brennstoff verbraucht wird, wenn die Maschine außer

Betrieb ist, und ebenso weder Zeit noch Brennstoff verbraucht wird, um den Betriebszustand herzustellen. Ein weiterer wichtiger Punkt ist der, daß für die Mehrzahl aller Anlagen die Maschinen während des größeren Teiles ihrer Betriebszeit mit, wie man sagt, niedrigem Belastungsfaktor laufen, d. h. die durchschnittliche Belastung während der gesamten Betriebszeit bleibt unter der den günstigsten Brennstoffverbrauch ergebenden normalen Leistungsfähigkeit. Bei der Dampfmaschine sinkt bei niederer Belastung die Arbeitsausbeute für 1 kg Dampf beträchtlich, und dasselbe ist bei der Gasmaschine, wenn auch nicht in demselben Maße, für die zugeführte Wärmeeinheit der Fall. Für die Dieselmaschine ist der Unterschied im Brennstoffverbrauch für alle Belastungsstufen verhältnismäßig klein, wie sich aus den folgenden, von den meisten Firmen gegebenen Garantiezahlen ergibt. Sie gelten für eine Leistung von etwa 80 PSe für 1 Zylinder aufwärts.

Brennstoffverbrauch g. f. d. PSe-Stde.	Belastung
200	Voll
210	$^3/_4$
230	$^1/_2$
320	$^1/_4$

Die folgenden Zahlen, die sich auf die Betriebskosten der Dieselmaschine beziehen, sind nicht zu wörtlich für jeden besonderen Fall zu nehmen, geben aber immerhin einen Anhalt für normale Anlagen. Die Größe der Anlage hat, wenn auch aus den besprochenen Gründen nicht denselben wie bei anderen Kraftmaschinen, einen bedeutenden Einfluß, weil die für 1 PSe aufzuwendenden Betriebskosten sich um so mehr vermindern, je näher der Belastungsfaktor im Jahresdurchschnitt die normale Belastungsfähigkeit der Anlage erreicht.

Nehmen wir eine Dieselmaschine von 200 PSe Leistung an, die während 300 Tagen 15 Stunden jeden Tag mit einem Belastungsfaktor von 60% läuft, so sind die während eines Jahres geleisteten PSe-Stunden: $300 \cdot 15 \cdot 200 \cdot 0{,}6 = 540\,000$ PSe-Stunden. Der Brennstoffverbrauch werde zu 225 g für die PSe-Stunde angenommen, was nach den Angaben der vorangehenden Tabelle ziemlich hoch ist. Für einen Preis von 45 M. für die Tonne crude-Öl in England belaufen sich für dieses Land die Brennstoffkosten:

$\frac{0{,}225 \cdot 540000 \cdot 45}{1000} =$ . . . . 5500 M.

die Löhne für Wartung können mit . . . . 4000 M.

die Kosten für Instandhaltung und Reparaturen mit . . . 1000 M.

die Kosten für Putzmaterial, Wasser, Werkzeug mit . . . . 400 M.

angesetzt werden. Geeignetes Schmieröl kann für 0,28 M. f. d. Liter erhalten werden. Die von einer 200-PSe-Maschine verbrauchte Schmierölmenge beläuft sich dabei, vorausgesetzt, daß das Öl wiederholt gereinigt und wieder benutzt wird, auf etwa 9—14 l im Tag, je nach der mehr oder weniger sorgfältigen Einstellung der Schmiervorrichtungen. Die jährlichen Schmierölkosten mögen sich unter diesen Voraussetzungen auf etwa 1000 M. belaufen. Die Anlagekosten einer Dieselmaschine, einschließlich Montage, Fundament und Kosten für Inbetriebsetzung, schwankt heute zwischen 160—220 M. für 1 PSe und ist abhängig von Größe und Bauart (langsam- oder schnellaufend, Vier- oder Zweitakt), Fundamentkosten und anderen Punkten und soll für die in Rede stehende Maschine mit 200 M. für 1 PSe, somit für die ganze Anlage mit 40 000 M., angesetzt werden. Rechnet man, wie gewöhnlich, 10% der Anlagekosten für Verzinsung und Abschreibung, so belaufen sich die jährlichen Betriebskosten:

Berechnung der jährlichen Betriebskosten einer 200-PSe-Dieselmaschine für 4500 Stunden Gesamtbetriebszeit:

	Jährliche Kosten	Kosten für 1 PSe-Stde.
Brennstoff, bei einem Preis von 45 M. für die Tonne	5500 M.	1,02 Pfg.
Löhne für Wartung	4000 „	0,74 „
Instandhaltung und Reparaturen	1000 „	0,18 „
Putzmaterial, Wasser, Werkzeug	400 „	0,07 „
Schmieröl	1000 „	0,18 „
Verzinsung und Abschreibung	4000 „	0,74 „
Gesamtkosten	15 900 M.	2,95 Pfg.

Läßt man Verzinsung und Abschreibung für den Augenblick außer acht, so belaufen sich die reinen Betriebskosten jährlich auf 11 900 M. oder 2,2 Pfg. für die PSe-Stunde, eine Zahl, die mit der Mehrzahl der Ergebnisse aus praktischen Betrieben übereinstimmt. Für große Anlagen kann sogar 2,1 Pfg. für die PSe-Stunde einschließlich Verzinsung und Abschreibung als richtig angenommen werden. In vier dem Verfasser bekannten Anlagen, wo der Belastungsfaktor sich in keinem Fall über 30% der normalen Belastungsfähigkeit erhebt, belaufen sich die jährlichen Gesamtbetriebskosten auf 2,2, 2,6, 1,8, 1,9 Pf., im Durchschnitt auf 2,1 Pf. für die PSe-Stunde, wobei die für die Berechnung zugrunde gelegten Zeiträume in keinem Fall unter 6 Monaten sind.

Fünfter Abschnitt.

Untersuchung der Dieselmaschine.

Untersuchungsmethode. — Untersuchung einer 200-PSe-Maschine. — Untersuchung einer 300-PSe-Schiffsmaschine. — Untersuchung einer 500-PSe-Maschine. — Untersuchung einer schnellaufenden Maschine.

Untersuchungsmethode. Der Arbeitsvorgang in der Dieselmaschine vollzieht sich so regelmäßig, und die Arbeitsausbeute ist bereits mit solcher Sicherheit vorher zu bestimmen, daß im allgemeinen keine solch sorgfältigen Brennstoffverbrauchsversuche als bei Dampfmaschinen gemacht zu werden brauchen und selten werden die Garantiezahlen nicht erreicht. Die Mehrzahl der in stationären Anlagen verwendeten Dieselmaschinen dient zum Antrieb von Dynamomaschinen, unmittelbar oder mittels Riemens. Da in diesem Fall der Versuch an der Anlage als Ganzes ausgeführt wird, so werden meist, wie auch bei Dampfanlagen, die Brennstoffkosten in kg für die KW-Stunde angegeben. Der Wirkungsgrad der Dynamomaschine kann für sich ermittelt werden, so daß die Bremsleistung der Maschine ohne weiteres angegeben werden kann. Eine Untersuchung unter Benutzung der Dynamomaschine ist besonders für Maschinen großer Leistung bequemer als die Verwendung einer Bremse. Wenn auch der Hauptgegenstand der Untersuchung die Feststellung der reinen Betriebskosten, oder mit anderen Worten, des Brennstoffverbrauchs für die PSe-Stunde bei verschiedenen Belastungen ist, so kann doch bei der Durchführung dieser Versuche nebenbei oft noch manche wertvolle Erfahrung gesammelt werden. Der nutzbare Heizwert der zur Verwendung kommenden Brennstoffe schwankt zwar beträchtlich, doch ist dies vom Kostenstandpunkt aus belanglos. Brennstoff niederen Heizwertes ist billiger, doch weniger sparsam im Betrieb, so daß die Kosten gegenüber höherwertigem nahezu dieselben sind. Eine sachgemäße Untersuchung der Dieselmaschine sollte über folgende Fragen Auskunft geben: Normale Belastung, Überlastungsfähigkeit, Brennstoffverbrauch für die PSi-Stunde und PSe-Stunde unter verschiedenen Belastungen, mechanischer Wirkungsgrad, Kühlwassermenge bei bestimmter Differenz zwischen Eintritts- und Austrittstemperatur,

Wärmebilanz, die enthält: 1. die in Nutzarbeit verwandelte, 2. die im Kühlwasser abgeführte, 3. die in den Auspuffgasen verloren gehende Wärmemenge. Der Schmierölverbrauch ist ebenfalls von Wichtigkeit, bedarf aber zu seiner Ermittlung länger dauernder Versuche. Zu seiner Bestimmung ist mindestens ein einwöchentlicher Betrieb nötig. Da eine Dieselmaschine in der ersten Zeit ihrer Inbetriebsetzung bedeutend mehr Schmieröl nötig hat, als im späteren Dauerbetrieb, so kann die nötige Schmierölmenge nie nach den Versuchsstandsergebnissen beurteilt werden.

Die für die Untersuchung einer Maschine nötigen Instrumente und Vorrichtungen sind einfach und billig. Der verbrauchte Brennstoff kann nach Gewicht oder Volumen bestimmt werden, sofern für letzteren Fall sein spezifisches Gewicht genau bekannt ist. Die Kühlwassertemperatur wird durch ein in die Abflußleitung eingeschaltetes Quecksilberthermometer gemessen. Für Mehrzylindermaschinen kommt dabei für jeden Zylinder ein besonderes Thermometer zur Verwendung, das auf dem Deckel angeordnet wird. In die Zuleitung wird ein für alle Zylinder gemeinsames Thermometer eingeschaltet. Die Temperatur der Auspuffgase wird mittels eines in die Auspuffleitung möglichst nahe dem Zylinder eingeführtes Thermometer für hohe Temperaturen bestimmt. Die Temperaturen in den Kühlwasserabflußleitungen bleiben auch im regelrechten Betrieb immer eingeschaltet, gehören also nicht zu den Versuchsgeräten. Die Kühlwassermenge ermittelt man durch abwechselndes Einfließenlassen in zwei Maßbehälter bekannten Inhalts, wie das bei der Bestimmung der Kondens- oder Speisewassermenge in Dampfanlagen üblich ist. Indikatordiagramme sind in regelmäßigen kurzen Zeitabständen während der ganzen Dauer des Versuchs an jedem Zylinder zu nehmen. Für die Wahl der Indikatoren stehen eine ganze Reihe guter Bauarten dieser Instrumente zur Verfügung. Kolben und Federn der Indikatoren sind meist so gewählt, daß einem Druck von 1 kg/qcm ein Schreibstiftweg auf der Papiertrommel von 0,8—1,0 mm entspricht. Der Heizwert des zur Verwendung kommenden Brennstoffs wird am besten in der Berthelot-Mahlerschen Bombe dadurch bestimmt, daß eine kleine abgewogene Menge Brennstoff mittels unter hohem Druck stehenden Sauerstoffs verbrannt wird. Der Heizwert kann ferner aus der Elementaranalyse durch Bestimmung des Gehalts an Kohlenstoff, Sauerstoff und Schwefel durch Berechnung nach der sog. Verbandsformel bestimmt werden, indem man die erhaltenen Mengen dieser Elemente mit ihrer spezifischen Verbrennungswärme multipliziert und addiert. Diese Methode führt jedoch oft zu ungenauen Ergebnissen. Die bei der Verbrennung von 1 kg der folgenden Stoffe freiwerdende nutzbare Wärmemenge, der untere oder nutzbare Heizwert, beträgt für:

Wasserstoff . . . . 29000 WE.
Kohlenstoff . . . . 8100 WE.
Schwefel . . . . 2500 WE.

Für die Berechnung des nutzbaren Heizwerts fester und flüssiger Brennstoffe ist die mit Einschränkung auch bei Gasen anwendbare deutsche Verbandsformel:

$$H_u = 8100\,C + 29000\left(H - \frac{O}{8}\right) + 2500\,S - 600\text{ WE}.$$

anwendbar, worin sich H_u auf 1 kg bezieht. Oft zeigt jedoch der auf dem Weg des Versuchs erhaltene Wert für H_u einen von dem nach der Formel berechneten abweichenden Wert.

Die in den Auspuffgasen verloren gehende Wärmemenge kann aus Gewicht und spezifischer Wärme bei konstantem Druck und der Temperatur der Abgase bestimmt werden.

Es sei: t = Differenz zwischen der Temperatur der Auspuffgase und der der Atmosphäre,
V = Hubvolumen in cbm,
w = Gewicht 1 cbm Luft von Atmosphärendruck und -Temperatur,
c_p = spezifische Wärme der Luft bei konstantem Druck,
W = das für eine Umdrehung verbrauchte Brennstoffgewicht.

Das Gewicht von Brennstoff und Luft, das für eine Umdrehung in den Zylinder eintritt, ist für eine Viertaktmaschine:

$$\frac{1}{2} V w + W$$

und daher die im Auspuff für jede Umdrehung abgeführte Wärme:

$$\left(\frac{1}{2} V w + W\right) c_p t \text{ WE}.$$

Dieser Ausdruck gibt zwar für die meisten Fälle einen genügend genauen Wert, ist aber nicht streng richtig, da der Betrag unbekannt ist, um den die Temperatur der in den Zylinder eingesaugten Luft höher liegt als die Temperatur der Außenluft. Werden genaue Werte verlangt, so muß mit Hilfe eines Orsatapparates oder ähnlicher Vorrichtungen eine Analyse der entnommenen Auspuffproben vorgenommen werden. Aus dem sich hierbei ergebenden Volumenverhältnis zwischen Stickstoff und Sauerstoff in den Auspuffgasen kann der Überschuß der in die Maschine eingesogenen Luftmenge über die theoretisch zur Verbrennung notwendige bestimmt werden. Aus der Analyse des Brennstoffs kann ebenso das theoretisch zur Verbrennung nötige Luftgewicht ermittelt werden. Dies geschieht unter Benutzung der Verbindungsgewichte von Kohlenstoff, Wasserstoff und Schwefel mit Luft oder genauer mit deren Sauerstoff. Durch Multiplikation dieses Gewichtes mit dem Verhältnis der eingesaugten zu der notwendigen Luftmenge ist das für 1 kg Brennstoff notwendige Luftgewicht bestimmbar.

Dieselmaschinen laufen so gleichmäßig, daß verhältnismäßig kurze Versuche genügend genaue Ergebnisse liefern, sofern ihre Zeitdauer nur genügend lang ist, um Ablesungsfehler unschädlich zu machen. Indicatordiagramme sollten, je nach der Zeitdauer des Versuchs, alle 5 Minuten oder jede Viertelstunde genommen werden. Dies hat gleichzeitig an allen Zylindern zu geschehen, auch wenn dazu mehrere Beobachter nötig sein sollten, da eine Belastungsänderung immerhin möglich ist in der Zeit, die zwischen dem Öffnen zweier Indicatorhähne verstreicht. Die Leistung der Dynamomaschine wird mittels geprüfter Ampere- und Voltmeter gemessen. Die zum Antrieb des Kompressors aufgewendete Leistung kann durch Indizieren desselben ermittelt werden. Ist der Kompressor nicht von der Maschine direkt angetrieben, so ist die Leistung seines Antriebsmotors zu bestimmen.

Im folgenden sind einige Versuche wiedergegeben, die an Dieselmaschinen von auf dem Gebiet der Maschinenuntersuchung anerkannten Fachleuten vorgenommen wurden. Sie können als Muster für ähnliche Untersuchungen dienen. Sie sind meist unter verschiedenen Belastungen ausgeführt, und solche Bedingungen sind oft notwendig und wertvoll, da die meisten Anlagen für einen verhältnismäßig großen Teil ihrer gesamten Lebensdauer unterhalb ihrer normalen Last arbeiten, so daß die Ergebnisse einer Versuchsreihe für normale Belastung nicht immer den Arbeitsbedingungen des praktischen Betriebes entsprächen.

Untersuchung einer Dieselmaschine von 200 PSe. Die Untersuchung ist von Chr. Eberle ausgeführt und in der Zeitschrift des Bayerischen Revisionsvereins 1906, Nr. 3 und 5, beschrieben. Die Maschine war eine langsamlaufende, einfachwirkende Zweizylinderviertaktmaschine von 430 mm Bohrung und 680 mm Hub, direkt gekuppelt mit einer Gleichstromdynamomaschine und leistete bei 180 Umdrehungen in der Minute 200 PSe. Die Untersuchung wurde im regelrechten Betrieb nach der Montage vorgenommen. Die Maschine besaß an jeder Seite ein Schwungrad. Jeder Zylinder trieb seinen eigenen Kompressor von der Pleuelstange aus mittels schwingenden Hebels. Der Brennstoffverbrauch wurde unter Benutzung eines offenen an die Brennstoffpumpen angeschlossenen Behälters gemessen, wobei der Versuch begann, wenn der Flüssigkeitsspiegel im Ölstandglas des Meßbehälters eine bestimmte Marke erreicht hatte. Der Spiegel wurde durch Auffüllen aus einer Kanne immer wieder auf seinen ursprünglichen Stand gebracht und die dabei gewonnenen Zwischenablesungen wurden für eine größere Abweichung vom Durchschnitt als 2% für ungültig erklärt. Die Leistung wurde an Hand von

Tabelle IV.

Versuche an einem 200-PSe-Zweizylinder-Dieselmotor normaler Bauart der Maschinenfabrik Augsburg-Nürnberg A.-G.

Art der Belastung des Motors	Leerlauf	1/4 Belastung	1/2 Belastung	3/4 Belastung	Normal-leistung	Maximal-leistung
Dauer des Versuches . . . . Min.	81,9	55,5	82,0	87,5	67,5	27,5
Umdrehungszahl des Motors in der Minute . . .	164,5	163,5	162,9	162,0	160,2	159,9
Kompressionsdruck in den Luftpumpen:						
a) Hochdruckzylinder . . . . Atm.	39,8	42,0	46,0	52,3	60,1	62,0
b) Niederdruckzylinder . . . . „	0,5	4,2	4,9	5,4	6,4	7,0
Indizierte Leistung:						
Zylinder A . . . . PSi	26,2	54,9	79,6	103,6	130,4	151,0
Zylinder B . . . . „	20,2	54,7	75,2	101,1	130,8	147,4
Indizierte Gesamtleistung beider Zylinder . . „	46,4	109,6	154,8	204,7	261,2	298,4
Indizierter Arbeitsverbrauch der Luftpumpe:						
a) Hochdruckzylinder . . . . „	—	—	—	—	3,43	—
b) Niederdruckzylinder . . . . „	—	—	—	—	3,39	—
c) insgesamt . . . . „	—	—	—	—	6,82	—
d) für beide Luftpumpen . . . . „	—	—	—	—	13,64	—
Elektrische Leistung . . . . KW.	—	34,4	67,2	98,0	132,4	153,2
$\frac{\text{Watt}}{736}$ . . . . PS elektr.	—	46,7	91,3	133,1	180,1	216,5
Wirkungsgrad der Dynamomaschine . . . . %	—	85,5	90,5	91	91	91
Nutzleistung des Motors: $\frac{\text{Elektrische Leistung}}{\text{Wirkungsgrad der Dynamo}}$ . . . . Ne	—	54,6	100,9	146,3	197,9	237,9

Mechanischer Wirkungsgrad: $\frac{\text{Nutzleistung}}{\text{indizierte Leistung — Luftpumpenarbeit}}$ . . %	—	—	—	—	79,9	—
Brennstoffverbrauch:						
a) im ganzen . . . . g	10 000	14 000	30 000	42 000	42 000	21 000
b) in der Stunde für 1 Nutz-PS . . . . . „	—	277,2	217,6	196,9	188,6	192,6
c) in der Stunde für 1 Nutz-PS, umgerechnet auf Brennstoff von 10 000 WE. . . . . g	—	271,9	213,5	193,2	185,0	188,9
d) in der Stunde für 1 Indikator-PS . . . . „	157,8	138,1	141,8	140,4	142,9	153,5
e) in der Stunde für 1 Indikator-PS, umgerechnet auf Brennstoff von 10 000 WE. . . . . . g	154,8	135,5	139,1	137,7	140,2	150,6
Kühlwassertemperatur:						
a) Zufluß . . . . ° C	9,0	8,9	8,7	8,7	9,0	9,0
b) Abfluß, Durchschnitt aus beiden Zylindern „	51,7	46,9	55,7	55,6	55,7	55,5
Abgase am Zylinder *A*:						
a) Temperatur . . . . „	131	191	263	—	—	466
b) Kohlensäuregehalt . . . . %	1,7	2,2	3,9	—	—	9,3
c) Sauerstoffgehalt . . . . %	18,0	17,5	15,0	—	—	8,3
Heizwert von 1 kg des Brennstoffes . . . WE.	9810					
Aufgewendete Wärme für 1 Nutz-PS in der Stunde . . . . WE.	1548	1355	1391	1377	1402	1506

	WE.	%	WE.	%	WE.	%	WE.	%	WE.	%	WE.	%
Wärmeverteilung für 1 kg des Brennstoffes:												
a) in indizierte Leistung verwandelt	4000	40,8	4570	46,6	4450	45,4	4500	45,9	4420	45,1	4110	41,9
α) Nutzleistung	—	—	2280	23,2	2900	29,6	3210	32,7	3350	34,2	3280	33,4
β) Reibungs- und Luftpumpenarbeit	—	—	2290	23,4	1550	15,8	1290	13,2	1070	10,9	830	8,5
b) verloren im Kühlwasser, in den Abgasen und durch Strahlung	5810	59,2	5240	53,4	5360	54,6	5310	54,1	5390	54,9	5700	58,1
Heizwert von 1 kg des Brennstoffes	9810		9810		9810		9810		9810		9810	

* Zylinder *A* befindet sich auf der Dynamoseite.

zahlreich an den Arbeits- und Kompressorzylindern genommenen Indicatordiagrammen ermittelt. Die Umdrehungszahl sowie die Drücke an den Kompressoren wurden jede Minute abgelesen. Der Heizwert des Brennstoffs war zu 9813 WE. und sein spez. Gewicht zu 0,893 bestimmt worden. In Tabelle IV sind die wichtigsten Versuchszahlen und deren Ergebnisse wiedergegeben, doch konnte, trotz Untersuchung der Auspuffgase mit Hilfe des Orsatapparates, keine Wärmebilanz aufgestellt werden, da die Kühlwassermenge nicht festgestellt worden war. Die Umdrehungszahlen der Maschine zwischen Vollast und Leerlauf schwanken zwischen 159,9 und 164,5 Umdrehungen in der Minute,

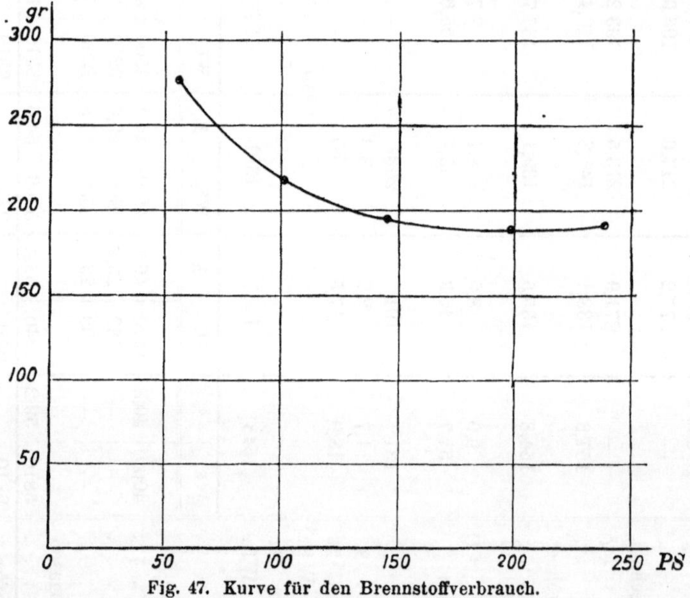

Fig. 47. Kurve für den Brennstoffverbrauch.

d. h. um etwa 2,8%. Eine Indizierung ergab in diesen beiden Fällen 46,4 und 298,4 PSi. Für Vollast ergab sich der Enddruck in den Kompressorzylindern aus den Diagrammen zu 61 kg/qcm und die Gesamtleistung für einen Kompressor zu 6,82 PSi oder unter der Voraussetzung gleicher Leistung zu 13,64 PSi für beide Kompressoren zusammen. Die Temperatur der Auspuffgase schwankt zwischen 131° C bei Leerlauf und 466° C bei Vollast. Der Brennstoffverbrauch ergibt sich aus Fig. 47, der Unterschied für normale und halbe Belastung ist dabei verhältnismäßig gering. Um die Gleichmäßigkeit des Brennstoffverbrauchs zu zeigen, wurden vier Maschinen derselben Größe und Bauart nacheinander untersucht. Dabei betrug der Brennstoffverbrauch in den verschiedenen Fällen 185,0, 189,9, 189,7, 190,4 g für die PSe-Stunde.

Untersuchung einer 300 PSe-Schiffsmaschine. Die Untersuchung wurde ebenfalls von Chr. Eberle an einer einfachwirkenden Vierzylinderviertaktmaschine, die bei 400 Umdrehungen in der Minute 300 PSe leistete, ausgeführt und ist in der Zeitschrift des Bayerischen Revisionsvereins 1908, Nr. 1, beschrieben. Die Maschine hatte allseitig geschlossenes Kastengestell und die Kurbeln waren unter Winkeln von 180° gegeneinander versetzt angeordnet. Der am Ende der Grundplatte sitzende, von der Kurbelwelle aus angetriebene, zweistufige Kompressor versorgt sämtliche Zylinder. Die vier Brennstoffpumpen sitzen nebeneinander auf der Vorderseite der Maschine und werden von der horizontalen Nockenwelle aus durch Exzenter angetrieben. Druckschmierung ist zur Verwendung gekommen derart, daß zwei von der Kurbelwelle aus angetriebene Pumpen das Öl unter dauernder Kühlung in Umlauf halten. Zwei weitere Pumpen waren für die Kühlwasserförderung vorgesehen, da neben den Zylindern auch die Auspuffleitungen gekühlt waren. Als Schiffsmaschine hat die Maschine keinen Geschwindigkeitsregler, sondern lediglich einen Regler, der das Durchgehen verhindert. Das Gesamtgewicht der Maschine betrug einschließlich der drei Luftgefäße und aller Pumpen etwa 10 t, während eine langsamlaufende Maschine gleicher Leistung etwa 50 t wiegt. Dies bedeutet 30 PSe für die Tonne, was sehr günstig ist.

Bei den Versuchen war die Maschine unmittelbar mit einer Gleichstrommaschine gekuppelt, die mittels eines Widerstandes nach Wunsch belastet und deren Leistung mit Hilfe geprüfter Ampere- und Voltmeter gemessen werden konnte. Die Umdrehungszahl konnte in Grenzen zwischen 250 und 500 Umdrehungen in der Minute eingestellt werden, was durch die Veränderung der Brennstoffmenge erreicht wurde. Die mit der Maschine ausgeführten Versuche waren folgende:

a) Versuche bei Normalfüllung und 250, 300, 400 und 500 Umdrehungen (Versuche I—VI).

b) Versuche bei halber Füllung und 250, 300, 400 und 500 Umdrehungen (Versuche VII—X).

c) Versuche mit größter Füllung bis 400 und 500 Umdrehungen (Versuche XI und XII).

Der Wirkungsgrad der Dynamomaschine wurde für jede Umdrehungszahl und Leistung dadurch bestimmt, daß man sie ohne Last mit verschiedenen Umdrehungszahlen laufen ließ. Auf diese Weise konnten sämtliche Verluste bestimmt und die Werte der Wirkungsgrade für verschiedene Belastungen berechnet werden. Sie sind unter Weglassung der Beobachtungswerte in der Tabelle V enthalten. Die Brennstoffmenge wurde mit Hilfe eines Ölstandes am Meßbehälter in der Weise bestimmt, daß der Flüssigkeitsspiegel zu Anfang und zu Ende eines jeden Versuches auf dieselbe Marke eingestellt wurde. Der

Tabelle V.

Versuche an einem 300-PSe-Vierzylinder-Dieselmotor schnell-

Versuchsnummer	I		II		III		IV	
Dauer des Versuches . . . . . Stden	1,16		1,18		0,83		0,84	
Minutliche Umdrehungszahl des Motors	256,8		306,6		402,4		498,9	
Indizierte Leistung der Arbeitszylinder — Luftpumpenarbeit . . . . . PS	242		296		390		441	
Leistung der Dynamomaschine . . KW.	130,5		156,8		199,2		230,1	
Wirkungsgrad der Dynamomaschine %	88,8		90,0		90,9		90,3	
Nutzleistung des Motors . . . . . PS	199,6		236,5		297,5		346,5	
Mechanischer Wirkungsgrad: Nutzleistung : indiz. Leistung — Luftpumpenarbeit %	82,6		79,8		76,2		78,6	
Brennstoffverbrauch:								
a) in der Stunde für 1 Indikator-PS, ohne Berücksichtigung der Luftpumpenarbeit . . . . g	144,0		141,5		137,0		143,0	
b) in der Stunde für 1 Nutz-PS . . „	188,0		190,5		195,0		201,0	
c) in der Stunde 1 Nutz-PS bezogen auf Brennstoff von 10000 WE. . g	189,5		192,0		196,5		202,5	
Kühlwasserverbrauch in der Stunde für 1 Nutz-PS. . . . . kg	31,1		26,2		26,0		25,2	
Kühlwassertemperatur:								
a) Zufluß . . . . °C	13,0		13,0		13,0		13,0	
b) Abfluß . . . . „	33,8		37,5		37,0		38,5	
Auspuffgase:								
Temperatur . . . . „	328		369		390		443	
Kohlensäuregehalt . . . . . . %	6,8		8,3		8,4		9,7	
Sauerstoffgehalt . . . . „	8,4		—		8,0		6,2	
Heizwert von 1 kg Brennstoff . . WE.	10 070							
Aufgewendete Wärme:								
für 1 Indikator-PS . . . . „	1452		1426		1380		1442	
für 1 Nutz-PS. . . . . „	1893		1918		1964		2024	
	WE.	%	WE.	%	WE.	%	WE.	%
Wärmeverteilung für 1 kg des Brennstoffes:								
a) in indizierte Leistung verwandelt	4385	43,5	4465	44,3	4610	45,8	4415	43,8
α) Nutzleistung	3365	33,4	3315	32,0	3245	32,2	3165	31,4
β) Reibungs- und Luftpumpenarbeit und Kraftbedarf für Öl- und Wasserpumpen	1020	10,1	1150	11,4	1365	13,6	1250	12,4
b) im Kühlwasser abgeführt	3450	34,3	3370	33,5	3200	31,8	3200	31,8
c) in den Abgasen verloren	2430	24,1	2300	22,9	2410	23,9	2430	24,1
d) Rest	—195	—1,9	—65	—0,7	—150	—1,5	+25	0,3
	10070		10070		10070		10070	

Tabelle V.

laufender Bauart der Maschinenfabrik Augsburg-Nürnberg A.-G.

	V	VI	VII	VIII	IX	X	XI	XII
	0,85	0,85	0,53	0,42	0,49	0,46	0,53	0,60
	497,4	498,3	301,1	247,4	400,1	488,1	400,5	508,1
	408	—	184	148	224	249	399	—
	225,1	217,7	83,0	70,6	104,9	111,3	217,8	266,7
	90,1	89,8	88,0	89,2	90,4	90,0	90,8	90,4
	340,0	330,0	128,2	107,4	158,0	167,6	326,0	394,5
	83,3	—	69,5	72,6	70,5	67,2	81,8	—
	151,0	—	127,0	130,5	135,0	149,5	147,0	—
	203,0	209,5	202,5	200,5	216,5	250,5	196,5	210,5
	204,5	211,0	204,0	202,0	218,0	252,0	198,0	212,0
	25,6	—	—	—	—	—	—	—
	13,0	—	—	—	—	—	—	—
	40,0	—	—	—	—	—	—	—
	441	425	222	205	258	325	406	—
	9,4	—	4,5	4,4	4,6	4,8	9,6	—
	7,0	—	13,8	14,0	13,2	12,6	8,4	—
				10 070				
	1521	—	1278	1315	1361	1507	1482	—
	2044	2110	2039	2019	2180	2523	1979	2120

	WE.	%	WE.	%	WE.	%	WE.	%	WE.	%	WE.	%	WE.	%	WE.	%
	4180	41,5	—	—	4979	49,4	4840	48,0	4675	46,4	4225	41,9	4295	42,6	—	—
	3115	30,9	3015	29,9	3125	31,0	3155	31,3	2925	29,0	2520	25,0	3215	31,9	3005	29,8
	1065	10,6	—	—	1854	18,4	1685	16,7	1750	17,4	1705	16,9	1080	10,7	—	—
	3410	33,8	—	—	—	—	—	—	—	—	—	—	—	—	—	—
	2490	24,8	—	—	—	—	—	—	—	—	—	—	—	—	—	—
	—10	—0,1	—	—	—	—	—	—	—	—	—	—	—	—	—	—
	10070															

Meßbehälter wurde jeweils um die Menge des verbrauchten Brennstoffs aufgefüllt, wobei die zugeschüttete Menge genau gewogen wurde. Auf diese Weise konnten gleichzeitig Kontrollablesungen gemacht werden.

Die Kühlwassermenge wurde durch Meßbehälter bestimmt. Die Temperatur des Kühlwassers sowie die der Auspuffgase wurde durch Quecksilberthermometer gemessen. In Fig. 48 sind die Brennstoffverbrauchszahlen für die sämtlichen Versuchsbedingungen zusammengestellt. Bei etwa 250 Umdrehungen in der Minute war der Brennstoffverbrauch 189,5 g für die PSe-Stunde, bei 300 Umdrehungen in der

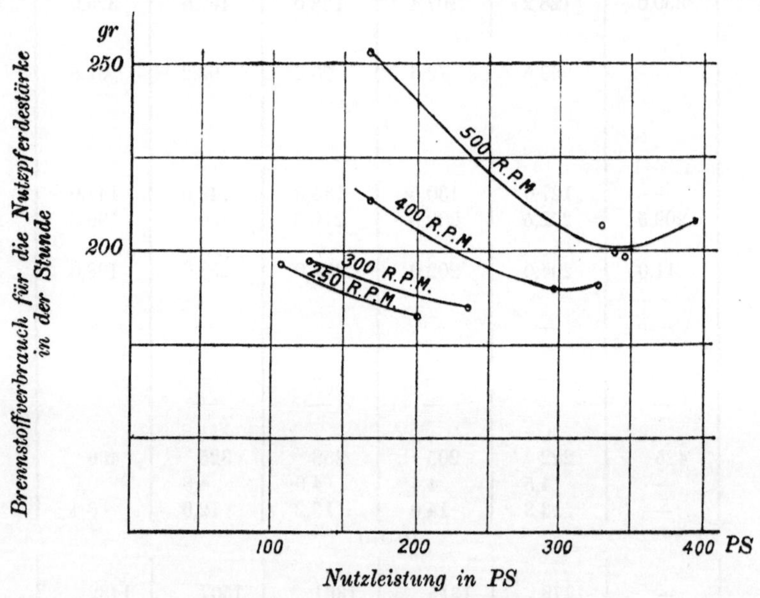

Fig. 48. Kurve für den Brennstoffverbrauch.

Minute 192 g für die PSe-Stunde und bei 400 Umdrehungen in der Minute 196,5 g für die PSe-Stunde. Zwischen den beiden Grenzweiten von 250 und 400 Umdrehungen in der Minute schwankte der Brennstoffverbrauch zwischen 189,5 und 196,5 g für die PSe-Stunde oder um etwa 4%, wofür die erhöhte Kompressorleistung einen genügenden Grund gibt. Sogar bis zu 500 Umdrehungen in der Minute blieb dieser Unterschied unter 7%. In Versuch VI, wo der Verbrauch 211 g für die PSe-Stunde erreicht, war die Brennstoffzuführung nicht in Ordnung, so daß der betreffende Zylinder unwirtschaftlich arbeitete. Die Zahlen dieser Reihe sind deshalb von keinem großen Wert. Aus den Versuchen I—V für normale Last ersieht man, daß die Arbeitsausbeute etwa 31—33%, die im Kühlwasser abgeführte Wärmemenge etwa 33—34%, die in den Auspuffgasen verlorengehende Wärmemenge etwa 23—25% beträgt. Die letzte Zahl ist ziemlich niedrig, die für das Kühlwasser hoch. Dies findet seine Erklärung darin, daß die Kühlwassermenge sehr reichlich war. Sie schwankte zwischen 25—30 l für die PSe-Stunde, während sonst gewöhnlich nur 15 l für die PSe-Stunde zur Verwendung kommen. Der hohe Verbrauch mag durch die Kühlung der Auspuffrohre erklärt werden. Eberle gibt zu den Versuchen folgende Erläuterungen:

1. Der untersuchte Motor arbeitete bei 250—500 Umdrehungen mit verschiedenen Füllungen und in einem Leistungsgebiet von 100 bis 400 PS mit vollkommener Verbrennung und ohne irgendwelche Störungen in den Steuerungs- und Triebwerksteilen.

2. Der Übergang von einer Umlaufszahl auf eine andere ist in kürzester Zeit möglich und erfordert bei dem Schiffsmotor lediglich die Betätigung eines Hebels; bei Motoren für Landbetriebe würde der Regulator entsprechend zu verstellen sein.

3. Für den Brennstoffverbrauch und die Wärmeausnutzung wurden bei allen Umlaufszahlen und allen Belastungen Werte ermittelt, die sich über die der langsamlaufenden Motoren nicht oder nur ganz unwesentlich erheben.

4. Die mechanischen Wirkungsgrade des Motors ergeben sich gleich denen der langsamlaufenden Motoren.

5. Die mechanische Schmierung der Haupttriebwerksteile hat sich bei den Versuchen sehr gut bewährt; während der beiden Versuchstage lief der Motor je etwa 12 Stunden mit den verschiedensten Belastungen und Umlaufszahlen, ohne daß ein Warmlaufen eines Teiles oder sonstige Störungen eingetreten wären.

Untersuchung einer 500 PSe-Maschine. Im folgenden ist eine von Mr. Michael Longridge ausgeführte Untersuchung einer von Carels frères, Gent, gebauten langsamlaufenden Maschine von 500 PSe Leistung wiedergegeben. Die Untersuchung ist beschrieben in Annual report of British Engine, Boiler and Electrical Insurance Co. Ltd. 1904.

Die Maschine war eine einfachwirkende Dreizylinderviertaktmaschine stehender Bauart. Die Zylinder trugen die Nummern 54, 55 und 56. Jeder Zylinder hatte 560 mm Bohrung und 750 mm Hub. Die Umdrehungszahl betrug 150 Umdrehungen in der Minute.

Die Ventile waren in der gewöhnlichen Weise im Zylinderdeckel angeordnet und durch Nocken und Hebel von einer wagerechten Nockenwelle aus betätigt, die ihrerseits durch eine senkrechte Welle und zwei Schraubenräderpaare angetrieben war. Die Zylinder, Zylinderdeckel und Auspuffventile waren wassergekühlt. Die Arbeitskolben besaßen keine Kühlung. Die Maschine diente zum Antrieb einer Dynamomaschine, deren Anker auf der Verlängerung der Kurbelwelle aufgesetzt war. Die Einblase- und Anlaßluft wurde in zwei voneinander unabhängigen dreistufigen Kompressoren hergestellt. Ihre zweifach gekröpfte Kurbelwelle wurde durch einen Motor, der seinen Strom von der Hauptmaschine erhielt, mittels Riemen angetrieben. Obwohl ein unerläßlicher Bestandteil der Maschine, waren die Kompressoren in diesem Falle nicht mit ihr in der sonst üblichen Weise vereinigt, und dies muß bei Berechnung der Arbeitsausbeute aus den Ablesungen an der Dynamomaschine und aus den Diagrammen wohl berücksichtigt werden. Wären die Kompressoren unmittelbar von der Maschine angetrieben gewesen, so wäre der Unterschied zwischen indizierter und elektrischer Leistung durch den für die Kompressoren nötigen Kraftbetrag vergrößert worden.

Die Querschnittsflächen der Kompressorenzylinder betrugen 56,7, 208,1, 660,5 qcm und ihr Hub 180 mm. Die Umdrehungszahl betrug für einen Enddruck von 64 kg/qcm etwa 160 Umdrehungen in der Minute.

Die zwölfpolige Nebenschluß-Gleichstromdynamomaschine war gebaut von Lahmeyer & Co. für eine Leistung von 450 KW bei 550 Volt und 150 Umdrehungen in der Minute. Der Wirkungsgrad wurde von der Firma wie folgt angegeben:

Leistung in KW	112	225	337	450	562
Wirkungsgrad %	0,88	0,92	0,93	0,94	0,93

Die Zahlen der letzten Reihe finden zur Berechnung der Bremsleistung aus den Ablesungen der Dynamomaschine Verwendung. Die Dynamoleistung wurde in je nach der Belastung zu- oder abschaltbaren Eisendrahtwiderständen vernichtet.

Der zum Antrieb der Kompressoren dienende sechspolige Gleichstromnebenschlußmotor war von derselben Firma gebaut und leistete 75 PSe bei 630 Umdrehungen in der Minute. Die Werte für seinen Wirkungsgrad bei verschiedenen Belastungen waren von der Firma wie folgt berechnet:

Leistung	Vollast	$^3/_4$-Last	$^1/_2$-Last	$^1/_4$-Last
Wirkungsgrad % .	0,90	0,89	0,86	0,76

Die Ergebnisse der vier an der Anlage vorgenommenen Versuche kommen in Tabelle VI zum Ausdruck. Der erste war als ein Versuch für Vollast gedacht, bleibt aber in der Belastung etwas unter Vollast, der zweite ist für Vollast, der dritte für halbe Last, der vierte für Leerlauf, wobei die Maschine in letzterem Fall nur den Strom zum Antrieb der Kompressoren zu liefern hatte.

Tabelle VI.

Versuche an einer 500-PSe-Dreizylinderdieselmaschine normaler Bauart der Firma Carels frères, Gent.

	Versuchsnummer	I	II	III	IV
1	Datum 1904	13. Febr.	14. Febr.	14. Febr.	14. Febr.
2	Zeit	3.55—5.55	9.17 bis 11.12.15	11.12.15 bis 1.30.15	2.1.30 bis 2.59.30
3	Dauer des Versuchs . . . . . Min.	120	115.25	129	58
4	Zylinderdurchmesser . . . . . mm	560			
5	Hub . . . . mm	750			
6	Minutliche Umdrehungszahl	150,1	152,8	150,3	150,2
7	Kühlwasserverbrauch in der Minute . . . kg	75,8	77,2	71,6	63,6
8	Kühlwassertemperatur: a) Zufluß . . . . °C	8,0	8,0	8,0	8,0
9	b) Abfluß . . . . °C	52,0	53,0	40,0	28,0
10	Temperatur der Außenluft . . . . . °C	9,0	9,0	9,0	9,0
11	Auspuffgase:				
	a) Temperatur . . . . °C	361	430	257	135
12	b) Kohlensäuregehalt . . . . . %	5,6	6,8	3,2	—
	c) Stickstoffgehalt . . . . . . %	42,9	51,3	21,5	—
	d) Luftgehalt . . . . %	51,5	41,9	75,3	—
13	Brennstoffverbrauch:				
	a) im ganzen . . . . kg	177,0	180,5	103,0	20,1
14	b) in 1 Stunde . . . . kg	88,5	93,9	46,1	20,7
15	Einblasedruck . . . . kg/qcm	61,5	66,3	50,9	35,0
16	Größter Druck im Zylinder a. d. Diagrammen:				
	a) Zylinder Nr. 54 . . . . . . kg/qcm	35,8	36,2	34,4	34,1
	b) Zylinder Nr. 55 . . . . . . kg/qcm	36,2	36,9	33,7	33,7
	c) Zylinder Nr. 56 . . . . . . kg/qcm	36,9	35,1	35,5	35,1
17	Mittlerer indizierter Druck a. d. Diagrammen:				
	a) Zylinder Nr. 54 . . . . . . kg/qcm	5,83	5,67	3,62	1,63
	b) Zylinder Nr. 55 . . . . . . kg/qcm	6,48	6,60	3,70	1,42
	c) Zylinder Nr. 56 . . . . . . kg/qcm	7,73	8,12	4,55	2,38
18	Mittlerer indizierter Druck, Mittel an den 3 Zylindern . . . . kg/qcm	6,68	6,80	3,96	1,78
19	Indizierte Leistung . . . . PSi	609,3	634,8	363,6	163,3
20	Brennstoffverbrauch für 1 PSi-Std. . . . . g	145	148	127	127
21	Leistung der Dynamomaschine . . . . . KW	333,0	352,0	168,2	22,2
22	Nutzleistung der Dieselmaschine . . . . PSe	475,5	502,5	245,0	54,6
23	Reibungsarbeit . . . . PS	133,8	132,3	118,6	108,7
24	Mechanischer Wirkungsgrad: $\frac{\text{Nutzleistung}}{\text{indiz. Leistung}}$ %	0,78	0,80	0,67	0,33
25	Brennstoffverbrauch für 1 KW-Std. . . . g	266	267	274	930
26	Brennstoffverbrauch für 1 PSe-Std. . . . g	186	187	188	380
27	Leistung verzehrt vom Antriebsmotor der Kompressoren . . . . KW	38	41	31,6	23,6
28	Leistung des Antriebsmotors der Kompressoren . . . . PSe	44,8	48,3	36,8	26,2
29	Indizierte Leistung der Kompressoren . PSi	36,0	40,0	28,8	18,2
30	Verlust durch Reibung in den Kompressoren und Riemenverlust . . . . . . PS	8,0	8,0	8,0	8,0
31	Nutzleistung der Dieselmachine, berechnet durch Abzug d. Mittelwerte aus 28 u. 29 von 22 PSe	435,1	458,7	213,8	32,4
32	Mechanischer Wirkungsgrad bei unmittelbarem Antrieb der Kompressoren . . . . . %	0,71	0,72	0,58	0,19
33	Brennstoffverbrauch für 1 PSe-Std. . . . g	203	205	216	640

Bezüglich der in der Tabelle angegebenen Zahlen sind die folgenden Erläuterungen empfehlenswert:

Zeile 4. Der Durchmesser des Zylinders Nr. 56 wurde nachgemessen. Die Durchmesser der anderen beiden wurden aus den Zeichnungen entnommen.

Zeile 6. Die Anzahl der Umdrehungen wurde durch einen Zähler und die minutliche Umdrehungszahl durch ein Tachometer gemessen.

Zeile 7. Die Kühlwasserleitung war an die Wasserleitung des Ortes angeschlossen. Die Menge wurde durch einen kurz vor Beginn der Versuche auf seine Richtigkeit geprüften Wassermesser gemessen.

Zeile 9. Der Kühlwasserabfluß erfolgte durch eine für alle Zylinder gemeinsame Leitung in den Abwasserkanal. Dasselbe Thermometer wurde zur Bestimmung der Temperatur des eintretenden und des abfließenden Kühlwassers benutzt.

Zeile 11. Die Temperatur der Abgase wurde unmittelbar an der Maschine mittels eines Stickstoff-Quecksilberthermometers gemessen, das durch eine Stopfbüchse in die Auspuffleitung eingeführt war. Ablesungen wurden in Zeitabständen von 10 Minuten gemacht.

Zeile 12. Die Auspuffgasproben wurden durch Prof. van de Velde, Gent, entnommen und untersucht.

Zeile 13. Der Brennstoff war galizisches Gasöl. Beträchtliche Unsicherheit besteht indes hinsichtlich seines Heizwerts. Eine während des Versuchs von Prof. van de Velde entnommene und von ihm untersuchte Probe ergab folgende Zusammensetzung:

Kohlenstoff	84,81%
Wasserstoff	14,78%
Schwefel	0,17%
	99,76%

Der nutzbare Heizwert ergibt sich daraus durch Berechnung nach der Formel[1]):

$$H_u = 8100\,C + 29000\left(H - \frac{O}{8}\right) + 2200\,S,$$

$$H_u = 0{,}8481 \cdot 8100 + 0{,}1478 \cdot 29000 + 0{,}0017 \cdot 2200 = 11159 \text{ WE.}$$

Da keine Untersuchung im Calorimeter vorgenommen worden war, wurde einige Zeit später eine Probe nach England gesandt und

[1]) Statt der deutschen Verbandsformel:

$$H_u = 8100\,C + 29000\left(H - \frac{O}{8}\right) + 2500\,S - 600 \text{ WE.}$$

wird hier die Formel:

$$H_u = 8100\,C + 29000\left(H - \frac{O}{8}\right) + 2200\,S$$

zur Berechnung der nutzbaren Heizwerte benutzt.

von C. I. Wilson untersucht, der den nutzbaren Heizwert zu 10 120 WE. angab. Wegen des beträchtlichen Unterschiedes in diesen beiden Zahlen und der ungewöhnlich guten Arbeitsausbeute der Maschine unter Annahme des letzteren Wertes wurde eine weitere Probe in England von Dr. Boverton Redwood untersucht, der die Zusammensetzung wie folgt angab:

Kohlenstoff	83,17%
Wasserstoff	11,56%
Schwefel	0,36%
Sauerstoff und Stickstoff aus der Differenz	4,91%
	100,00%

Nutzbarer Heizwert 10897 WE.

Der Heizwert ist höher als der berechnete:

$$H_u = 0{,}8317 \cdot 8100 + 0{,}1156 \cdot 29000 + 0{,}0036 \cdot 2200 = 10097 \text{ WE.}$$

Da Prof. van de Veldes Bestimmung an einer während der Versuche entnommenen Probe vorgenommen und ihr Ergebnis annähernd durch Dr. Redwoods Untersuchung bestätigt war, wurde der von van de Velde angegebene Wert für den Heizwert in der Wärmebilanz benutzt. Bei Benutzung des von Wilson zu 10 120 WE. bestimmten Wertes wäre der thermische Wirkungsgrad der Maschine etwa 50%, ein Wert, der so hoch über dem an anderen Maschinen erreichten liegt, daß seine Richtigkeit zweifelhaft erscheinen muß. Es mag übrigens beiläufig hier bemerkt werden, daß es nie zulässig ist, die Arbeitsausbeute unter Benutzung desjenigen Heizwertes anzugeben, der durch Rechnung anstatt auf dem Weg der Untersuchung im Calorimeter erlangt wurde.

Zeile 14. Zur Messung des Brennstoffes wurde ein kleiner Behälter nahe dem Boden mit einem Hahn versehen und auf eine Wage gesetzt. Der Behälter wurde teilweise mit Treiböl gefüllt und das Gewicht beider durch auf der anderen Seite zugelegte Gewichte ausgeglichen. Ein 2-kg-Gewicht wurde dann auf der Gewichtsseite hinzugefügt und so lange Treiböl zugeführt, bis wieder Gleichgewicht hergestellt war. Das 2-kg-Gewicht wurde hierauf entfernt und der Hahn am Behälter geöffnet. Das Öl floß in einen zweiten Behälter, von dem aus die Maschine gespeist wurde, so lange, bis an der Wage wieder Gleichgewicht bestand. Der Flüssigkeitsspiegel in diesem Zuflußbehälter wurde zu Beginn jeder Versuchsreihe durch Berührung mit einer Nadelspitze eingestellt und für den Zeitpunkt der Beendigung des Versuchs auf dieselbe Marke gebracht. Mit Ausnahme des Vorversuches, wo eine Störung in der Brennstoffleitung des Beobachters Aufmerksamkeit in

Anspruch nahm, wurden die Zeiten zwischen zwei Berührungen des Spiegels mit der Nadel genau gemessen.

Das Hebelverhältnis der Wage war 1 : 10 und das zur Wägung von 20 kg Brennstoff dienende 2-kg-Gewicht war durch Vergleich mit einem Normalgewicht auf seine Richtigkeit geprüft und als in praktischen Grenzen richtig befunden worden, da 2 kg auf der Gewichtsseite durch 2,006 kg im Gleichgewicht gehalten wurden.

Zeile 17 und 19. Die mittleren Kolbendrücke wurden aus in Zeitabständen von 15 Minuten genommenen Indicatordiagrammen ermittelt. An Zylinder Nr. 54 und 55 fand je ein Crosby-, an Zylinder Nr. 56 ein Elliot-Simplex-Indicator Verwendung. Die Antriebsschnüre waren nur etwa 60 cm lang. Man erkennt einen ziemlich bedeutenden Unterschied im mittleren Kolbendruck für die verschiedenen Zylinder.

Zeile 21. Die Leistung der Dynamomaschine wurde mittels der Firma Carels frères gehörigen Ampere- und Voltmeter gemessen, die vor dem Versuch geaicht worden waren. Die Ablesungen an beiden Instrumenten wurden außerdem mit denen eines Westoninstruments verglichen, das seinerseits vor und nach den Versuchen an der Manchester Technical School geprüft worden war.

Um einige Klarheit über die von der liefernden Firma gemachten Angaben des Wirkungsgrades der Dynamomaschine zu gewinnen, wurden die C^2R-Verluste im Anker und den Magneten sowie im Nebenschlußregulator gemessen. Diese waren bei Vollast von 350 KW fol gende:

C^2R-Verlust im Anker, den Bürsten	8,9 KW
„ in der Magnetwicklung	3,0 „
„ im Erregerwiderstand	2,5 „
	14,4 KW

Wird der Verlust durch Wirbelströme und Reibung, der nicht gemessen werden konnte, gleich dem obigen angenommen, so belaufen sich die Gesamtverluste auf 28,8 KW, womit sich ein Wirkungsgrad von 92,4% gegenüber dem von der Firma angegebenen von 93,5% ergibt.

Zeile 22. Die in dieser Spalte angegebene Bremsleistung ist die für jede Belastung jeweils erhaltene Dynamoleistung in PS dividiert durch die angegebene Zahl für den Wirkungsgrad. Wie bereits erwähnt, enthält sie die zum Antrieb der Kompressoren nötige Leistung und ist deshalb größer als für den Fall, daß die Kompressoren durch Hebel von den Pleuelstangen oder einer Kurbel am Ende der Kurbelwelle aus angetrieben worden wären.

Zeile 22 und 23. Aus den angegebenen Zahlen erkennt man, daß die Reibungsarbeit der Maschine geringer und die Arbeitsausbeute größer ist, als für direkt von der Maschine angetriebene Kompressoren der Fall wäre.

Zeile 27 und 28. Die Zahlen dieser Spalte geben die dem Motor zum Antrieb der Kompressoren zugeführte Leistung in KW und die Kompressorleistung in PSi.

Zeile 29. Die Zahl von 36 PS in der ersten Zeile wurde aus den Diagrammmen eines der Kompressoren für einen Enddruck von 60 kg/qcm und unter Annahme derselben Leistung für den zweiten ermittelt. Der Unterschied von 8,8 PS zwischen den 36 PS und den 44,8 PS in der ersten Zeile der Reihe 28 stellt die durch den Riemenantrieb und die Reibung im Kompressor verloren gehende Leistung dar. Dabei sind die Zahlen in der 2., 3. und 4. Zeile der Linie 29 unter der Annahme gültig, daß der Verlust von 8,8 PS denselben Wert für alle Kompressorleistungen hat.

Zeile 31. Wenn die Kompressoren unmittelbar von der Maschine aus angetrieben worden wären, so wäre der Verlust wahrscheinlich geringer als die in Spalte 28 und größer als die in Spalte 29 angegebenen Werte gewesen. Man kann dafür einen zwischen beiden liegenden Mittelwert annahmen.

Zeile 31 und 32 geben annähernd die Bremsleistung und den mechanischen Wirkungsgrad der Maschine für den Fall, daß die Kompressoren unmittelbar von der Maschine angetrieben worden wären.

Zeile 33 gibt annähernd den Brennstoffverbrauch, der bei dieser Anordnung zu erwarten gewesen wäre.

Der hohe Wärmebetrag, der in der Wärmebilanz der zweiten Versuchsreihe nicht untergebracht werden kann, mag auf das Konto unvollständiger Verbrennung geschrieben werden, so vor allem für den Versuchsanfang, wo Nr. 56 etwas rauchte. Der hohe Wärmebetrag in den Abgasen der dritten Versuchsreihe mag einem Fehler in der Gewichtsbestimmung der Auspuffgase zuzuschreiben sein. Deren spezifisches Gewicht steht im umgekehrten Verhältnis zu ihrem CO_2-Gehalt und jegliche in die Gasproben durch Undichtheit der Geräte eingetretene Luft verringert die verhältnismäßige Menge des CO_2-Gases und vergrößert das durch Rechnung bestimmte Gasgewicht.

Die Bedingungen während der ersten drei Versuchsreihen waren nicht genau dieselben. Während der beiden Versuche für Vollast stieg die Temperatur der Auspuffgase und des abfließenden Kühlwassers noch einige Zeit nach dem Anfang einer jeden Versuchsreihe ständig an, während gleichbleibende Temperaturen für die Versuchsreihe mit halber Last bestanden. Die Ursache lag darin, daß während des Anfangs der ersten beiden Versuchsreihen die Temperatur der Zylinderwände und Kolben durch Wärmeaufnahme aus den Verbrennungsgasen stieg. Um die Wirkung dieses Wärmeaustausches auszugleichen, wurde die

Wärmebilanz für Zeiträume aufgestellt, über die die Temperaturbedingungen ziemlich gleichbleibend waren. Wie daraus hervorgeht, war die Wirkung der Temperaturschwankungen auf Brennstoffverbrauch und Wärmeausnutzung praktisch nicht nennenswert.

Wie bereits auf S. 105 erklärt, ist die Spalte, die den Brennstoffverbrauch während des ersten Versuchs angibt, nur annähernd richtig, denn wegen einer Störung im Überlauf vom Wiege- in den Speisebehälter war es nicht möglich, den Flüssigkeitsspiegel mit der Marke zum Einspielen zu bringen, ehe eine neu abgewogene Ölmenge eingelassen wurde. Die Temperaturerhöhung des Kühlwassers bis 4.45 Uhr hatte ihren Grund in ungenügendem Zufluß, der von hier an vergrößert wurde. Die plötzliche Temperaturerhöhung der Abgase um 5.40 Uhr ist unerklärlich. Am 14. lief die Maschine unter Vollast von 6—8 Uhr vormittags und danach etwa unter halber Belastung bis kurz vor Beginn der Versuche. Sie erreichte ihre normale Temperatur bald nach Beginn der ersten Versuchsreihe. Da ein Versuch unter halber Last und Leerlauf beabsichtigt war und außerdem Ventile und Kolben eines der Arbeitszylinder nachgesehen werden mußten, so begann der Versuch mit halber Last beinahe unmittelbar nach Beendigung desjenigen unter Vollast. Der letzte oder Leerlaufversuch wurde erst eine halbe Stunde nach Beendigung der vorhergehenden Versuche vorgenommen. Während seiner Dauer wurden keine Gasproben entnommen.

Die Maschine arbeitete zufriedenstellend während der Versuche, abgesehen von wenig rauchigem Auspuff bei Vollast. Der Rauch kam von Zylinder Nr. 56, der, wie aus Spalte 17 hervorgeht, mehr leistete, als ihm von Rechts wegen zufiel. Nach dem am 14. vorgenommenen Vollastversuch wurde die ganze Belastung plötzlich entfernt. Die minutliche Umdrehungszahl stieg von 153 Umdrehungen in der Minute auf 164 Umdrehungen in der Minute und blieb dann auf 157 Umdrehungen in der Minute stehen.

Versuche an einer schnellaufenden Dieselmaschine. Es ist von Wichtigkeit zu wissen, bis zu welchem Betrag die Kolbengeschwindigkeit, oder was dasselbe ist, die Umdrehungszahl einer schnellaufenden Dieselmaschine erhöht werden kann, um bei demselben Zylinderdurchmesser eine größere Leistung zu erzielen. Für Klärung dieser Frage siehe die Versuche von Dr. M. Seiliger in der Z. Ver. deutsch. Ing. 1911. Der Ausdruck für die indizierte Leistung einer einfachwirkenden Viertaktmaschine ist:

$$N_i = \frac{\pi d^2}{4} \cdot s \cdot \frac{n}{2} \cdot \frac{p_i}{60 \cdot 75}, \tag{1}$$

wo:

d den Durchmesser des Zylinders in cm,
s den Kolbenweg in m,
n die Umlaufzahl in 1 Minute,
p_i den mittleren indizierten Druck

bedeutet, oder:

$$N_i = \frac{F c p_i}{300}, \tag{2}$$

wobei:

F die Kolbenfläche in qcm,
c die Kolbengeschwindigkeit in m/sek.

bedeutet.

Bezeichnet man mit:

Q die stündlich von der Maschine theoretisch angesaugte Luftmenge in cbm,
ε den Füllungsgrad des Zylinders, d. h. das Verhältnis der wirklich zur theoretisch angesaugten Luftmenge,
g_i den Brennstoffverbrauch für die PSi-Stunde in kg,
A die geringste zur Verbrennung von 1 kg Brennstoff erforderliche Luftmenge in cbm,

so gilt die Beziehung:

$$\varepsilon Q \geqq A N_i g_i \tag{3}$$

da nun:

$$Q = \frac{\pi d^2}{4} s \frac{n}{2} \frac{60}{100 \cdot 100}, \tag{4}$$

so erhält man nach Einsetzen von Q aus Gl. (4) und N_i aus Gl. (1) in Gl. (3):

$$p_i \leqq 27 \frac{\varepsilon}{A \cdot g_i}. \tag{5}$$

Der mittlere Druck ist, wie aus Gl. (5) hervorgeht, vom Brennstoffverbrauch für die PSi-Stunde und vom Füllungsgrad des Zylinders abhängig. Aus den Versuchen, die an einer schnellaufenden Maschine von 300 PSe Normalleistung ausgeführt wurden, ergab sich, daß diese beiden Größen selbst wieder von der Kolbengeschwindigkeit abhängen und daß aus diesem Grunde die Leistung bei demselben Durchmesser nicht in demselben Maße mit Erhöhung der Umdrehungszahl und des mittleren Kolbendruckes wächst. Die Ergebnisse der Versuche können in folgenden Sätzen zusammengefaßt werden:

1. Der Brennstoffverbrauch für die PSi-Stunde bei einem und demselben mittleren indizierten Druck sinkt mit der Verminderung der Umlaufszahl.
2. Der Brennstoffverbrauch für die PSi-Stunde bei einer und derselben Umlaufszahl sinkt mit der Verminderung des mittleren indizierten Druckes.
3. Die Temperatur der Auspuffgase bei einem und demselben mittleren indizierten Druck sinkt mit der Verminderung der Umlaufszahl.

4. Die Temperatur der Auspuffgase bei einer und derselben Umlaufszahl sinkt mit der Verminderung des mittleren indizierten Druckes.
5. Die für den Betrieb der Luftpumpe verwendete Arbeit ist der Umlaufszahl direkt proportional und vom mittleren indizierten Druck unabhängig.
6. Die Arbeit der schädlichen Widerstände wächst mit der Umlaufszahl und mit der Vergrößerung des mittleren indizierten Druckes.
7. Der Luftfüllungsgrad ε des Zylinders sinkt mit der Vergrößerung der Umlaufszahl und ist vom mittleren indizierten Druck unabhängig.

Alle diese Tatsachen können theoretisch abgeleitet werden und sind durch Versuche bestätigt. Der Ausdruck für N_i in Gl. (2) nähert sich dabei für höhere Umdrehungszahlen einem konstanten Wert, oder mit anderen Worten: Steigerung der Umdrehungszahl über eine bestimmte Grenze hat keine merkliche Steigerung der Leistung zur Folge. Dies geht aus folgender Zusammenstellung der Versuchsergebnisse hervor:

Vermehrung der minutlichen Umdrehungszahl		Vergrößerung der Kolbengeschwindigkeit		Vergrößerung	Steigerung der Leistung	Steigerung der Leistung
von	auf	von	auf	%	PSe	%
300 Umdr. i. d. Min.	350 Umdr. i. d. Min.	3,8 m/sek.	4,4 m/sek.	17	41	16
350 „ „ „ „	400 „ „ „ „	4,4 „	5,0 „	15	10	3
306 „ „ „ „	401 „ „ „ „	3,6 „	4,8 „	33	76	33
401 „ „ „ „	493 „ „ „ „	4,8 „	6,0 „	25	30,5	10

Diese Ergebnisse lassen klar die Grenze der Leistungssteigerung einer Dieselmaschine für einen gegebenen Zylinderdurchmesser erkennen und zeigen, daß durch einfache Vermehrung der Umdrehungszahl oder Vergrößerung der Kolbengeschwindigkeit die Leistung der Maschine nicht mit Erfolg über ein bestimmtes Maß gesteigert werden kann, und daß für jede Maschine ein gewisses Verhältnis zwischen Kolbengeschwindigkeit und mittlerem Kolbendruck besteht, für das die beste Arbeitsausbeute erreicht wird.

Sechster Abschnitt.

Dieselmaschinen für Schiffsantrieb.

Allgemeine Bemerkungen. — Vorteile der Dieselmaschine für Schiffsantrieb. — Bauarten der Schiffsdieselmaschine. — Umsteuerung. — Hilfsmaschinen für Schiffe mit Dieselmaschinen.

Allgemeine Bemerkungen. Der Frage der Verwendung von Verbrennungskraftmaschinen zum Antrieb von Schiffen ist in den letzten Jahren große Aufmerksamkeit zugewandt worden, nachdem die Gasmaschine ihren hohen Stand der Wirtschaftlichkeit und Betriebssicherheit erreicht hatte. Dies ist bei der viel höheren Wärmeausnutzung auf seiten der Gasmaschine gegenüber der Dampfmaschine nicht zu verwundern, und namentlich seit mit Hilfe der Sauggasgeneratoren die Ausnützung der Kohle möglich wurde, begann die Verwendung von Gasmaschinen zum Schiffsantrieb greifbarere Gestalt anzunehmen. Was die Gründe anlangt, weshalb bis heute sehr wenig in dieser Richtung getan worden ist, so mag kurz gesagt werden, daß die hauptsächlichsten Vorteile, die bei der Verwendung von Sauggasmaschinen auf Schiffen zu gewinnen sind, ein Abweichen von alterprobten Wegen nicht genügend rechtfertigen. Erstens ist der Vorteil geringerer Brennstoffkosten nicht sehr hervorstechend, da, obwohl in letzter Zeit zufriedenstellende Generatoren für bituminöse Kohle auf den Markt gekommen sind, für Schiffsantrieb aus Gründen der Betriebssicherheit Anthrazit zur Verwendung kommen müßte. Der große Preisunterschied zwischen Anthrazit und der auf Schiffen mit Dampfantrieb verwendeten Bunkerkohle verringert den wirtschaftlichen Vorteil des Gasmaschinenantriebs bedeutend oder macht ihn ganz hinfällig. Bei der Notwendigkeit eines Gaserzeugers bringt die Sauggasanlage keinen Vorteil an Gewichts- oder Raumersparnis gegenüber der Dampfanlage mit sich. In beiden Fällen sind Heizer erforderlich, und wenn auch die Gasanlage nicht dieselbe Wartung verlangt wie die Dampfanlage, so fällt doch die Verringerung des Bedienungspersonals wenig ins Gewicht. Weiter ist die Frage der Umsteuerung für Gasmaschinen heute noch kaum zufriedenstellend beantwortet, und die Veränderung der Umdrehungszahl ist schwierig. Alles zusammengenommen kann daher mit

Sicherheit behauptet werden, daß die Verwendung der Gasmaschine zum Schiffsantrieb wohl kaum in nächster Zeit große Fortschritte machen wird, wenn auch in gewissen Fällen ein Erfolg möglich sein mag.

Vorausgesetzt, daß eine Ölmaschine mit derselben Betriebssicherheit wie die der Dampfmaschine gebaut werden könnte, so hätte diese Ölmaschine viele Vorzüge gegenüber der Gasmaschine und dabei gleichzeitig alle Vorteile der Verbrennungskraftmaschinen. Aus diesem Grunde scheint die Dieselmaschine, die sich für stationäre Zwecke wirtschaftlicher und mindestens ebenso betriebssicher als die Gasmaschine gezeigt hat, hervorragend für den Schiffsantrieb geeignet. Allein es sind naturgemäß viele Schwierigkeiten zu überwinden, ehe die neue Maschinenart der Dampfmaschine in Fragen ebenbürtig an die Seite treten kann, die für den Schiffsantrieb von größerer Wichtigkeit sind als ein rein wirtschaftlicher Vergleich. Eine Maschine für Schiffsantrieb muß vor allem betriebssicher sein, und bei der heutigen, auf nahezu hundertjährige Erfahrung gegründeten hohen Vollkommenheit der Dampfmaschine erkennt man leicht, daß die Dieselmaschine sehr große Anstrengungen zu machen und eine lange Reihe eingehendster Versuche unter den schwierigsten Bedingungen zu überwinden hatte, ehe sie für den Schiffsbetrieb ernstlich in Frage kommen konnte. Heute, nach 17 Jahren, während deren die Dieselmaschine in aller Art von Krafterzeugung an Land Verwendung gefunden hat und eine Betriebssicherheit aufweist, die allgemein als der der Dampfmaschine gleichkommend angesehen wird, kann mit gutem Grund ausgesprochen werden, daß ihre Prüfungszeit sich ihrem Ende zuneigt. Gleichzeitig muß zugegeben werden, daß der Schiffsantrieb in vieler Beziehung andere Anforderungen stellt als der Betrieb an Land, und wenn auch, wie Schiffsmaschinenbauer meist tun, dieser Punkt nicht übertrieben betont zu werden braucht, so besteht doch darüber kein Zweifel, daß die Bedingungen des Dienstes auf See strenger sind als an Land. Ehe deshalb die Dieselmaschine auf ihre Verwendung in größeren Fahrzeugen hoffen konnte, war es nötig, Erfahrungen für kleinere Leistungen zu sammeln. Es sind heute etwa 300 Fahrzeuge verschiedener Bauarten vorhanden, die von Dieselmaschinen angetrieben werden, und viele davon sind bereits seit einigen Jahren in Betrieb. Die meisten sind kleinere Fahrzeuge, darunter eine Anzahl Unterseeboote, aber die Zahl selbst zeigt deutlich genug, daß die Einführung der Dieselmaschine auch für große Schiffe in Wirklichkeit nicht als eine neue Erfindung, sondern als ein Fortschritt einer bereits erprobten Einrichtung angesehen werden kann. Weiter zeigt die Dieselmaschine für Schiffsantrieb, abgesehen von der für Unterseebote gebräuchlichen Bauart, wo eine verhältnismäßig große Zylinderzahl notwendig ist, von der an Land gebräuchlichen nur geringfügige Abweichungen, da Umsteuerbarkeit und Veränderlichkeit der Umdrehungszahl keine wesentlichen Änderungen mit sich bringen. Die an Land gewonnenen Erfahrungen wiegen deshalb Erfahrungen, die auf See hätten gewonnen werden müssen, auf, wenn die Schiffsmaschine von der an Land gebräuchlichen sehr verschieden wäre.

Vorteile der Dieselmaschine für Schiffsantrieb. Die Vorteile der Dieselmaschine für Schiffsantrieb einer Dampfanlage gegenüber bestehen keineswegs nur in der Theorie, sondern liegen in der Verminderung der Betriebskosten und im Gewinn durch vergrößerte Ladefähigkeit des Fahrzeugs. Die Verminderung der Brennstoffkosten hängt notwendigerweise von den Preisen für Öl und Kohle ab und ist eine Tatsache, die leicht vom Schiffseigentümer berechnet werden kann, da der Brennstoffverbrauch einer Dieselmaschine bestimmter Leistung innerhalb enger Grenzen feststeht und der Kohlenverbrauch für dasselbe Schiff ebenfalls aus Erfahrungszahlen angegeben werden kann. Der Kohlenverbrauch für die Einheit der Leistung für ein mit Dampfkraft betriebenes Schiff schwankt beträchtlich mit der Bauart des Fahrzeugs, der Leistung seiner Maschine, sowie der verwendeten Kohlensorte. Diese Tatsache darf bei einem Vergleich nicht außer acht gelassen werden, da für billige Kohle der Verbrauch wächst und die durchschnittlichen Verbrauchsziffern keine einwandfreie Vergleichsgrundlage bilden. Die einzig richtige Art und Weise der Verbrauchsrechnung hat die beiderseitigen nutzbaren Heizwerte zu berücksichtigen. Ein aus den Verbrauchsziffern einer großen Anzahl Fahrzeuge, namentlich solcher zwischen 3000 und 5000 t Wasserverdrängung, als Durchschnitt gewonnener Wert ist 0,7 kg für die PSi-Stunde oder 0,82 für die PSe-Stunde, unter Annahme eines Wirkungsgrades von 85%. Tatsächlich verbrauchen eine große Anzahl Schiffsmaschinen viel mehr, und 0,9 kg für die PSe-Stunde ist für kleinere Schiffe gewöhnlich, auf der anderen Seite ist der Verbrauch auch manchmal günstiger. Es soll deshalb ein Kohlenverbrauch von 0,82 kg für die PSe-Stunde als Mittelwert angenommen werden. Für größere Leistungen der Dieselmaschine wird heute von den Firmen 180 g Treiböl für die PSe-Stunde gewährleistet, falls ein Öl von nicht unter 10 000 WE. nutzbarem Heizwert verwendet wird. Manchmal ist jedoch der Verbrauch nur 170 g für die PSe-Stunde. Die für den Schiffsantrieb meist verwendete Zweitaktmaschine hat, wie bekannt, eine etwas geringere Wärmeausnützung als die Viertaktmaschine und zum Vergleich mag hier ein Verbrauch von 205 g für die PSe-Stunde angenommen werden.

Auf dieser Grundlage ergibt sich der Treibölverbrauch dem Gewicht nach zu etwa $^1/_4$ des Kohlenverbrauchs, doch sind die Ersparnisse tatsächlich weit beträchtlicher. Für verminderte Umdrehungszahl hat die Dieselmaschine eine höhere Kraftausbeute als die Dampfmaschine. Diese Tatsache ist besonders wichtig für Kriegsfahrzeuge, die für längere Zeit meist weit unterhalb ihrer normalen Geschwindigkeit laufen, und gilt in gleicher Weise für Fischerei- und ähnliche Fahrzeuge. Auch Schiffe, die sonst lange Reisen unter voller Geschwindigkeit machen, haben aus mancherlei Gründen oft mehrere Stunden langsame Fahrt zu gehen. Die folgenden Zahlen sind im praktischen Betrieb einer Schiffsdieselmaschine gewonnen und zeigen die geringen Schwankungen des Brennstoffverbrauchs bei wechselnder Fahrtgeschwindigkeit:

Leistung in PSe	Brennstoffverbrauch für die PSe-Stde. g
400	215
300	216
200	226
100	224

Für $^1/_4$ der normalen Leistung war der Treibölverbrauch demnach nur um etwa 14% gestiegen. Es sind bei der Dieselmaschine keine Verluste durch Anheizen und Abbrand vorhanden, die für Fahrzeuge, welche eine große Zahl Häfen anlaufen, besonders ins Gewicht fallen können. Die Frage der Hilfsmaschinen spielt beträchtlich in die des Brennstoffverbrauchs hinein, da die Hilfsmaschinen oft 20—25% des für die Hauptmaschine aufgewendeten Brennstoffs für sich beanspruchen. Wenn auch Dampfhilfsmaschinen bekanntermaßen eine schlechte Wärmeausnützung haben, so sind sie doch in bestimmten Fällen zur Verwendung gekommen, wobei ein kleiner Hilfskessel zu ihrem Antrieb eingebaut wurde. Diese Einrichtung hat jedoch wenig Aussicht beibehalten zu werden. Wenn auch die Angabe einer allgemein gültigen Ziffer unmöglich ist, so kann man doch sagen, daß das für Dieselmaschinen notwendige Brennstoffgewicht für dieselbe Reise etwa $^1/_5$ des Kohlengewichts für die Dampfanlage gleicher Leistung beträgt. Daraus kann die mit der Dieselmaschine gewonnene Ersparnis für jeden besonderen Fall leicht und ziemlich genau berechnet werden, sofern der Marktpreis für Treiböl und Kohle für die Häfen, in denen der Brennstoff an Bord genommen wird, zugrunde gelegt wird. Augenblicklich ist in englischen Häfen ein für Dieselmaschinen geeignetes Crudeöl zum Preis von 40—45 M. für die Tonne, meist für den niedereren Preis, zu erhalten. Für größere Abschlüsse auf längere Zeiten verringert sich der Preis weiterhin. Daraus ergibt sich die wirtschaftliche Überlegenheit der Dieselmaschine gegenüber der Dampfmaschine, sobald der Preis der Bunkerkohle mehr als 10—11 M. für die Tonne beträgt. Die Gültigkeit dieser Rechnung setzt gleiche Maschinenleistung für beide Antriebsarten voraus. Ferner bestehen für die Dieselmaschine weitere Vorteile. Bei ihrer Verwendung ist es möglich, dem Schiff vorteilhaftere Linien zu geben, wodurch sich eine Verringerung der für dieselbe Geschwindigkeit nötigen Maschinenleistung ergibt. Auf der anderen Seite liegt die vorteilhafteste Umdrehungszahl der Dieselmaschine im allgemeinen ziemlich viel höher als die für den Propeller günstigste und deshalb wird wieder eine etwas größere Maschinenleistung als für niederere Umdrehungszahl notwendig. Vor- und Nachteil halten sich indes hier praktisch das Gleichgewicht.

Die Ersparnis an Brennstoffgewicht kommt noch in anderer Beziehung zum Ausdruck. Da für dieselbe Reise nur $^1/_5$ des Brennstoffgewichtes nötig ist, wird der freiwerdende Bunkerraum als wertvoller Laderaum gewonnen, und dies ist in größerem Maß der Fall, als man aus den bloßen Ziffern annehmen sollte, da das Treiböl in Räumen untergebracht werden kann, die für Kohle ungeeignet sind, so im Doppelboden oder in den Ballasttanks.

Für einen Vergleich zwischen den beiderseitigen Betriebskosten sind die Brennstoffkosten nicht allein maßgebend. Die mitzuführende Schmierölmenge ist für die Dieselmaschine möglicherweise größer, doch hat man hier auf der anderen Seite wieder kein Kesselspeisewasser mitzuführen. Was Instandhaltungs- und Reparaturkosten anlangt, so liegt kein Grund zur Annahme vor, daß die Dieselmaschine im Nachteil sei, eher scheint die bis heute gewonnene Erfahrung das Gegenteil zu bestätigen, ein Ergebnis, das in der Vereinfachung der ganzen Anlage seine Erklärung finden mag. Auf einem von einer Dieselmaschine angetriebenen Schiff gibt es keine Heizer und die Zahl der Maschinisten ist ebenfalls gegenüber der Dampfanlage vermindert. Wenn dies auch für Schiffe aller Größen und Maschinenleistungen gilt, so ist es doch für große Schiffe mit ihren vielen Heizern, deren Zahl die der Maschinisten oft bedeutend übersteigt, von ganz besonderer Bedeutung. So kommen an Bord der Mauretania insgesamt 180 Heizer auf 35 Maschinisten. Tatsächlich besteht die ganze Bedienungsmannschaft eines Fahrzeugs von 2000 t Wasserverdrängung ausgerüstet mit einer Dieselmaschine von 500 PSe Leistung aus 4 Mann, und für ein Fahrzeug, dessen Dieselmaschine 1500 PSe leistet, beträgt die Ersparnis durch Verringerung der Bedienungsmannschaft gegenüber einer Dampfanlage gleicher Leistung etwa 4000 M. jährlich.

Die für die Einheit der Arbeitsleistung in einem Dieselmaschinen-Fahrzeug erreichte Gewichtsersparnis an Brennstoff wirkt in zweierlei Weise nutzbringend. Einmal kann eine größere Fahrstrecke mit demselben Gewicht an Brennstoff zurückgelegt und dann kann der durch das geringere Brennstoffgewicht gewonnene Raum nutzbringend für die Ladung verwendet werden. Die erstere Tatsache ist von unschätzbarem Wert für Kriegsfahrzeuge, und der Aktionsradius eines Kampfschiffes wird durch sie vervierfacht. Da aber weiterhin die Wärmeausnutzung auch für Leistungen weit unter Vollast eine günstige bleibt, so mag sich herausstellen, daß man beim Dieselmaschinenkampfschiff mit einem Aktionsradius rechnen darf, der den des heutigen um das Sieben- bis Achtfache übertrifft. Diese Tatsache ist namentlich für Länder, denen Kohlenstationen nur in beschränkter Zahl zur Verfügung stehen, von großer Bedeutung. Für Handelsschiffe ist die Vergrößerung der Fahrstrecke in der Regel nicht so wesentlich, aber trotzdem in vielen Fällen wünschenswert, da der Brennstoff oft in denjenigen Häfen außergewöhnlich teuer ist, die man gezwungen ist zur Brennstoffübernahme anzulaufen. Der geringere Brennstoffbedarf der Dieselmaschine gibt freie Hand über die Wahl des Hafens zur Übernahme des Brennstoffs und führt damit zu einer Wirtschaftlichkeit, die für die Dampfanlage wegen ihres kleineren Bunkerinhaltes unmöglich ist. Meist wird jedoch der Reeder sich den Vorteil des vergrößerten Laderaums nicht entgehen lassen wollen, so daß dann in dessen Ausnützung der Vorteil geringeren Brennstoffbedarfs in Ziffern zum Ausdruck kommt. Aus den folgenden Zeilen erkennt man die Höhe dieser Ersparnisse, vor allem für Schiffe auf langen Reisen. Ein Schiff von 2500 bis 3500 t Wasserverdrängung verbraucht zum Betrieb seiner Maschinen von 1100—1200 PSi Leistung etwa 15 t Kohle für den Tag, während eine Dieselmaschine derselben Leistung, sage 1000 PSe, etwas weniger als 4 t Treiböl verlangt. Das tatsächlich ersparte Brennstoffgewicht ist demnach 11 t und für eine 20 tägige Reise 220 t. Berücksichtigt man, daß Öl in weniger zugänglichen Räumen untergebracht werden kann als Kohle, so wären damit für den nutzbaren Laderaum etwa 10% des Betrages der Wasserverdrängung gewonnen, was eine bedeutende Steigerung der Rentabilität eines Frachtschiffes mit sich bringt.

In derselben Richtung liegt die Ersparnis, die durch geringeres Gewicht der Dieselmaschinen- gegenüber der Dampfanlage gewonnen wird. Der Beweis stützt sich hierbei auf Erfahrungen. Im Durchschnitt hat man bei modernen Dampfanlagen als Gewicht etwa 1 t für 5—8 PSi der Hauptmaschine einschließlich Kessel und Zubehör. Für größere, namentlich von Turbinen getriebene Schiffe ist diese Ziffer etwas geringer, so besonders bei Kampfschiffen, wo sie beispielsweise für Torpedoboote und derlei Fahrzeuge nur etwa 1 t für 15 PSi beträgt. Diese Gewichtsverminderung ist indes hier meist auf Verwendung schnellaufender Maschinen besonders leichter Bauart zurückzuführen, und die verschiedenen Fälle sind daher nicht ohne weiteres vergleichbar. Die Vergrößerung der Umdrehungszahl ist weiterhin mit Abnahme des Propellerwirkungsgrades verbunden, eine Tatsache, die ihrerseits wieder in größerem Kohlenverbrauch für die Pferdestärke zum Ausdruck kommt. Das Gewicht einer einfachwirkenden Zweitaktdieselmaschine langsamlaufender Bauart, d. h. unter 200 Umdrehungen in der Minute, stellt sich auf etwa 1 t für 10—15 PSe, einschließlich allen Zubehörs. Für schnellaufende Maschinen, die in bestimmten Fällen Verwendung finden, mag die Zahl von 1 t für 25 PSe erreicht werden. Dies gilt auch für größere Leistungen und ist bereits an Maschinen bis etwa 1000 PSe verwirklicht worden. In Fällen, wo die äußerste Gewichtsersparnis verlangt wird, ist die Verwendung der schnellaufenden Bauart sehr wahrscheinlich, unter Benutzung irgendeiner Einrichtung, die gestattet, die Umdrehungszahl der Maschine auf die für den Propeller günstigste herabzusetzen, wie dies ja auch schon beim Turbinenantrieb versucht ist. Diese Einrichtung wird jedoch nur in besonderen Fällen Beachtung finden, da das Vorhandensein eines Vorgeleges für den Dienst auf See keineswegs erwünscht ist. Außerdem ist die schnellaufende Maschine etwas teurer im Betrieb als die langsamlaufende. Betrachten wir die langsamlaufende Dieselmaschine, wie sie heute für Frachtschiffe zur Verwendung kommt, so hat eine Anlage von 1500 PS an der Welle eine Gewichtsersparnis, von 150 t gegenüber der Dampfanlage ergeben, und dieselbe Ziffer gilt im Verhältnis für größere Leistungen. Hand in Hand mit der Gewichtsersparnis geht eine Verminderung des für die Anlage notwendigen Raumes, da eine Dieselmaschine nur etwa dieselbe Bodenfläche wie eine Vierfachexpansionsmaschine gleicher Leistung beansprucht, so daß der bei der Dampfanlage für die Kessel notwendige Raum anderweitig nutzbringende Verwendung finden kann.

Berücksichtigt man alle diese Ersparnisse, namentlich an Gewicht des mitzuführenden Brennstoffs, verringertem Maschinengewicht und vermindertem Raumbedarf, so kann mit Sicherheit für beinahe jede Schiffsart gesagt werden, daß das Gewicht der mitzuführenden Nutzlast um 15% des Betrages der Wasserverdrängung des Fahrzeuges vermehrt werden kann. Dies macht klar, daß die Ersparnis an Brennstoffkosten in der Bilanz nicht das Bestimmende sind, daß vielmehr für den Reeder die erhöhte Rentabilität das wichtigste Ergebnis darstellt.

Die folgenden Berechnungen stützen sich auf Zahlen, die Säuberlich in einem Vortrag vor der Schiffbautechnischen Gesellschaft[1]) über die Ersparnis bei Verwendung der Dieselmaschine anstatt der Dampfmaschine zum Schiffsantrieb angegeben hat. Es ist schwierig, allgemein gültige Vergleichswerte zu geben, vielmehr wird der Reeder für jeden einzelnen Fall selbst herauszufinden haben, wie sich die Vorteile der Dieselmaschine nutzbar machen lassen, ob er seinem Schiff bei demselben Bunkerinhalt eine größere Fahrstrecke geben oder unter Beibehaltung der Fahrtstrecke den neu verfügbaren Raum für Lade-

[1]) Jahrb. d. Schiffbautechnischen Gesellschaft, Berlin 1911.

zwecke ausnützen will. Die Berechnungen gelten für eine Ausreise von 20 Tagen und eine Heimreise derselben Dauer, unter der Annahme von vier vollständigen Reisen oder 160 Tagen Dampfen. Das mitgeführte Treiböl soll für Aus- und Heimreise, die Kohle nur für die Ausreise ausreichend angenommen werden. Der Kohlenpreis ist zu 15,7 M. für die Tonne und der Treibölpreis zu 34 M. für die Tonne f. o. b. gerechnet. Der Brennstoffverbrauch für die Dieselmaschine sei 220 g für die PSe-Stunde und der Kohlenverbrauch für die Dampfanlage zu 0,55 kg für die PSi-Stunde angenommen.

Frachtschiffe.

Schiffstype	Motor	Dampf
Dimensionen: Länge	103	m
Breite	14,6	„
Höhe	9,6	„
Tiefgang	6,55	„
Völligkeitskoeffizient	0,78	
Maschinenleistung in PSe resp. PSi, Wirkungsgrad 90%	1350	1500
Gesamttragfähigkeit	5550 t	5400 t
Brennstoff (bei Motorschiff für Hin- und Rückreise, bei Dampfschiff nur einfache Reise)	350 t	480 t
Ladefähigkeit	5200 t	4920 t
zugunsten des Motorschiffes größere Ladefähigkeit	280 t	—
Raumgewinn durch Ausnutzung des Doppelbodens für die Unterbringung des Rohöls	425 cbm	—
Geschwindigkeit	10 m	10 m
Brennstoffverbrauch (0,220 kg/PSe; 0,55 kg/PSi) pro Tag	7,13 t	19,8 t
Brennstoffkosten (34 M. für Rohöl, 15,70 M. für Kohle) pro Tag	242 M.	311 M.
zugunsten des Motors pro Tag	69 „	—
Besatzung: 1 erster Maschinist 300 M. pro Monat	300 „	300 M.
1 zweiter 180 „ „ „	180 „	180 „
1 dritter 100 „ „ „	100 „	100 „
1 Maschin.-Assist. 60 „ „ „	—	60 „
1 Motorschlosser 100 „ „ „	100 M.	—
6 Heizer und Trimmer à 75 „ „ „		450 M.
2 Schmierer à 75 „ „ „	150 M.	—
Verpflegungskosten 1,20 M. pro Kopf und Tag	216 „	360 M.
	1046 M.	1450 M.
zugunsten des Motors pro Monat	404 „	—

Als Bedienungspersonal sind für die Dampfanlage gerechnet: 3 Maschinisten, 1 Assistent und 6 Heizer und für die Dieselmaschinenanlage 3 Maschinisten, 1 Schlosser und 1 Schmierer, was zusammen eine Verminderung des Personals um 4 Mann bedeutet. Die Ersparnis für 1 Jahr zu 160 Tagen unter Dampf angenommen ist:

Schiffstype	Motor	Dampf
Ersparnisse pro Jahr, d. i. für 4 einfache Fahrten à 40 Dampftage:		
1. Mehrverdienst an Fracht 16 M. pro Tonne für die volle Fahrt, hin und zurück	17 920 M.	—
2. Brennstoff 160 × 69 M.	11 040 „	—
3. Besatzungskosten 404 × 12	4 848 „	—
	33 808 M.	—
4. Zugunsten des Motors 1% Amortisation mehr von 250 000 M. (Motorenanlage)	2 500 „	—
Jährliche Ersparnis[1])	31 308 M.	—

Diese Zahlen zeigen deutlich die Ersparnisse und bestätigen die Tatsache, daß der geringere Brennstoffverbrauch nicht den einzigen Vergleich zwischen Dieselmaschine und Dampfanlage abgeben soll. Angenommen, dieser letztere Vorteil im Brennstoffverbrauch fiele weg für den Fall, daß bei niederem Kohlen- oder hohem Ölpreis die Preise für beide Brennstoffe dieselben wären, so besteht immer noch eine Ersparnis von über 20 000 M. im Jahr, die noch bedeutend vermehrt wird durch Vergrößerung der Ladefähigkeit unter der Annahme, daß dasselbe Brennstoffgewicht in beiden Schiffen mitgeführt wird.

Wie im vorstehenden ausgeführt wurde, besitzt das für Dieselmaschinen verwendete Treiböl meist einen Flammpunkt von 70—130° C. Die Gefahr eines Feuers an Bord durch Explosion sich bildender Öldämpfe ist ausgeschlossen, und dies ist nicht nur für die Sicherheit der Mannschaft wichtig, sondern auch im Hinblick auf eine erhöhte Versicherungsprämie für Fahrzeuge, die leicht entzündliche Öle mit sich führen. Tatsächlich beanspruchen die Versicherungsgesellschaften keine höhere Prämie für Schiffe mit Dieselmaschinen als für solche mit Dampfmaschinen.

Die Einfachheit und Reinlichkeit bei der Übernahme des Öls im Vergleich zur Kohle verdient besonders hervorgehoben zu werden. Es kann leicht und schnell aus den Vorratsbehältern an Bord gepumpt werden. Die Einrichtung des Maschinenraumes in einem Schiff mit Dieselmaschinen ist wegen der Abwesenheit verwickelter Dampfleitungen verhältnismäßig übersichtlich, und da die Anlage nur aus der Maschine selbst besteht, kann sie leichter beaufsichtigt werden als eine Dampfanlage mit ihrer vom Maschinenraum getrennten Kesselanlage. Bis jetzt werden fast alle mit Dieselmaschinen versehenen Schiffe für den Auspuff mit einem Schornstein derselben Bauart wie für Dampfschiffe versehen. Die Auspuffgase können indes auch an der Seite abgeführt

[1]) Diese wird sich vielleicht noch etwas reduzieren infolge des voraussichtlich höheren Schmierölbedarfs und der höheren Erhaltungskosten.

werden. Bei der Verwendung der Dieselmaschine für Kriegsfahrzeuge hätten die Schornsteine zweifellos in Fortfall zu kommen. Diese Maßnahme bringt einerseits eine Vergrößerung des Bestreichungswinkels für die Geschütze mit sich und andererseits erschwert die Abwesenheit von Rauch, den Standort des Gegners auszumachen.

Was die Anlagekosten einer Dieselmaschine für ein Schiff anlangt, so ist sie augenblicklich noch der Dampfmaschine gegenüber im Nachteil. Als ungefähre Durchschnittsziffer für Maschinen der verschiedensten Leistungen kann man angeben, daß die Dieselmaschine, einschließlich aller Hilfseinrichtungen für beide Fälle, etwa 25—30% teurer ist als die Dampfanlage gleicher Leistung. Die Anlagekosten sind indes in den letzten Jahren bedeutend gefallen und werden aller Voraussicht nach bald mit denen einer Dampfanlage in Wettbewerb treten können. Es muß jedoch besonders betont werden, daß einer Herabsetzung der Preise mit Rücksicht auf die verlangte beste Werkstattarbeit nicht das Wort geredet werden kann und daß, falls die Herstellungskosten zu niedrige werden, dies auf den Erfolg der Dieselmaschine im Wettbewerb mit anderen Kraftmaschinen einen nachteiligen Einfluß ausüben könnte.

Bauarten der Schiffsdieselmaschine. Verschiedene Forderungen sind beim Entwurf von Dieselmaschinen für Schiffe zu berücksichtigen, die alle gleich wichtig sind.

1. Die Maschine muß betriebssicher und von einfacher Bauart sein.
2. Die Maschine muß sich schnell und mehreremal hintereinander auf einfache Weise umsteuern lassen.

Die Forderung, die Maschine mehreremal hintereinander umsteuern zu können, wie dies beim Manövrieren verlangt wird, ist für die Dieselmaschinenanlage, wo die Maschine mittels Druckluft umgesteuert werden muß, besonders wichtig, insofern die Luftgefäße hierfür groß genug bemessen werden müssen.

3. Die Umlaufszahl der Maschine muß, sowohl für Vorwärts- als für Rückwärtsgang, in weiten Grenzen, wenn möglich durch einen einzigen Handgriff, einstellbar sein.
4. Der Brennstoffverbrauch soll nicht nur für Vollast, sondern für einen möglichst weiten Belastungsbereich niedrig sein.
5. Gewicht und Raumbedarf sollen so gering als möglich sein, doch nicht so, daß der Wirkungsgrad des Propellers durch Anwendung einer hohen Umdrehungszahl sinkt.

Die Frage, ob Zwei- oder Viertaktmaschinen für den Schiffsbetrieb zur Verwendung kommen sollen, ist im zweiten Abschnitt besprochen worden und bedarf hier keiner weiteren Erörterung. Eine der Hauptschwierigkeiten, die beim Entwurf zu überwinden sind, ist die Wahl der Zylinderzahl. Diese muß genügende Gleichmäßigkeit des Ganges gewährleisten. Schwungräder sind womöglich ganz zu vermeiden oder in ihren Abmessungen klein zu machen, um ein rasches Umsteuern zu ermöglichen. Wie in anderen Punkten bei Schiffsmaschinen, muß auch hier zwei sich widerstreitenden Forderungen genügt werden, nämlich denen, daß einmal die Maschine ein möglichst gleichbleibendes Drehmoment auszuüben imstande ist, auf der anderen Seite aber die Zahl der Arbeitszylinder und arbeitenden Teile gleichzeitig eine möglichst beschränkte ist. Je mehr Zylinder, um so größer die Gleichmäßigkeit des Drehmoments, aber um so unübersichtlicher die Maschine. In keinem Falle ist die Anwendung von weniger als drei Zylindern wahrscheinlich und dies nur beim doppeltwirkenden Zweitakt. Für einfachwirkenden Zweitakt kommen gewöhnlich vier Zylinder zur Verwendung, wenn auch in manchen Fällen, besonders für größere Leistungen und um ein Schwungrad zu vermeiden, deren sechs ausgeführt werden. Von den meisten Firmen wird heute die einfachwirkende Vier- und Zweitaktbauart für Schiffsantrieb zur Anwendung gebracht. Beim einfachwirkenden Viertakt müssen zur Erzielung eines gleichmäßigen Drehmomentes mindestens sechs Zylinder zur Ausführung kommen. Sehr oft finden sich jedoch in diesem Fall mehr als sechs, so besonders für Unterseebootsmaschinen, wo acht eine gebräuchliche Zahl ist.

Sofern bei einer doppeltwirkenden Zweitaktmaschine drei Zylinder zur Ausführung kommen, ist kein Schwungrad notwendig, der Massenausgleich wird jedoch dabei meist durch den Antrieb der Spülpumpen erschwert. Für sehr große Leistungen ist die Zylinderzahl nicht nur vom Standpunkt der Forderung gleichmäßigen Drehmoments und guten Massenausgleichs aus zu betrachten, sondern ist gleichbedeutend mit der Frage, welche größte Leistung überhaupt mit einer in mäßigen Grenzen bleibenden Zylinderzahl, oder mit anderen Worten, welche Höchstleistung in einem einzigen Zylinder entwickelt werden kann. Für sehr große Leistungen werden wahrscheinlich mehr als acht Zylinder zur Verwendung kommen müssen. Die Fahrzeuge werden dann mit zwei oder drei Propellern versehen, diese Anordnung gibt gleichzeitig eine bessere Kraftausnutzung und Manövrierfähigkeit als die Verwendung nur eines Propellers. Auch für geringere Leistungen wird wahrscheinlich, wenigstens in der nächsten Zukunft, die Doppelschraubenanordnung gebräuchlich werden, bis für große Leistungen mehr Erfahrung gesammelt ist. Diese wird an zwei im Bau befindlichen Doppelschraubenschiffen gewonnen werden können. Die Maschinen dieser Schiffe leisten 5000 PS bzw. 3000 PS und sind beide doppeltwirkende Zweitaktmaschinen, die erste hat acht, die zweite drei Zylinder auf einer Welle.

Wie man sieht, hat die Dieselmaschine für Schiffsantrieb im allgemeinen mehr Zylinder als eine Dampfmaschine gleicher Leistung.

Dies ist vom Standpunkt der Einfachheit aus ein Nachteil. Auf der anderen Seite können, für den Fall, daß ein oder mehrere Zylinder ausfallen, die übrigen weiterarbeiten, so daß die Gefahr vollkommenen Stilliegens gering ist. Außerdem kann zu jeder Zeit eine bestimmte Anzahl der Zylinder ausgeschaltet werden, wodurch man für geringere Leistung eine bessere Brennstoffausnützung erhält. Die größere Zylinderzahl ist in einigen später zu erwähnenden Fällen zur Unterstützung der Manövrierfähigkeit ausgenutzt worden.

Für die Mehrzahl der Schiffe von 3000—5000 t Wasserverdrängung beträgt die wirksamste Umdrehungszahl des Propellers etwa 100 Umdrehungen in der Minute. Die größte Zahl der Dieselmaschinen für Schiffsantrieb muß für diese oder eine nur wenig höhere Umdrehungszahl entworfen werden, sofern keine Übersetzung zur Verwendung kommen soll. Für Torpedoboote, Unterseeboote und schnelle Fahrzeuge ist oft eine bedeutend höhere Umdrehungszahl erlaubt, doch sind diese Fälle Ausnahmen. Stationäre Dieselmaschinen langsamlaufender Bauart haben eine höhere Umdrehungszahl als langsamlaufende Maschinen für Schiffsantrieb, Gewicht und Raumbedarf der letzteren ist daher für dieselbe Leistung größer. Bis heute hat sich indes beim Entwurf der langsamlaufenden Schiffsmaschine keine Schwierigkeit herausgestellt. Ergäbe sich eine solche in Betrieb oder Brennstoffausnützung, so hätte man durch Erhöhung der Umdrehungszahl etwas vom Wirkungsgrad des Propellers zu opfern. Diese Maßnahme hat sich indes bis heute nicht als notwendig ergeben.

Von besonderer Wichtigkeit für Schiffsmaschinen ist die Einstellbarkeit der Umdrehungszahl in weiten Grenzen, von voller Fahrt bis zum Treiben. Dies wird bei der Dieselmaschine auf die einfachste Weise durch Veränderung der Brennstoffmenge erreicht. Bei langsamlaufenden Maschinen für 100—130 Umdrehungen in der Minute kann die Umdrehungszahl auf 40 Umdrehungen in der Minute herabgesetzt werden. Weiter herunterzugehen ist nicht notwendig. Für schnellaufende Maschinen liegt die niedrigste Umdrehungszahl nicht viel höher. So kann die Umdrehungszahl einer von Carels frères, Gent, für Schiffsantrieb gebauten Maschine von 1000 PSe Leistung zwischen 250 und 40 Umdrehungen in der Minute eingestellt werden. So weite Grenzen der Einstellbarkeit sind indes manchmal nicht ohne besondere Einrichtungen zu erreichen. Eine neue Art und Weise, die Umdrehungszahl noch weiter zu verringern und dabei gleichzeitig eine gute Manövrierfähigkeit zu erreichen, wird von der Gesellschaft John Cockerill in Seraing angewandt. Diese Firma führt ihre Sechszylindermaschine in zwei Hälften von je drei Zylindern aus, die durch eine Kupplung miteinander verbunden sind. Mit der vom Propellerschaft abgewandten Maschinenhälfte ist ein Luftkompressor vereinigt. Für gewöhnlichen

Betrieb sind die beiden Hälften miteinander gekuppelt und die Maschine läuft als eine Sechszylindermaschine, wobei die Umdrehungszahl durch Veränderung der Brennstoffmenge in weiten Grenzen eingestellt werden kann. Für sehr kleine Umdrehungszahlen können beide Hälften voneinander getrennt werden. Die eine Hälfte treibt dann den Luftkompressor, der Druckluft als Treibmittel an die andere Hälfte abgibt. Auf diese Weise kann jede verlangte Umdrehungszahl erreicht werden. Zum Manöverieren und Umsteuern dient dieselbe Einrichtung, doch ist dabei für Rückwärtsgang ein besonderer Nockenantrieb vorzusehen.

Die stationäre Dieselmaschine wurde, was ihre Bauteile anlangt, unter Anlehnung an die Formen der Gasmaschine entwickelt. So wurde der übliche Tauchkolben auch hier benützt und ist für stationäre Zwecke heute fast allgemein in Anwendung, wenn auch von wenigen Firmen ein Kreuzkopf zur Verwendung kommt. Für Schiffsmaschinen ist die Kreuzkopffrage von größerer Wichtigkeit, da von den meisten Marineingenieuren großes Gewicht auf Zugänglichkeit und bequeme Demontage gelegt wird. Für doppeltwirkende Maschinen ist der Kreuzkopf unentbehrlich, doch für einfachwirkende Zwei- und Viertaktmaschinen sind die Ansichten darüber geteilt. Der Hauptvorteil des Tauchkolbens besteht darin, daß bei seiner Verwendung die Maschine etwas niedriger und billiger ausfällt als mit Kreuzkopf. Möglich, daß in der weiteren Entwicklung der Tauchkolben auch für große Leistungen angenommen wird. Heute am Anfang der Entwicklung indes ist es zu empfehlen, beim Entwurf der Schiffsmaschinen den Bauteilen die Form zu geben, mit denen die Marineingenieure durch lange Erfahrung vertraut sind, und so hier im besonderen Fall den Kreuzkopf beizubehalten, der ohne Zweifel der Betriebssicherheit zugute kommt. Zugegeben, daß an Land die langen Tauchkolben wenig zu Klagen Veranlassung geben, Schiffsmaschinenpraxis ist eine andere Sache und Vorsicht schadet nichts. Beim Tauchkolben ist ein fressender Kolbenbolzen schwer zugänglich.

Für Schiffsdieselmaschinen großer Leistung, besonders solche der doppeltwirkenden Zweitaktbauart, müssen Kolben, Ventile und Lager gekühlt werden. Die Erfüllung dieser Forderung hat keine besonderen Schwierigkeiten, doch gehen die Ansichten über die anzuwendenden Mittel und Wege auseinander. Bei kleineren Viertaktmaschinen bewirkt die beim Kolbenspiel bewegte Luft oft schon eine genügende Kühlung. Die fast allgemein angenommene Methode ist jedoch Kühlung mit Wasser oder Öl. Ölkühlung ist der Wasserkühlung vorzuziehen, da austretendes Wasser sich oft mit dem Schmieröl mischt und dann die Schmierung beeinträchtigt. Aus diesem Grunde haben die meisten Firmen die Ölkühlung angenommen. Manche versuchen sogar große Maschinen ohne alle Kühlung laufen zu lassen, und dies wäre natürlich die beste Lösung.

Was die Notwendigkeit der Kühlung im allgemeinen anlangt, so steht die Dieselmaschine in dieser Hinsicht besser als andere Verbrennungskraftmaschinen da, da bei ihr die Zeitdauer der Wärmeabführung durch das Kühlwasser länger und die Temperatur der Wände des Verbrennungsraums niedriger ist wie dort. Die Auspuffventile können, wenn nötig, bequem durch das aus dem Zylinderdeckel austretende Kühlwasser gekühlt werden. Das Wasser tritt zuerst in den Hohlraum der Spindelführung. Von da durch die Ventilspindel selbst nach dem hohlen Ventilteller und steigt von dort in einem Rohr innerhalb der Spindel auf, um abzufließen. Für kleinere Ventilabmessungen ist oft überhaupt keine oder nur eine Kühlung der Spindelführung notwendig. Die Umdrehungszahl der Maschine ist dabei von maßgebendem Einfluß. Über 250 Umdrehungen in der Minute ist meist Kühlung vorzusehen. Was die Kühlung der Hauptlager anbelangt, so fließt bei Druckschmierung das zur Schmierung und Kühlung verwendete Öl durch einen gemeinsamen in der Grundplatte angeordneten Kühler. Findet für die Lager Wasser- statt Ölkühlung Anwendung, so erfolgt der Wasserzu- und -abfluß durch Rohrverbindungen mit der Hauptkühlwasserleitung.

Große Aufmerksamkeit hat man beim Entwurf der Zweitaktmaschinen den Einrichtungen zur Herstellung der Spülluft zugewendet, und die Frage ist besonders für doppeltwirkende Maschinen von besonderer Wichtigkeit. Da die Spülpumpe ein so wesentlicher Bestandteil der Maschine ist, finden sich beim einfachwirkenden Zweitakt für 6 oder 8 Zylinder mindestens 2 Spülpumpen, während für doppeltwirkende Zweitaktmaschinen zweckmäßigerweise für jeden Zylinder eine Spülpumpe zur Ausführung gelangt, eine Anordnung, die möglicherweise allgemeine Anwendung finden wird. Für den Fall, daß bei einfachwirkendem Zweitakt 2 Spülpumpen zur Ausführung gelangen, wird jede Pumpe so bemessen, daß sie für etwa 60% oder mehr der Gesamtleistung der Maschine ausreicht, so daß der Ausfall einer der beiden Pumpen nicht zu fühlbar wird. Die Maschine ist ebenfalls manchmal in zwei Teile geteilt, d. h. eine Sechszylindermaschine in zwei Dreizylindermaschinen. Jede Spülpumpe versorgt dabei eine der beiden Hälften. Die Spülpumpen für doppeltwirkende Maschinen arbeiten an der Verlängerung der Kurbelwelle in einer Reihe mit den Arbeitszylindern. Dies kann so geschehen, daß auf jeder Seite der Maschine die Hälfte der Anzahl der Pumpen zu sitzen kommt. Durch entsprechende Anordnung der Kurbeln wird dabei ein gleichmäßiges Drehmoment erreicht. Es sind jedoch auch andere Anordnungen nicht ausgeschlossen. Bei einfachwirkenden Maschinen können die Spülpumpen entweder von der Kurbelwelle aus oder durch schwingende Hebel vom Kreuzkopfzapfen oder der Pleuelstange aus angetrieben werden und in diesem Fall an der Längsseite der Maschine Platz finden. Diese Anordnung erlaubt es, die Kurbelwelle in zwei gegeneinander austauschbaren Hälften auszuführen und verleiht nebenher der ganzen Maschine mehr das Aussehen einer Dampfmaschine, ein Punkt, der, wenn auch unwesentlich, immerhin Berücksichtigung verdient. Wenn auch für Zweitaktmaschinen die Ausführung von mindestens zwei Spülpumpen empfehlenswert ist, so sind doch bereits Maschinen bis 1000 PSe ausgeführt, wo nur eine einzige Pumpe vorhanden ist, die in diesem Falle mit den Arbeitszylindern in einer Reihe angeordnet wird.

Beim Entwurf der Spülpumpe ist vor allem für genügende Spülluftlieferung zu sorgen. Es ist dabei aber etwas schwierig genau anzugeben, in welchem Verhältnis das Volumen des Spülpumpenzylinders zu dem Hubvolumen des Arbeitszylinders stehen soll. Daß ersteres größer als letzteres sein muß, wird allgemein angenommen. Für gewöhnliche Schiffsmaschinen und langsamlaufende Maschinen für stationäre Zwecke wird das Volumen der Spülpumpe etwa 25% größer als das des zugehörigen Arbeitszylinders gewählt, bei schnellaufenden Maschinen mag der Unterschied 50% betragen. Die Spülluft tritt nicht unmittelbar aus der Pumpe in den Zylinder, sondern passiert erst einen Aufnehmer mäßiger Abmessungen, der zum Druckausgleich dient. Bei den meisten bisher gebauten Schiffsmaschinen wird die Spülluft durch Ventile im Zylinderdeckel eingelassen, die wie die Ein- und Auslaßventile der Viertaktmaschinen durch Nocken und Hebel betätigt werden. Fig. 49 zeigt die Anordnung der Gebr. Sulzer, Winterthur. Die Spülluftventile sitzen hier, eines auf jeder Seite des Brennstoffventils, im Zylinderdeckel. In der ersten Abbildung der Fig. 49 steht der Kolben im oberen Totpunkt und das Brennstoffventil ist geöffnet, in der zweiten sind die Auspuffschlitze vollkommen geöffnet und die Gase werden durch die eintretende Spülluft ausgetrieben. In der dritten findet Kompression statt.

Für Maschinen größerer Leistung sind Ventile wegen ihrer notwendigerweise großen Abmessungen unbequem. Aus diesem Grund sind neuerdings Schlitze anstatt Ventile zur Anwendung gelangt. Bei dieser Anordnung befinden sich zwei Reihen Schlitze am unteren Ende des Zylinders, eine dient als Auspuff, die andere zum Einlassen der Spülluft, eine Anordnung, die möglicherweise für Schiffsdieselmaschinen in der Zukunft allgemeinere Verwendung finden wird. Ihr Vorteil liegt in der Einfachheit und Betriebssicherheit, doch bestehen heute noch einige Zweifel darüber, ob die Spülung bei dieser Anordnung ebenso wirksam als bei der Verwendung von Ventilen im Deckel durchgeführt werden kann. Bei Verwendung von Spülschlitzen sind dann nur zwei (in einigen Fällen nur eins) Ventile für jeden Zylinder vor-

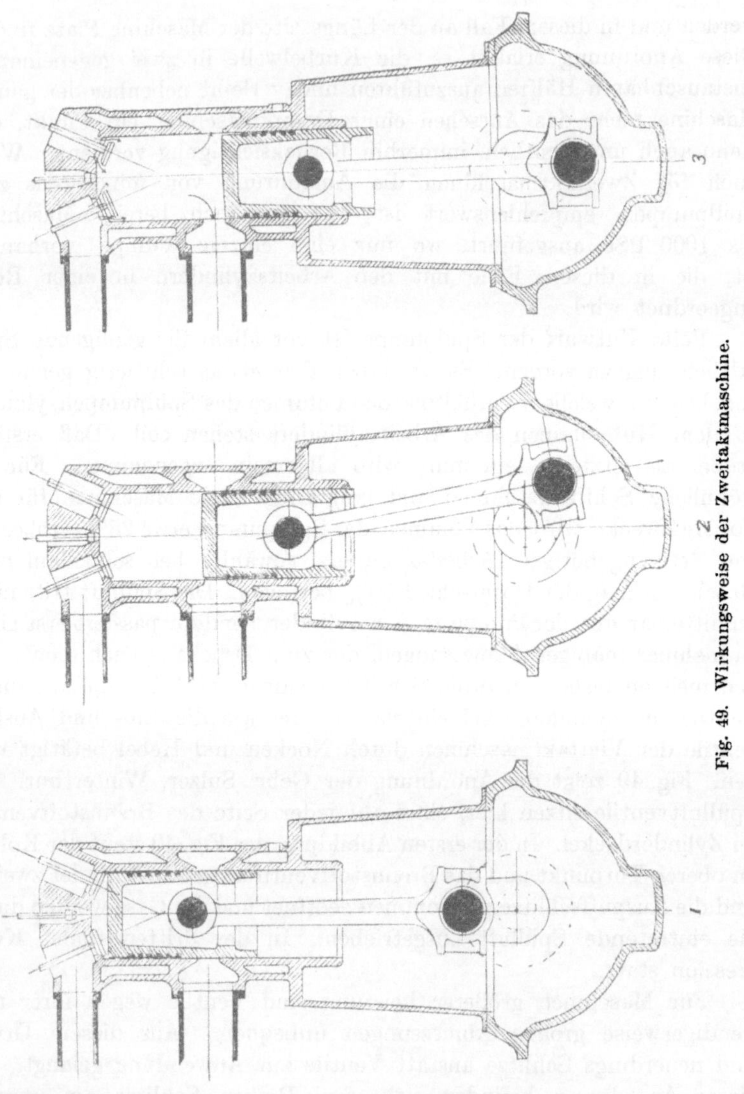

Fig. 49. Wirkungsweise der Zweitaktmaschine.

handen, Brennstoff- und Anlaßventil. Bei der Umsteuerung sind dann nur zwei oder gar nur ein einziger Nocken zu verstellen.

Fig. 50 zeigt die Anordnung der Schlitze, wie sie beim Polarmotor der Aktiebolaget Diesels Motorer, Stockholm, zur Ausführung kommt. *A* sind die Auspuff-, *B* die Spülschlitze. Die Form des Kolbenbodens und die Lage der Schlitze ist derart gewählt, daß beim Abwärtsgang des Kolbens die Auspuffschlitze etwas früher als die Spülschlitze geöffnet werden, so daß ein Teil der Verbrennungsgase bereits ausgetreten und der Druck bedeutend gefallen ist, ehe die Spülluft eintritt. Die Formgebung des Kolbenbodens begünstigt die Spülluftführung. Beim Aufwärtsgang werden die Spülschlitze zuerst geschlossen.

Aus der Abbildung, die ungefähr das Längenverhältnis der Schlitze wiedergibt, erkennt man, daß die Zeitdauer der Spülung kurz ist und daher die Luftgeschwindigkeit groß sein muß. Dies verlangt einen hohen Druck der Spülluft und damit gesteigerte Arbeitsleistung für die Pumpe. Ein geringerer Druck der Spülluft verlangt größere Abmessungen der Ventile und Rohrleitungen und größere und schwerere Arbeitszylinder. Der Druck der Spülluft ist meist 0,2—0,6 kg/qcm, je nach der Umdrehungszahl.

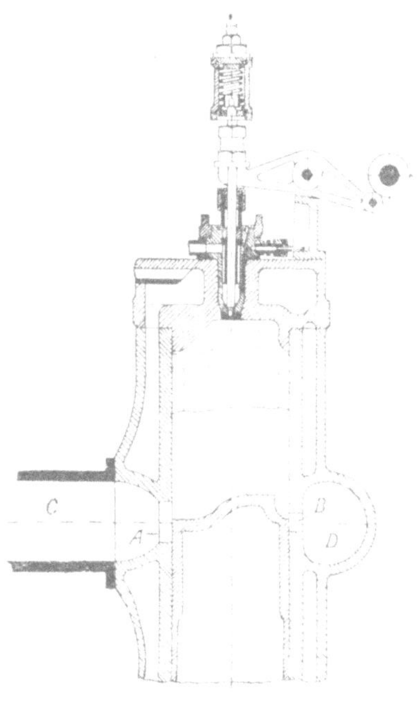

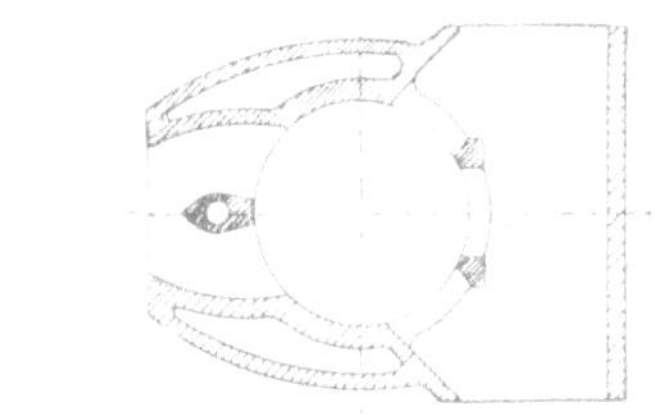

Fig. 50. Zweitaktmaschine mit Spülschlitzen der Actiebolaget Diesels Motorer, Stockholm.

Die Strecke in der Zylinderwand, die von den Schlitzen eingenommen wird, ist für die Arbeitsleistung nicht nutzbar zu machen. deshalb ist das Zylindervolumen der Zweitaktmaschine verhältnismäßig größer als das der Viertaktmaschine, und es ist unmöglich, aus einer Zweitaktmaschine die doppelte Arbeitsleistung zu erhalten, wie aus einer Viertaktmaschine gleicher Abmessungen. Annähernd sind 25% des Zylindervolumens in einer Zweitaktmaschine nicht zur Arbeitsleistung heranzuziehen.

Umsteuerung. Die Frage der Umsteuerung hat keine besonderen Schwierigkeiten, da nur kleine Änderungen nötig sind, um die Maschine in jeder Richtung laufen zu lassen. Notwendig ist hierzu, daß die Ventile im Verhältnis zur Kolbenstellung zu anderen Zeiten in Wirkung treten und dies hängt nur von der Stellung der Nocken ab. Bei der Viertaktmaschine müssen Auslaß-, Einlaß-, Brennstoff- und Anlaßventil zu anderen Zeiten öffnen als vorher. Bei den Zweitaktmaschinen mit ihren Auspuffschlitzen sind nur Spülventile, sowie Brennstoff- und Anlaßventil davon betroffen, für die Verwendung von Spülschlitzen sogar nur

Brennstoff- und Anlaßventil. Bei einigen Bauarten umsteuerbarer Maschinen wird das Anlassen durch die Spülpumpe besorgt, so daß dann nur ein Nocken beim Umsteuern zu betätigen ist. Man erkennt daraus den Vorteil der Zweitakt- gegenüber der Viertaktmaschine in ihrer für den Schiffsbetrieb so überaus erwünschten Einfachheit.

Für Schiffsmaschinen kommt ebenfalls die bei stationären Maschinen gebräuchliche horizontale Nockenwelle zur Anwendung. Im allgemeinen finden sich zwei Methoden der Umsteuerung. Bei der ersten müssen zwei verschiedene Nockenreihen vorhanden sein, d. h. für jeden Ventilhebel ein Nocken für Vorwärts- und einer für Rückwärtsgang. Diese beiden Nockenreihen sind entweder auf einer einzigen Welle angeordnet, wobei diese beim Umsteuern in ihrer Längsrichtung verschoben wird, oder jede Nockenreihe ist auf ihrer eigenen Welle aufgesetzt derart, daß eine Welle für Vorwärts-, die andere für Rückwärtsgang dient. Die zweite Methode der Umsteuerung besteht darin, daß die Nockenwelle um einen bestimmten Winkel gedreht wird, während die Kurbelwelle in Ruhe bleibt, so daß nunmehr die Ventile durch die Nocken zu anderen Zeiten relativ zur Kolbenstellung betätigt werden, als vorher beim Vorwärtslauf.

Hilfsmaschinen für Dieselmaschinenschiffe. Bei Aufnahme einer neuen Bauart von Schiffsmaschinen darf die Frage des Antriebs der Hilfsmaschinen nicht aus den Augen gelassen werden. Die Wichtigkeit der Aufgabe erkennt man aus der Tatsache, daß die Leistung der Hilfsmaschinen oft 20—25% der Leistung der Hauptmaschine ausmacht. Seit mehreren Jahren geht man darauf aus, die durch Dampf angetriebenen Hilfsmaschinen durch elektrisch angetriebene zu ersetzen. Diese haben die Vorteile sparsameren Betriebes, leichter Handhabung, keiner Verluste und unterliegen nicht der Gefahr des Einfrierens. Die Verwendung der Elektrizität zum Antrieb sämtlicher Hilfsmaschinen scheint deshalb für größere Fahrzeuge die endgültige Lösung dieser Frage zu sein und kommt auch tatsächlich auf einigen der im Bau befindlichen Dieselmaschinenschiffe zur Ausführung. Dieselmaschinen werden hier zum Antrieb der Dynamomaschinen verwendet und ihre Wirtschaftlichkeit verglichen mit der Dampfmaschine eröffnet ihnen hier ein weites Feld.

Für alle Dieselmaschinenschiffe muß ein zweiter Luftkompressor, außer dem von der Hauptmaschine angetriebenen, vorgesehen werden. Dies ist notwendig, da beim Manöverieren sehr viel Luft gebraucht wird, und außerdem das Fahrzeug hilflos wäre, sofern der von der Hauptmaschine angetriebene Kompressor in Unordnung gerät und keine Reserve vorhanden ist. Angenommen, die Hauptmaschine mache abwechselnd einige Umdrehungen und stoppe für einige Minuten, um dann vielleicht umgesteuert zu werden. Man erkennt, daß der von ihr angetriebene Kompressor die für diesen Fall verlangte Druckluft zu gleicher Zeit nicht herzustellen imstande ist. Es kann sogar nötig werden, bei sehr langsamem Gang die ganze Maschine mit Druckluft zu treiben und schon aus diesem Grunde muß ein Kompressor mit großer Leistung getrennt von ihr aufgestellt werden. Erfahrung wird

Fig. 51. Kompressor mit Antrieb durch Dampfmaschine von Reavell.

zu entscheiden haben, von welcher Leistung dieser Kompressor sein muß, gegenwärtig wird seine Leistungsfähigkeit meist etwa $^1/_2$—$^3/_4$ des von der Hauptmaschine angetriebenen gewählt.

Sofern Dampf zum Antrieb der Winden, Rudermaschine oder anderen Hilfsmaschinen vorgesehen ist, wird der zweite Kompressor meist von einer Dampfmaschine angetrieben. Fig. 51 zeigt einen derart angetriebenen Kompressor, gebaut von Reavell & Co., Ipswich, England. Fig. 52 stellt einen Kompressor ähnlicher Bauart dar, der für eine Schiffsdieselmaschinenanlage von 1000 PSe Leistung geliefert wurde. Auf Schiffen, wo kein Dampf zur Verfügung steht, werden diese Kompressoren zweckmäßig durch kleinere Dieselmaschinen angetrieben.

Abgesehen von dem zum Manövrieren gebrauchten Kompressor ist es wünschenswert, einen weiteren Kompressor kleinerer Abmessungen zu besitzen, der imstande ist, die Luftgefäße der Hauptmaschine aufzufüllen, falls deren Luft entwichen sein sollte. Dies mag für längere Ankerzeit oder Außerbetriebssetzung des Fahrzeugs der Fall sein. Sein Antrieb erfolgt durch Dampfmaschine, Elektromotor oder eine kleine Ölmaschine irgendwelcher Bauart.

Für sehr große Dieselmaschinenschiffe, wie diese voraussichtlich in nächster Zukunft verlangt werden, werden für die Hauptmaschine von ihr unabhängige Kompressoren großer Leistung verlangt. Sie werden von besonderen Maschinen angetrieben. Fig. 53 zeigt einen derartigen für eine Dieselmaschine von 10000 PSe Leistung bestimmten Kompressor, gebaut von Reavell & Co. Er ist von stehender, dreistufiger Bauart, bei der Ventile in der Zwischenstufe vermieden sind, wie dies bereits im dritten Abschnitt beschrieben wurde. Im Gegensatz zu der sonst üblichen Bauart sind hier alle drei Stufen über der Kurbelwelle angeordnet. Der Kompressor wird von einer Dampfmaschine angetrieben, die bei 250 Umdrehungen in der Minute 1000 PSe leistet und liefert 70 000 l Luft in der Minute bei einem Druck von 85 kg/qcm. Maschinen dieser Art sind für die größten gegenwärtig im Bau befindlichen Dieselmaschinen bereits ausgeführt.

Für kleinere Fahrzeuge ist die Druckluft ein geeignetes Treibmittel für die Hilfsmaschinen. Für den Betrieb der im Maschinenraum aufgestellten Hilfsmaschinen kann die Antriebsmaschine des zweiten Kompressors zum Betrieb herangezogen werden. Dieser Weg ist auch bereits in einigen Fällen beschritten worden, wobei die Lichtmaschine und einige Pumpen von ihr betrieben werden, während als Treibmittel für die Rudermaschine und Hilfsmaschinen an Deck Druckluft dient.

Mit Rücksicht darauf, daß soviel gute Erfahrung mit durch Dampf betriebene Hilfsmaschinen, besonders Lösch- und Ladewinden und Rudermaschinen, vorliegt, wurde vorgeschlagen, diese Antriebsart auch auf Dieselmaschinenschiffen beizubehalten. Dieser Vorschlag wurde von Richardson, Westgarth & Co. Ltd., Middelsborough, für ein Schiff von 3000 t Wasserverdrängung angenommen, das von einer Dieselmaschine von 1000 PSe Leistung angetrieben wird. Die Einrichtung verlangt jedoch die Anordnung eines besonderen Dampf-

Fig. 52. Kompressor mit Antrieb durch Dampfmaschine für Schiffsanlage.
A = Wasseraustritt, *B* = Auspuff, *C* = Druckluft, *D* = Drehrichtung, *E* = Wassereintritt.

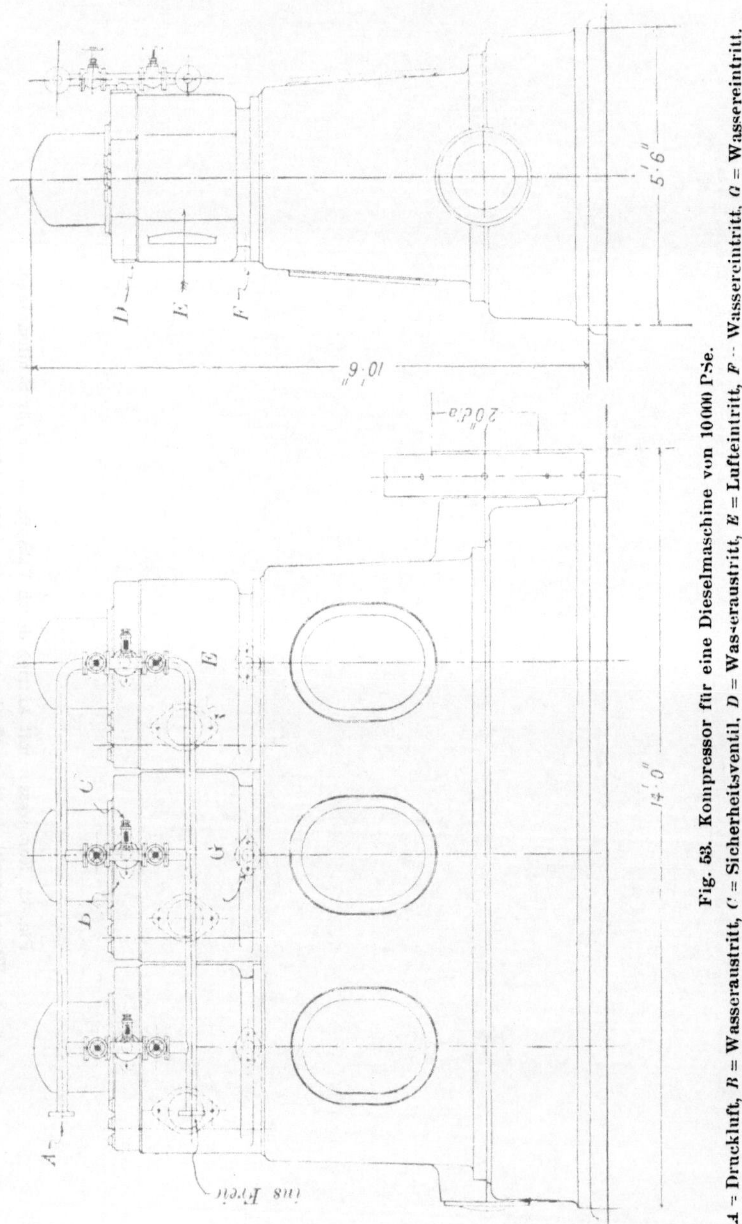

Fig. 53. Kompressor für eine Dieselmaschine von 10000 PSe.

A = Druckluft, B = Wasseraustritt, C = Sicherheitsventil, D = Wasseraustritt, E = Lufteintritt, F = Wassereintritt, G = Wassereintritt.

kessels, der mit einer Ölfeuerung versehen oder zu dessen Heizung die Auspuffgase der Hauptmaschine verwendet werden können. Letztere Feuerungsart hat indes wenig Aussicht auf Erfolg, da die in den Auspuffgasen der Hauptmaschine entweichende Wärmemenge kaum zur Erzeugung des Dampfes für Vollast sämtlicher Hilfsmaschinen ausreicht, mag aber immerhin dort zur Anwendung kommen, wo der Dampfbetrieb keinen besonders großen Umfang hat. Für Hafenliegezeit, wo die Lösch- und Ladewinden gebraucht werden und die Hauptmaschine außer Betrieb ist, wird der Kessel mit Öl gefeuert.

Die Beibehaltung der mit Dampf betriebenen Hilfsmaschinen, unter Anwendung eines Hilfsdampfkessels, dürfte jedoch wenig Verbreitung finden und mag als eine vorübergehende Maßnahme betrachtet werden. Gegen die Anwendung eines Hilfskessels wird dabei geltend gemacht, daß für die Fahrt auf offener See Dampf nur für die Rudermaschine gebraucht wird, da Bilgepumpen unmittelbar von der Hauptmaschine aus angetrieben werden können.

Rudermaschine und Bilgepumpen müssen jedoch beim Druckluftantrieb auch dann betriebsbereit sein, wenn die Hauptmaschine, deren Kompressor bis dahin die zum Antrieb nötige Luft lieferte, aus irgendeinem Grund stillgesetzt werden muß. Für diesen Fall ist von Reavell & Co. Ltd. eine Einrichtung auf den Markt gebracht, die den Namen „Duplex Pressure System“ führt. Hier liefert ein von der Hauptmaschine angetriebener Kompressor die zum Betrieb der Rudermaschine üblicher Bauart nötige Luft. Es wird dabei Druckluft von zwei verschiedenen Drücken erzeugt, die Niederdruckluft dient als Treibmittel für die Rudermaschine, die Hochdruckluft wird aufgespeichert. Die Einrichtung ist derart getroffen, daß die Hochdruckstufe während der ganzen Reise unbelastet ist, sofern nicht Hochdruckluft in größerer Menge als gewöhnlich verlangt wird. Ein Regler setzt den Kompressor außer Wirkung, sofern er mehr Luft liefert als die Rudermaschine benötigt.

Diese Einrichtung erlaubt den Dampfkessel während der Reise von einem zum anderen Hafen außer Betrieb zu setzen. Um auch die übrigen an Deck befindlichen Hilfsmaschinen betriebsbereit zu halten, hat man dann nur das Dampfventil zwischen ihnen und dem Kessel zu schließen und das Luftventil nach dem Kompressor zu zu öffnen. Nebenher läßt man zweckmäßig während der ganzen Reise einen Teil der Auspuffgase durch den Hilfskessel streichen, um sein Wasser auf dem Siedepunkt zu halten und mit Hilfe der Ölfeuerung dann im Notfall in kurzer Zeit Dampf aufmachen zu können.

Tatsächlich ist heute im Schiffsbetrieb keine Art von Hilfsmaschine in Verwendung, die nicht bereits zu voller Zufriedenheit mit Elektrizität als Treibmittel gearbeitet hätte, und deshalb ist es in Dieselmaschinenschiffen, wo Dampf in der sonst üblichen Weise nicht verfügbar ist, nur eine Frage der Zeit, bis alle Hilfsmaschinen, die nicht von der Antriebsmaschine des zweiten Kompressors aus betrieben werden können, ihren Antrieb von der Hauptdynamo aus erhalten. Ob diese zweckmäßig von einer weiteren Dieselmaschine oder von der Antriebsmaschine des Kompressors angetrieben wird, hängt von der Größe des Fahrzeugs und der dieser entsprechenden Hilfsmaschinenleistung ab. Da indes der zweite Kompressor meist für lange Zeiträume außer Betrieb ist, kann die Geldfrage auch bei großen Fahrzeugen für den Antrieb von Kompressor und Dynamo durch ein und dieselbe Maschine ausschlaggebend sein.

Es mag hier das erste in England gebaute mit einer Dieselmaschine ausgerüstete Wasserfahrzeug Erwähnung finden. Es war ein Schlepper mit eigenem Laderaum, gebaut für die Leeds and Liverpool Canal Company zum Betrieb auf deren Kanal. Der Schlepper wurde im Jahre 1904 nach dem Entwurf und unter der Leitung des beratenden Ingenieurs der Gesellschaft, Lewis A. Smart, London, erbaut, der ihn auch einer eingehenden Prüfung für Viertel-, Halb- und Vollast, ein oder zwei Kähne im Schlepp, unterzog. Die Abmessungen waren: Länge 18,3 m, Breite 4,1 m, Tiefgang 1,15 m, für eine Last von 30 t Ladung und 650 kg Treiböl. Der Schiffskörper hatte genau dieselben Abmessungen und Linien wie die von Verbundmaschinen angetriebenen zahlreichen Schlepper der Gesellschaft, deren Betriebskostenziffern daher bequem zum Vergleich mit denen des Dieselmaschinenfahrzeugs herangezogen werden konnten. Die Dieselmaschine war eine einfachwirkende Zweizylinder-Viertaktmaschine stationärer Bauart mit 210 mm Bohrung und 340 mm Hub. Sie leistete bei 240 Umdrehungen in der Minute etwa 35 PSe. Der Versuch unter voller Ladung zeigte, daß für einen Preis des Treiböls von 40 M. für die Tonne und eine Geschwindigkeit von 5,25 km in der Stunde die Brennstoffkosten unter 0,08 Pf. für den Tonnenkilometer blieben. Die Wassertiefe im Kanal war dabei die gewöhnliche. Der praktische Betrieb bestätigte im weiteren Verlauf diese Ziffer. Die Geschwindigkeit war die höchste im Kanal erlaubte und ein wenig größer als die der Dampffahrzeuge. Der Kanal hatte einen Wasserquerschnitt von 17,6 qcm. Bei dem Versuch für halbe Ladung ergaben sich die Brennstoffkosten für den Tonnenkilometer zu 0,11 Pf., für Viertelladung stiegen sie auf 0,21 Pf. für den Tonnenkilometer. Der Brennstoffverbrauch betrug dabei 190, 205, 220 g für die PSe-Stunde, je nach der Belastung. Es war von Interesse, daß dabei die indizierte Leistung der Maschine nahezu gleichbleibend war und die Geschwindigkeit im umgekehrten Verhältnis zur Ladung stand. Ein Vergleich dieser Betriebsergebnisse mit den Verbrauchsziffern der Dampfschlepper, unter deren Kesseln Koks zum

Preis von 9 M. die Tonne zur Verwendung kam, zeigte, daß die Brennstoffkostenrechnung der Dieselmaschine nur etwa 35% derjenigen der Dampfmaschine betrug, und dies galt annähernd für alle Schleppleistungen. Das Umsteuern der Dieselmaschine erfolgte mittels einer Kupplung und es zeigte sich ihre bis dahin noch wenig bekannte Eigenschaft eines auch unter wechselnder Umdrehungszahl wirtschaftlichen Betriebes. Die Maschine arbeitete zufriedenstellend zwischen 60 und 270 Umdrehungen in der Minute.

Siebenter Abschnitt.

Bauarten der Dieselmaschine für Schiffsantrieb.

Zweitaktmaschine: Schweizer Bauart. — Schwedische Bauart. — Deutsche Bauart. — Viertaktmaschine: Holländische Bauart. — Deutsche Bauarten.

Zweitaktmaschine: Schweizer Bauart. Die einfachwirkende Zweitaktbauart ist diejenige, die für den Schiffsantrieb die allgemeinste Verwendung gefunden hat. Bei der Schiffsmaschine zeigt sich dabei eine größere Verschiedenheit der einzelnen Bauarten als bei stationären Maschinen, wegen der Anpassung an eine Vorrichtung zur Umsteuerung und Veränderung der Umdrehungszahl. Die Schiffsdieselmaschine der Gebrüder Sulzer, Winterthur, ist eine einfachwirkende Zweitaktmaschine. Sie wird in Vier- oder Sechszylinderausführung hergestellt und besitzt ein kleines Schwungrad. Die Zylinder werden von Säulen anstatt eines Gestelles getragen und das Kurbelgehäuse ist durch leicht abnehmbare Deckel gut zugänglich. Spülventile, Brennstoff- und Anlaßventil sind im Zylinderdeckel angeordnet, derart, daß ein Spülventil auf jede Seite des Brennstoffventils zu sitzen kommt, wie man dies aus Fig. 54 erkennt. Es kommen dabei, trotz der großen Menge zu fördernder Spülluft, verhältnismäßig kleine und leichte Spülventile zur Verwendung. Bei den neuesten Ausführungen der Firma, besonders für Frachtschiffe, sind jedoch keine Spülventile, sondern Spülschlitze am unteren Ende des Zylinders verwendet.

Die in Fig. 54 wiedergegebene Maschine zeigt eine doppeltwirkende Spülpumpe in einer Reihe mit den Arbeitszylindern, deren Kolbendurchmesser beinahe doppelt so groß als der der Arbeitszylinder ist. Die Spülluft wird in den langgestreckten, auf der Rückseite der Maschine angeordneten Behälter gefördert und gelangt von dort durch die Spülventile in die Zylinder. Die Verbrennungsgase entweichen durch längliche, am unteren Zylinderrande über dessen ganzen Umfang verteilte Schlitze und eine gemeinsame Auspuffleitung nach dem Auspufftopf. Zur Erzeugung der Druckluft zum Anlassen und Manövrieren sowie zum Einblasen des Brennstoffs ist ein zweistufiger Kompressor vorgesehen. An einigen Maschinen sind die Kompressoren an der Vorder- oder Rückseite der Spülpumpen angeordnet und werden dann durch schwingende Hebel von den Pleuelstangen aus angetrieben. Die Kompressorzylinder sind wassergekühlt, ebenso die Luft während ihres Übertritts von der Niederdruck- zur Hochdruckstufe.

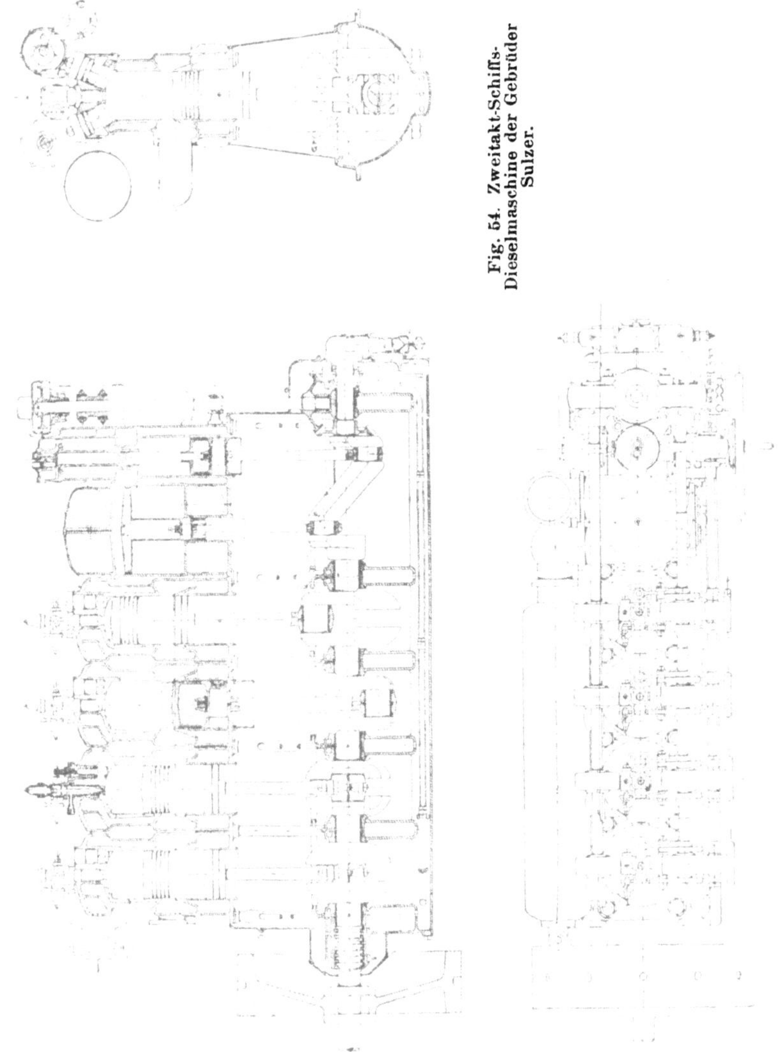

Fig. 54. Zweitakt-Schiffs-Dieselmaschine der Gebrüder Sulzer.

Ein langer Tauchkolben kommt zur Verwendung. Er erfüllt gleichzeitig die Aufgabe eines Kreuzkopfes und wird bei größeren Maschinenleistungen mit Wasser oder Öl gekühlt. Sämtliche Hauptlager besitzen Druckschmierung. Die dafür nötigen Pumpen werden gleichzeitig mit der Kühlwasserpumpe von der Kurbelwelle aus angetrieben. Das

Drucklager ist hier als ein Teil der Maschine selbst ausgebildet, mag jedoch für größere Leistungen ebensogut von ihr getrennt werden.

Anlassen und Umsteuern erfolgt durch Druckluft. Die Nocken-

Fig. 55. 400 PSe-Zweitakt-Schiffs-Dieselmaschine der Gebrüder Sulzer.

welle und mit ihr die Nocken werden durch Betätigung eines Handrades in Vorwärts- und Rückwärtsstellung gebracht. Eine weitere Drehung des Rades bringt die Hebel der Anlaßventile und hierauf in gleicher Weise die Brennstoffventil- und Spülventilhebel mit den zugehörigen Nocken in Berührung, wobei die Anlaßventilhebel wieder von ihren Nocken abgehoben werden. Dies ist dadurch möglich, daß alle Ventilhebel, nach Fig. 54, exzentrisch gelagert sind. Die Maschine besitzt eine automatische Einrichtung zur Regulierung des Brennstoffs und der Einblaseluft während des Umsteuerns und außerdem ist ein

Fig. 56. Schiffs-Dieselmaschine der Gebrüder Sulzer.

Regler vorgesehen, der die Maschine verhindert, eine übermäßig hohe Umlaufszahl anzunehmen, sofern dies bei einem Bruch der Schraubenwelle eintreten sollte. Unter gewöhnlichen Verhältnissen wird die Umdrehungszahl an einem Handhebel eingestellt, der die Menge des von der Brennstoffpumpe nach dem Brennstoffventil geförderten Treiböls beeinflußt. Fig. 55 zeigt eine Schiffsmaschine der Gebrüder Sulzer

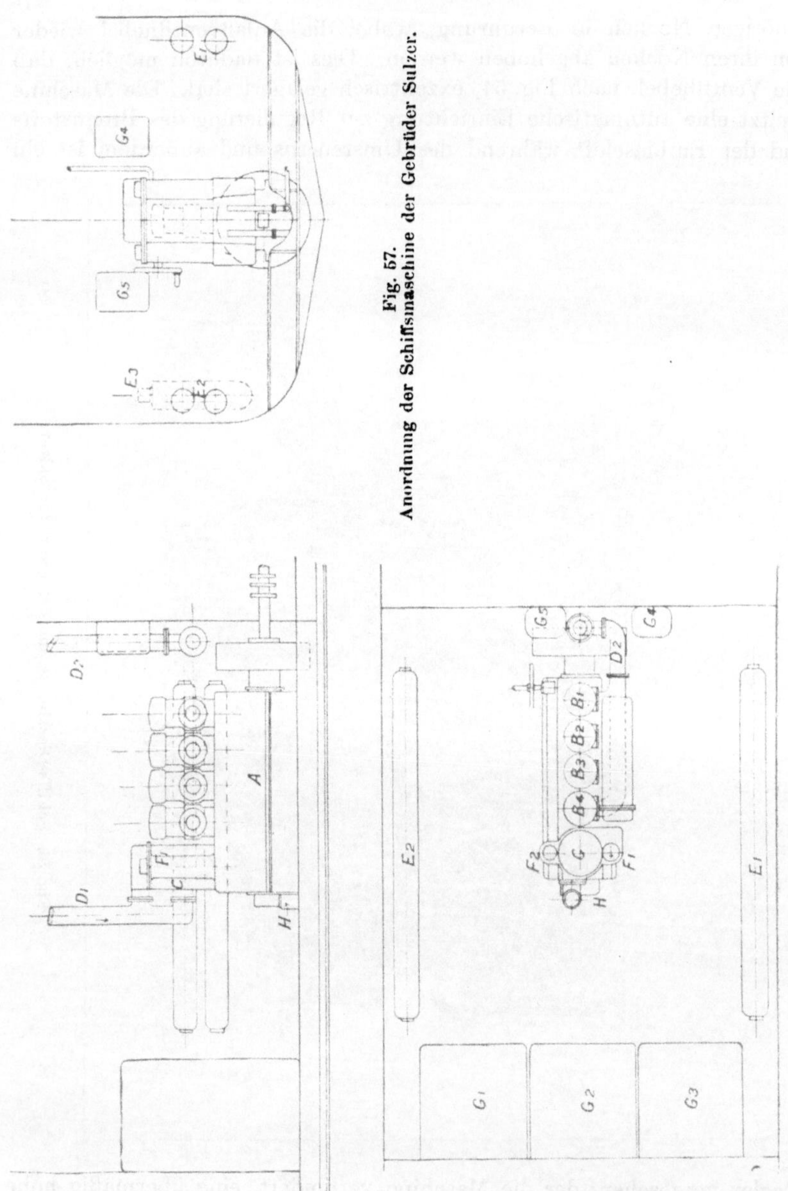

Fig. 57. Anordnung der Schiffsmaschine der Gebrüder Sulzer.

von 400 PSe Leistung. Zwei derartige Maschinen sind in die ,,Romagna" eingebaut, ein Doppelschraubenschiff von 58 m Länge, 8,5 m Breite und 100 t Wasserverdrängung. Fig. 56 zeigt eine Maschine etwas anderer Bauart derselben Firma. Das Steuerrad ist hier auf der Vorderseite der Maschine zu sehen. In beiden Fällen ist der Hebel zur Einstellung der Umdrehungszahl in seiner Nähe angeordnet. Fig. 57 zeigt die Anordnung einer solchen Maschine im Schiff, wobei bedeuten:

A die unmittelbar mit der Schraubenwelle gekuppelte Maschine,
$B_1 B_2 B_3 B_4$ deren Arbeitszylinder,
C die Spülpumpe,
D_1 die Saugleitung für Spülluft,
D_2 die Auspuffleitung,
E_1 die Druckluftgefäße zum Anlassen und Manövrieren,
E_2 die Druckluftgefäße zur Reserve,
E_3 die Druckluftgefäße zum Einblasen des Brennstoffs,
$F_1 F_2$ die Luftpumpen,
$G_1 G_2 G_3$ die Brennstoffbehälter,
$G_4 G_5$ die Brennstoff-Filtriergefäße,
H die Kühlwasserpumpe.

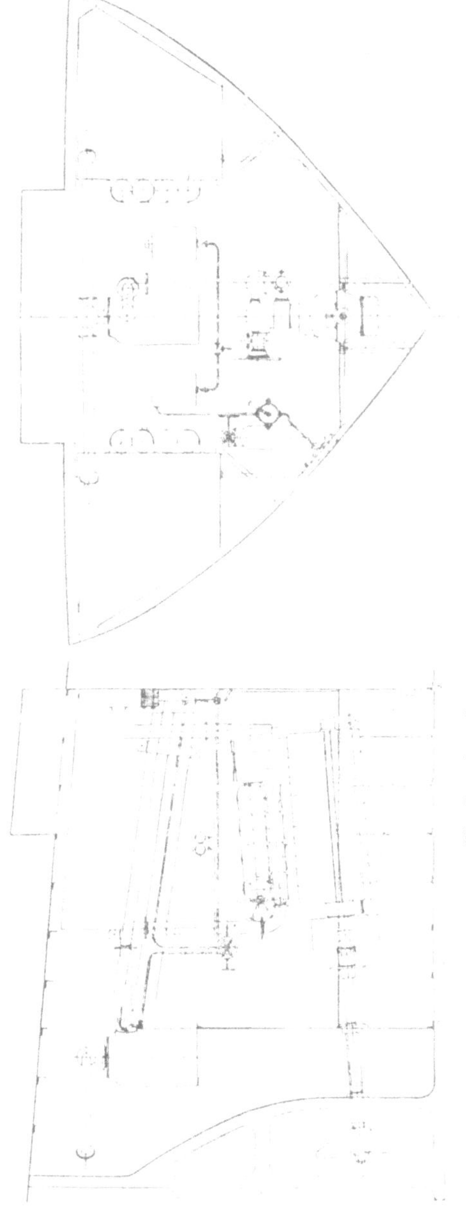
Fig. 58. Anordnung einer Schiffsmaschine mit Zubehör.

Dies ist die für kleinere Maschinen übliche Anordnung. Der Hilfsluftkompressor kann dabei an jedem dafür passenden Ort, inner- oder außerhalb des Maschinenraums, aufgestellt werden. Fig. 58 zeigt die Anlage einer kleinen Dieselmaschine als Hilfstriebkraft in einem Segelfahrzeug. Man erkennt, welch kleinen Raum Maschine und Hilfseinrichtungen einnehmen. Der Zweck der einzelnen Teile wird aus der vor-

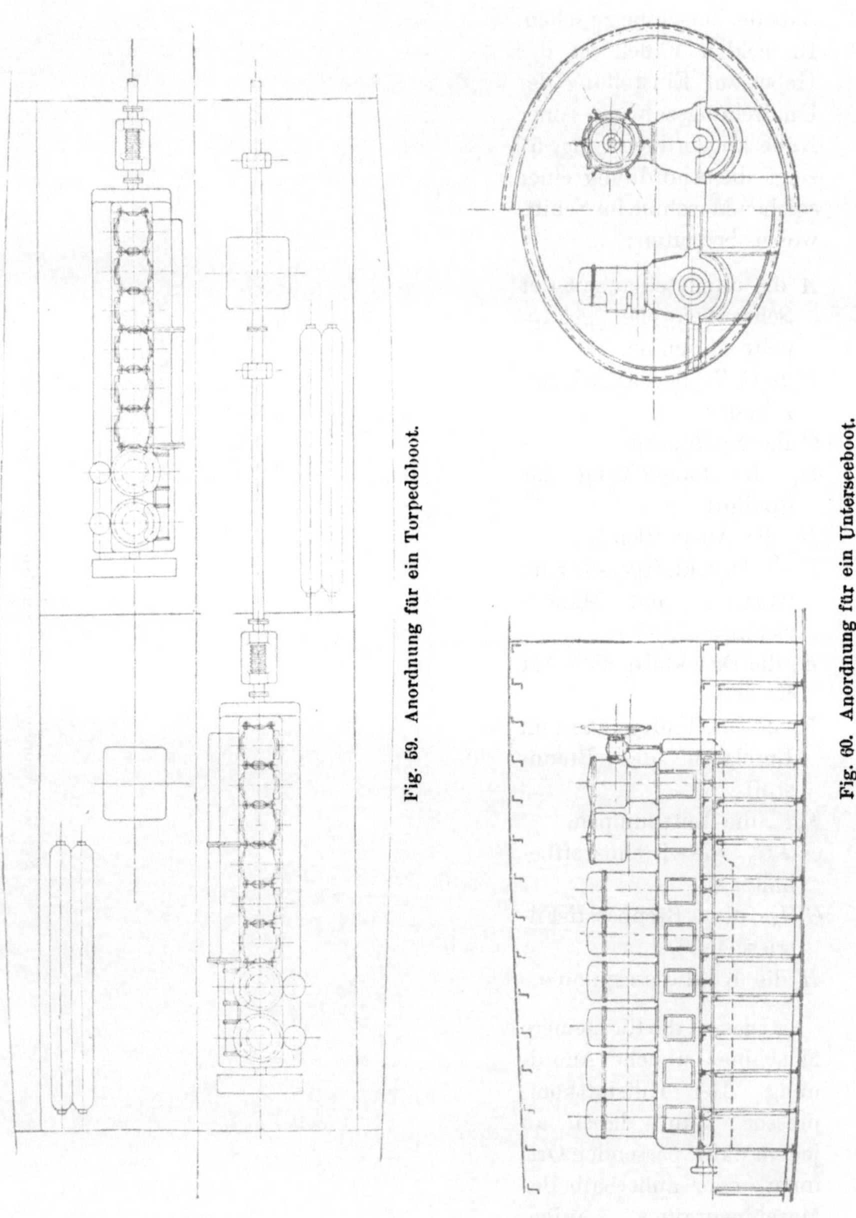

Fig. 59. Anordnung für ein Torpedoboot.

Fig. 60. Anordnung für ein Unterseeboot.

ausgehenden Beschreibung leicht erkannt werden. Die Bauart der Dieselmaschine, die von Gebrüder Sulzer für Untersee- und Torpedoboote zur Ausführung kommt, ist eine Sechszylindermaschine mit zwei Spülpumpen in einer Reihe mit den Arbeitszylindern und je einem

Fig. 61. 1000 PSe-Schiffs-Dieselmaschine von Carels frères, Gent.

Luftkompressor zur Erzeugung der Druckluft zum Anlassen und Einblasen des Brennstoffs auf der Vorderseite jeder Spülpumpe. Fig. 59 und 60 zeigen die Anlage für ein Torpedoboot und ein Unterseeboot.

Fig. 62. 1200 PSe-Schiffs-Dieselmaschine von Carels frères, Gent.

Im ersten Fall sind die Maschinen wegen der geringen Breite des zur Verfügung stehenden Raumes gegeneinander versetzt aufgestellt.

Die Maschine, die von Carels frères, Gent, entwickelt wurde, unterscheidet sich nicht wesentlich von den Maschinen der Gebrüder Sulzer. Sie ist eine einfachwirkende Zweitaktmaschine und hat bereits für große Leistungen Anwendung gefunden. Fig. 61 zeigt eine Maschine für Schiffsantrieb für eine Leistung von 1000 PSe mit vier Arbeitszylindern und einer Spülpumpe. Fig. 62 zeigt einen Zylinder einer direkt umsteuerbaren Schiffsmaschine, dessen Leistung 1200 PSe beträgt.

Schwedische Type. Einige Firmen benutzen die Zylinder der Spülluftpumpen zum Anlassen, Umsteuern und Manövrieren, wobei dann die Anlaßventile in den Zylinderdeckeln wegfallen. Eine Maschine dieser Bauart ist, sofern sowohl Auspuff- als Spülschlitze am unteren Zylinderende vorgesehen sind, bedeutend vereinfacht, da nur ein einziges Ventil im Zylinderdeckel, das Brennstoffventil, nötig ist, und daher die Umsteuervorrichtung außerordentlich einfach ausfällt. Die Aktiebolaget Diesels Motorer, Stockholm, hat Maschinen für Leistungen bis 2000 PSe nach dieser Bauart entwickelt. Die normale Bauart besitzt vier Arbeitszylinder und zwei Spülpumpen in einer Reihe mit diesen auf derselben Grundplatte. Während des gewöhnlichen Betriebes wird die Spülluft in den dafür vorgesehenen Aufnehmer gedrückt. Da die Pumpen doppeltwirkend und ihre Kurbeln in einem Winkel von 90° gegeneinander versetzt sind, ist die Luftförderung eine sehr gleichmäßige. Die Spülluft wird aus der Atmosphäre angesaugt und gelangt durch Schlitze, die der Kolben bei seinem abwärtsgerichteten Hube freilegt, in die Zylinder. Dabei ist der Druck der Spülluft etwa 0,3 kg/qcm Überdruck. Die Spülluft- oder, wie man sie auch nennen mag, Manöverierzylinder laufen während der Zeitdauer des Anlassens und Umsteuerns als Druckluftmaschinen, doch sind, da dies nur für zwei oder drei Umdrehungen nötig ist, die dabei an den Inhalt der Hochdruckluftbehälter gestellten Ansprüche keine besonders große. Diese beiden Behälter, von denen einer als Reserve dient, werden mittels eines am oberen Ende einer der Spülluftpumpen angesetzten Hochdruckluftkompressors gefüllt. Es ist die Einrichtung getroffen, daß bei fallendem Druck in den Behältern diese von der Pumpe aus selbsttätig aufgefüllt werden. Die Luft zum Einblasen des Brennstoffs wird von einem zweiten Kompressor geliefert und in einem besonderen Gefäß aufgespeichert. Für jeden Zylinder ist eine besondere Brennstoffpumpe vorgesehen. Das Brennstoffventil ist seiner Bauart nach auf S. 47 beschrieben worden und ist das von der Firma für stationäre Maschinen verwendete. Die Brennstoffpumpen arbeiten nach dem bekannten Verfahren, doch ist das Saugventil nicht vom Regler beeinflußt, da dieser fehlt. Die Pumpen sind durch Gelenkhebel betätigt, die ihren Antrieb von der Nockenwelle erhalten. Die Gelenkhebel sind exzentrisch auf einer drehbaren Welle gelagert, durch deren Drehung von Hand die relative Stellung der Hebel zur

Nockenwelle und damit die Öffnungsdauer des Saugventils beeinflußt wird. Zum Umsteuern ist eine zweite Reihe Nocken vorhanden, die durch Verschieben der Nockenwelle in ihrer Längsrichtung unter die Antriebshebel der Brennstoffventile gebracht werden kann. Die Ventile der Spülpumpe, die von Exzentern betätigt werden, werden dabei gleichzeitig umgesteuert. Ihre Exzenter zusammen mit den Antriebsexzentern für die Brennstoffpumpen sind auf eine getrennte wagrechte Welle aufgesetzt, die sich beim Umsteuern nicht verschiebt. Sobald der Umsteuerhebel in die „Zurück"stellung gebracht ist, liefern die Pumpen kein Öl mehr nach den Zylindern. Die Antriebshebel für die Brennstoffventile nehmen die Stellung für Rückwärtslauf ein, sobald die letzte vorhergehende Treibölladung eingeblasen ist. Dies wird dadurch erreicht, daß die Brennstoffventile von einem breiteren Nocken als die Pumpe betätigt werden, derart, daß sie noch einmal öffnen, nachdem die Pumpen bereits außer Wirksamkeit sind. Die Spülluftpumpen verzehren die Schwungradwucht, indem sie als Pumpen arbeiten, und wenn die Maschine zum Stillstand kommt, sind ihre Ventile in solcher Stellung, daß Druckluft in die Spülpumpen eintreten und diese als Motoren laufen können. Die Brennstoffpumpen führen dem Brennstoffventil gleich beim Anlassen Öl zu, so daß die Maschine zwei verschiedene Impulse erhält, den ersten von den als Motoren laufenden Spülpumpen, den zweiten etwas später durch das Brennstoffventil selbst. Diese Einrichtung trägt wesentlich zu einer raschen Beschleunigung der Triebwerksteile bei. Nachdem die Spülpumpen während einer oder zweier Umdrehungen als Motoren gelaufen haben, nehmen sie ihre Arbeit als Pumpen auf. Fig. 63 zeigt den Maschinenraum des „Toiler". Das Fahrzeug ist gebaut von Swan, Hunter and Wigham Richardson, Newcastle on Tyne, hat 2600 t Wasserverdrängung und ist mit zwei Maschinen dieser Bauart von je 180 PSe Leistung ausgerüstet. Fig. 64 zeigt die Anordnung des Maschinenraumes einer Vierzylindermaschine von 200 PSe Leistung. Auf dem „Toiler" werden Rudermaschine, Winden und Pumpen durch Druckluft betrieben, wofür ein besonderer von einer Dieselmaschine angetriebener Kompressor vorgesehen ist. Auf See, wo nur die Rudermaschine gebraucht wird, wird die für sie nötige Druckluft aus den Luftbehältern entnommen und der Hilfsluftkompressor stillgesetzt. Eingehende Versuche sind neuerdings an mehreren dieser Schiffsmaschinen zur Feststellung des Brennstoffverbrauchs ausgeführt worden. Die Ergebnisse sind bemerkenswert im Vergleich mit den an der gewöhnlichen Viertaktmaschine erreichten Ziffern. Der Unterschied im Brennstoffverbrauch gegenüber dieser ist sehr gering. Die Versuche wurden von verschiedenen Fachleuten an vier Zweitaktmaschinen der besprochenen Bauart, vor deren Einbau in die zugehörigen Fahrzeuge, vorgenommen, wobei die Leistung in

Additional information of this book

(Dieselmaschinen für Land- und Schiffsbetrieb,

978-3-642-49453-6; 978-3-642-49453-6_OSFO6) is provided:

http://Extras.Springer.com

jedem Fall durch eine Bremse, Bauart Heenan & Froude, vernichtet wurde. Für diese vier Maschinen ergab sich der Brennstoffverbrauch zu 211 — 210 — 201,6 — 196 g für die PSe-Stunde, im Durchschnitt zu 204,5 g für die PSe-Stunde, Ziffern, die nur wenig höher als die an Viertaktmaschinen erreichten sind. Sämtliche Maschinen waren normale Vierzylindermaschinen mit zwei als Manövrierzylinder ausgebildeten Spülpumpen in einer Linie mit den Arbeitszylindern.

Fig. 63. Maschinenraum des Toiler.

Deutsche Bauarten. Eine große Anzahl Zweitaktmaschinen für Schiffsbetrieb sind von Friedr. Krupp A.-G. Germaniawerft, Kiel-Gaarden gebaut worden, darunter eine Reihe für Unterseeboote der deutschen, italienischen, norwegischen und holländischen Kriegsmarine. Vor kurzer Zeit erhielt die Firma einen Auftrag auf vier Maschinen, die bei 140 Umdrehungen in der Minute je 1150 PSe und zwei Maschinen, die bei 125 Umdrehungen in der Minute je 1750 PSe leisten. Sämtliche Maschinen sind Zweitaktmaschinen schwerer Bauart und für Tankschiffe der Deutsch-Amerikanischen Petroleumgesellschaft bestimmt, die gleichfalls von der Firma gebaut werden. Für Leistungen bis 300 PSe führt die Firma ihre Schiffsmaschinen in leichter Bauart als Viertaktmaschinen aus. Bis Leistungen von etwa 100 PSe findet dabei die Umsteuerung durch ein Wendegetriebe, von da ab direkte Umsteuerung Anwendung. Fig. 65 zeigt eine direkt umsteuerbare Zweitaktmaschine der Germaniawerft von 850—1000 PSe Leistung in der Bauart, in der neuerdings eine größere Anzahl an die deutsche Marine für Unterseeboote geliefert wurde. Die gleiche Bauart findet für sämtliche schnellaufenden Schiffsmaschinen größerer Leistung Verwendung. Die sechs Arbeitszylinder sind in zwei gleiche Gruppen geteilt. Zwischen diesen, in der Maschinenmitte, sitzt der Kompressor, und an der Seite die zu jeder Gruppe gehörige doppeltwirkende Spülpumpe. Jede Pumpe versorgt drei Zylinder mit Spülluft. Auf diese Weise sind zwei vollständig unabhängige Maschinen in einer vorhanden, so daß für geringe Leistungen nur drei Zylinder zu arbeiten brauchen. Dies bringt die Möglichkeit einer bedeutenden Leistungsverminderung, wo diese verlangt wird, und eine erhöhte Manöverierfähigkeit und Brennstoffausnützung mit sich. Für den Auspuff sind Schlitze am unteren Zylinderende und für die Spülluft Ventile im Deckel vorgesehen. Das Kurbelgehäuse ist von vollkommen geschlossener Bauart. Auf beiden Längsseiten gestatten im Betrieb verschlossene Öffnungen Zugang zu den Lagern und Kurbeln.

Die Umsteuerung wird durch besondere Nocken für Vorwärts- und Rückwärtsgang bewirkt, die auf einer in ihrer Längsrichtung verschiebbaren Welle angeordnet sind. Durch Verschieben dieser Welle werden die Ventile das eine Mal von den „Vorwärts"-, das andere Mal von den „Rückwärts"-Nocken betätigt. Die Ventile, die umgesteuert werden müssen, sind das Brennstoffventil, Anlaßventil und die Spülventile. Die Nocken für das Brennstoffventil und die Spülventile sind nach Fig. 66 ausgeführt. Zwischen den Nocken für Vor- und Rückwärtsgang befindet sich ein Zwischenraum, auf dem die Rolle des Ventilhebels in der Stoppstellung ruht. Für das Anlaßventil sind zwei getrennte Nocken vorgesehen, der eine für Vor-, der andere für Rückwärtsgang. Das Umsteuern geschieht auf folgende Weise: Angenommen die Maschine läuft vorwärts, so daß die Rollen für Spülventile und Brennstoff sich in der Stellung *A*, Fig. 66, befinden, während die Hebel für die Anlaßventile von ihren Nocken abgehoben und in Ruhe sind. Um die Maschine zum Stillstand zu bringen, wird die ganze Nockenwelle um eine Strecke nach links bewegt, die gleich der Entfernung der beiden Nocken für Vor- und Rückwärtsgang voneinander ist. Die Rollen der Ventilhebel ruhen dann in den Zwischenräumen *B*, Fig. 66, und die Ventile bleiben geschlossen, trotzdem die Nockenwelle umläuft. Die Verschiebung der Nockenwelle geschieht durch ein in der Mitte der Maschine angeordnetes Handrad unter Vermittlung eines Schrauben-

Fig. 65. Schnellaufende Zweitaktmaschine von 1000 PSe der Friedr. Krupp A.-G. Germaniawerft, Kiel-Gaarden.

rades. Sobald die Hebel der Spülluft- und Brennstoffventile in der Stoppstellung sind, kommt die Maschine zum Stillstand. Hierauf werden die Anlaßventile mit ihren Nocken für Rückwärtslauf mittels eines der beiden in der Maschinenmitte nahe dem Handrad angeordneten Hebel in Berührung gebracht. Dies geschieht durch Drehung einer zweiten unterhalb der Nockenwelle gelagerten Welle, die mit den exzentrisch gelagerten Zapfen der Brennstoff- und Anlaßventilhebel durch die in der Figur erkennbaren Lenkstangen in Verbindung steht. Die Anlaßventile treten nunmehr in Wirksamkeit und die Maschine läuft mit Luft als Treibkraft in der verlangten Drehrichtung an. Nach zwei oder drei Umdrehungen wird der Handhebel in seine Mittelstellung zurückbewegt, wodurch die Rollen der Anlaßventile von ihren Nocken abgehoben werden. Nun wird die Nockenwelle nochmals um dieselbe Strecke wie vorher nach links verschoben, bis die Rollen der Ventilhebel in der Stellung C, Fig. 66, stehen. Dies ist die Stellung für Rückwärtslauf. Handhebel und Handrad sind gegeneinander verriegelt, derart, daß sich die Brennstoffventile nicht während des Eintritts der Anlaßdruckluft öffnen können.

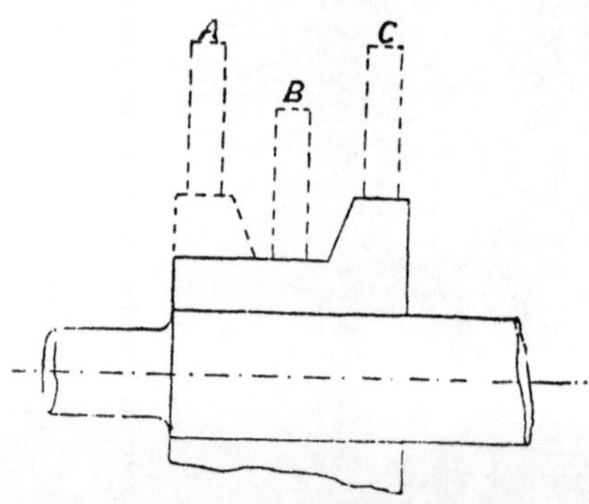

Fig. 66.
Nockenanordnung der Maschine von Krupp.

Zweitaktdieselmaschinen für Schiffsantrieb werden in Deutschland ferner im Werk Nürnberg der Maschinenfabrik Augsburg-Nürnberg gebaut. Diese Firma führt, wie die Germaniawerft, ihre Maschinen in einer leichten und in einer schweren Bauart aus. Erstere kommt, wie dort, in Unterseebooten, Torpedobooten und als Hilfsmaschine für Segelfahrzeuge, letztere für Fracht- und Passagierschiffe zur Verwendung. Bei der leichten Bauart beträgt das Gewicht etwa 13—15 kg für 1 PSe für große und 18 kg für 1 PSe für kleine Leistungen inklusive aller Hilfseinrichtungen. Die Maschinen werden dabei meist mit sechs Zylindern ohne Schwungrad oder mit vier Zylindern unter Verwendung eines solchen ausgeführt. Manchmal finden sich auch acht Zylinder. Für die leichte Bauart sind die normalen Größen:

PSe	Umdr. i. d. Min.
150	550
200	550
300—500	500
600	450
900	420
1200	400

Die Abmessungen einiger dieser Maschinen sind:

Normalleistung in PSe		150	200	300	400	500	600
Außenmaße	parallel zur Welle	3000	3500	3900	4400	4500	4800
	quer zur Welle	680	800	890	1030	1090	1200
Erwünschte Raumhöhe mit Rücksicht auf Montieren		1330	1500	1700	1900	2000	2100
Von Mitte Welle abwärts erwünschtes Maß		350	370	430	450	480	500

Die normalen Umdrehungszahlen der schweren Bauart sind die folgenden:

PSe	Umdr. i. d. Min.
150—200	300—400
300—350	300—330
450—550	225—275
600—750	225—275
900	260
1200	215

Die schwere Bauart ist billiger als die leichte, da Gestell und Grundplatte aus Gußeisen bestehen, während dort Bronze Verwendung findet. Die Umdrehungszahl ist geringer und der Brennstoffverbrauch niedriger wie dort.

Maschinen größerer Leistung sind mit zwei zweistufigen Kompressoren zur Lieferung der Druckluft zum Anlassen und Einblasen des Brennstoffs ausgerüstet, während kleinere Maschinen nur einen Kompressor besitzen, der am Ende der Maschine angeordnet ist. Die Spülpumpen sind, eine für jeden Zylinder, unterhalb des Kolbens angeordnet in der Weise, daß der untere Teil des Kolbens einen größeren Durchmesser erhält und gleichzeitig als Kolben für die Spülpumpe und als Kreuzkopf dient. Die Spülluft wird durch Ventile im Zylinderdeckel in den Arbeitszylinder eingeführt.

Die Anordnung von Arbeitszylinder und Spülpumpe erkennt man aus Fig. 67. Die wirksame Fläche für die Spülpumpe ist die Differenz zwischen der Fläche des großen und kleinen Kolbens. Da das zur Spülung nötige Luftvolumen meist zu 1,2—1,5 des Hubvolumens angenommen wird, ergibt sich der Durchmesser des Kolbens der Spülpumpe als das 1,4—1,6 fache der Bohrung des Arbeitszylinders. Dabei gilt die letztere Zahl für schnellaufende Maschinen.

In Fig. 67 ist A der Verbrennungsraum des Arbeitszylinders, B die Spülpumpe, C Brennstoffventil, D Anlaßventil, E Spülventile F Auslaßventil für die auf geringen Druck verdichtete Luft nach dem Aufnehmer G, von wo aus sie den Spülventilen zuströmt. In der gezeichneten Stellung ist der Arbeitskolben am Ende seines Kompressionshubes angelangt. Sobald die Kurbel im oberen Todpunkt J steht, öffnet das Brennstoffventil und Verbrennung findet statt. Der Kolben beginnt seinen Arbeitshub, während gleichzeitig *H* sich öffnet und die Pumpe mit Luft gefüllt wird. Ehe die Kurbel den unteren Totpunkt *K* erreicht, öffnet das Ventil *E*. Spülluft tritt aus *G* in den Zylinder und treibt die Verbrennungsgase durch die Schlitze *L* aus, die vom Kolben freigegeben werden. Während des ganzen Hubes ist *F* geschlossen und *H* offen. Nachdem die Kurbel den unteren Totpunkt überschritten hat, öffnet *F* und schließt *H*. Dabei bleibt das Spülventil *E* offen, bis die Auspuffschlitze vom Kolben wieder bedeckt sind. Es schließt dann, und während des übrigbleibenden Teiles des Hubes ist *F* offen und der Aufnehmer wird mit Luft gefüllt, während die Luft im Arbeitszylinder komprimiert wird. Beim Anlassen mittels Druckluft durch das Ventil *D* in der gewöhnlichen Weise entweicht die Anlaß-Luft durch die Auspuffschlitze.

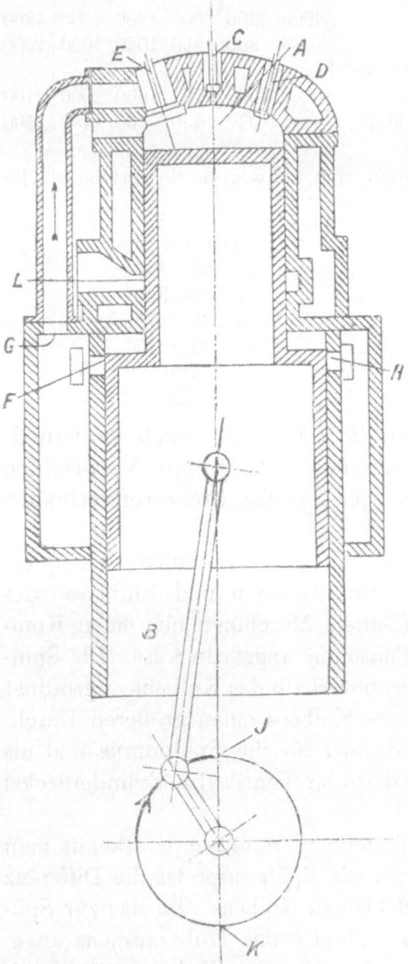

Die Arbeitskolben sind mit Öl gekühlt und die Kühlmäntel der Zylinder haben abnehmbare Deckel, um den Kühlraum bequem reinigen zu können, was bei Verwendung von Seewasser zur Kühlung häufig nötig ist. Druckschmierung ist vorgesehen, wobei das Öl durch einen Kühler und Reiniger fließt, um wiederholt gebraucht zu werden.

Fig. 67. Zweitaktmaschine der M. A. N. Anordnung der Spülung, schematisch.

Für alle Zweitaktmaschinen, für die Spülventile und nicht Spülschlitze zur Verwendung kommen, müssen drei Ventile umgesteuert werden, nämlich Anlaßventil, Brennstoffventil und die Spülventile. Dies wird für die beiden letzteren durch Drehung der Nockenwelle um einen bestimmten Winkel, etwa 30° bei der Maschine der M. A. N., erreicht, so daß für Vor- und Rückwärtsgang nur ein Nocken für die Spülventile und einer für das Brennstoffventil nötig ist. Um die Spülventile und das Brennstoffventil gleichzeitig mit derselben Verdrehung der Nockenwelle umzusteuern, ist es notwendig, daß die Winkel für Öffnungsdauer, Voreinlaß und der Verdrehungswinkel der Nockenwelle in einem bestimmten Verhältnis zueinander stehen. Dies wird besser an Hand der Fig. 68 erklärt, die den Kurbelkreis einer Zweitaktmaschine darstellt, wobei A den oberen, E den unteren Totpunkt bedeutet. Die Winkel müssen so

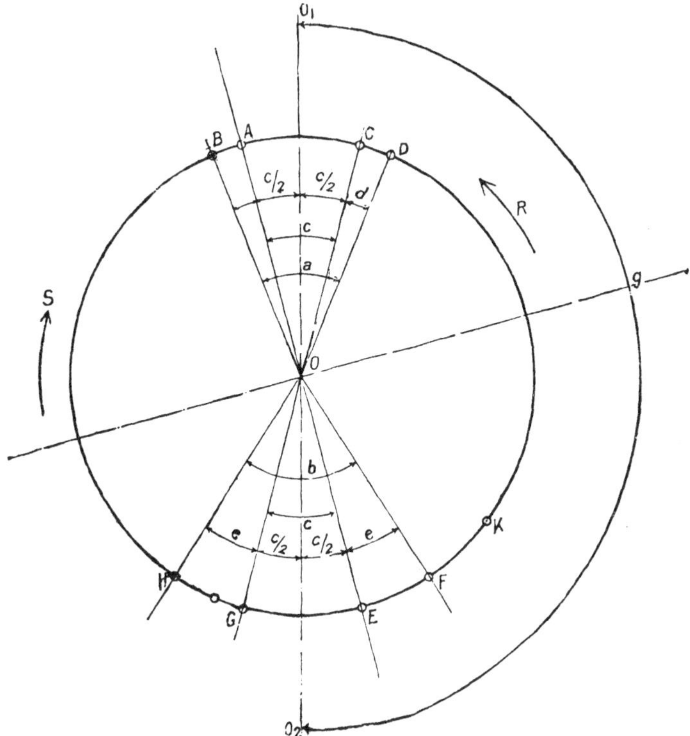

Fig. 68. Diagramm zur Umsteuerung der Maschine der M. A. N.

gewählt werden, daß nach der Verdrehung der Nockenwelle Brennstoff- und Spülventile in den für die entgegengesetzte Drehrichtung richtigen Zeitpunkten im Verhältnis zur Kolbenstellung in Wirkung treten. In Fig. 68 bezeichnet B die Brennstoffeinführung, d ist dabei der Winkel der Voröffnung. Das Ventil schließt bei D, so daß a der ganze Öffnungswinkel ist.

Bei K werden die Auspuffschlitze freigegeben und bei L wieder geschlossen. Für sie ist keine Umsteuerung nötig. Das Spülventil öffnet bei F und schließt bei H, der volle Öffnungswinkel ist dabei b. Der Winkel für Voreintritt der Spülluft ist e.

Der Winkel a für Brennstoffventil und b für Spülventil sind so bestimmt, daß

$$a = c + 2\,d$$
$$b = c + 2\,e$$

oder mit anderen Worten, die Winkel der vollen Öffnungsdauer sind gleich dem doppelten Winkel der Dauer der Voröffnung, vermehrt um einen gleichbleibenden Winkel c. Die Halbierungslinie der Winkel a und b ist eine Symmetrieachse.

Um den Vorgang der Umsteuerung zu verstehen, nehmen wir an, die Maschine laufe vorwärts, wie dies Pfeil S andeutet. A ist der obere, B der untere Totpunkt der Kurbel. $\sphericalangle B\,O\,A$ und $\sphericalangle F\,O\,E$ sind die Winkel der Voröffnung für Brennstoff- und Spülluftventil. Für die umgekehrte Drehrichtung, die durch R angedeutet ist, hat man nur nötig, die Nockenwelle um den Winkel C zu drehen, so daß C und G die Totpunkte werden. Die Winkel der Voröffnungsdauer sind dann $D\,O\,C$ oder d für Brennstoff und $G\,O\,H$ oder e für Spülluft, und dies sind gerade die, welche für die entgegengesetzte Drehrichtung verlangt werden.

Die Eröffnungsdauer des Anlaßventils wird indes auf diese Weise sehr klein. Für eine Verdrehung der Nockenwelle um 30° ist der Öffnungswinkel des Anlaßventils nur 30°, vermehrt um den doppelten Winkel der Voröffnung. Das Drehmoment beim Anlassen wird dabei zu gering, so daß ein anderer Weg eingeschlagen werden muß. Die zur Verwendung kommende Einrichtung besteht darin, daß für das Anlaßventil an jedem Zylinder zwei Nocken verwendet werden, der eine für Vorwärts-, der andere für Rückwärtsgang. Diese Nocken betätigen ein kleines Ventil, das den Zutritt der Druckluft zum Anlaßventil steuert, so daß je nach dem Nocken die Drehrichtung der Maschine wechselt.

Die Umsteuerung wird durch einen einzigen Hebel ausgeführt. Seine Mittelstellung bedeutet die Stoppstellung, rechts ist er für Vorwärtsgang, links für Rückwärtsgang eingestellt. Wenn die Maschine in der verlangten Drehrichtung anläuft, werden die Nocken für Brennstoffventil und Spülventile automatisch in die richtige Stellung gebracht. In der entgegengesetzten Drehrichtung anlaufend, dreht die Maschine selbst die Nockenwelle um 30°. Dies wird mit Hilfe einer Kupplung in der vertikalen Zwischenwelle erreicht, zwischen deren Klauen ein Spielraum eine Drehung eines Teiles der Welle um 30° gestattet. Läuft die Maschine in der einen Drehrichtung, so liegen die vorderen Flächen der Klauen des einen Teils an den entsprechenden des anderen. Nach dem Umsteuern dreht sich zunächst der untere Teil der vertikalen Welle frei um einen Winkel von 30°, bis die hinteren Flächen der Klauen zum Anliegen kommen. Dadurch wird die Nockenwelle von selbst relativ zur Kurbelwelle um einen Winkel von 30° verdreht und somit die Nocken in ihre richtige Stellung für die entgegengesetzte Drehrichtung gebracht. Damit beim Arbeiten der Maschine kein Spiel in der Kupplung auftritt, sind die Kupplungshälften durch starke Federn zusammengehalten. Fig. 69 zeigt einen Schnitt durch eine Maschine der Nürnberger Bauart. Fig. 70 gibt die Ansicht einer ähnlichen Maschine. Beide Maschinen haben geschlossene Kurbelgehäuse. Sechs Zylinder sind vorgesehen und die Kompressoren sind an einem Ende der Maschine angeordnet.

Außer dieser Bauart kommt auch die doppeltwirkende Zweitaktmaschine von der Maschinenfabrik Augsburg-Nürnberg zur Ausführung, und hier sind, abgesehen von der Doppelwirkung, einige Abweichungen von der einfachwirkenden Maschine bemerkenswert. Die Maschinen haben drei Arbeitszylinder und davon getrennt drei Spülpumpen, eine für jeden Zylinder. Die Spülpumpen können dabei entweder in einer Linie mit den Arbeitszylindern angeordnet und unmittelbar von der Kurbelwelle aus oder an der Längsseite der Maschine sitzend mittels Schwinghebel von den Kreuzköpfen aus angetrieben werden. Brennstoff, Anlaß- und Spülventile sind an beiden Zylindern angeordnet und werden von getrennten Nockenwellen aus angetrieben. Die Art und Weise der Umsteuerung ist ähnlich der für die einfachwirkende Maschine beschriebenen, nur daß die Umsteuervorrichtung hier beide Nockenwellen betätigt. Der Stopfbüchse wegen, die von derselben Bauart wie für doppeltwirkende Gasmaschinen ist, sind zwei Brennstoffventile am Boden eines jeden Zylinders angeordnet. Für niedere Leistung können die unteren Brennstoffventile ausgeschaltet werden, so daß die Maschine als einfachwirkende Maschine arbeitet. Die Spülluft tritt von zwei Seiten in den Zylinder ein und auf beiden Seiten der Zylinder liegt eine Auspuffleitung.

Maschinen dieser Bauart von 1000 PSe Leistung sind im Betrieb und zwei von 1500 PSe Leistung im Bau. Im folgenden sind die Leistungen und Umdrehungszahlen wiedergegeben.

PSe	Umdr. i. d. Min.
750—1100	100—140
1100—1900	100—140
1700—2700	100—140
2400—3800	100—140
3100—4900	100—140
4100—5200	100—120

Viertaktmaschine. Holländische Bauart. Wie bereits besprochen, ist es unwahrscheinlich, daß die Viertaktmaschine die Lösung der Frage bezüglich der Verwendung der Dieselmaschine zum Schiffsantrieb darstellt. Sie ist indes von einigen Firmen dafür aufgenommen worden,

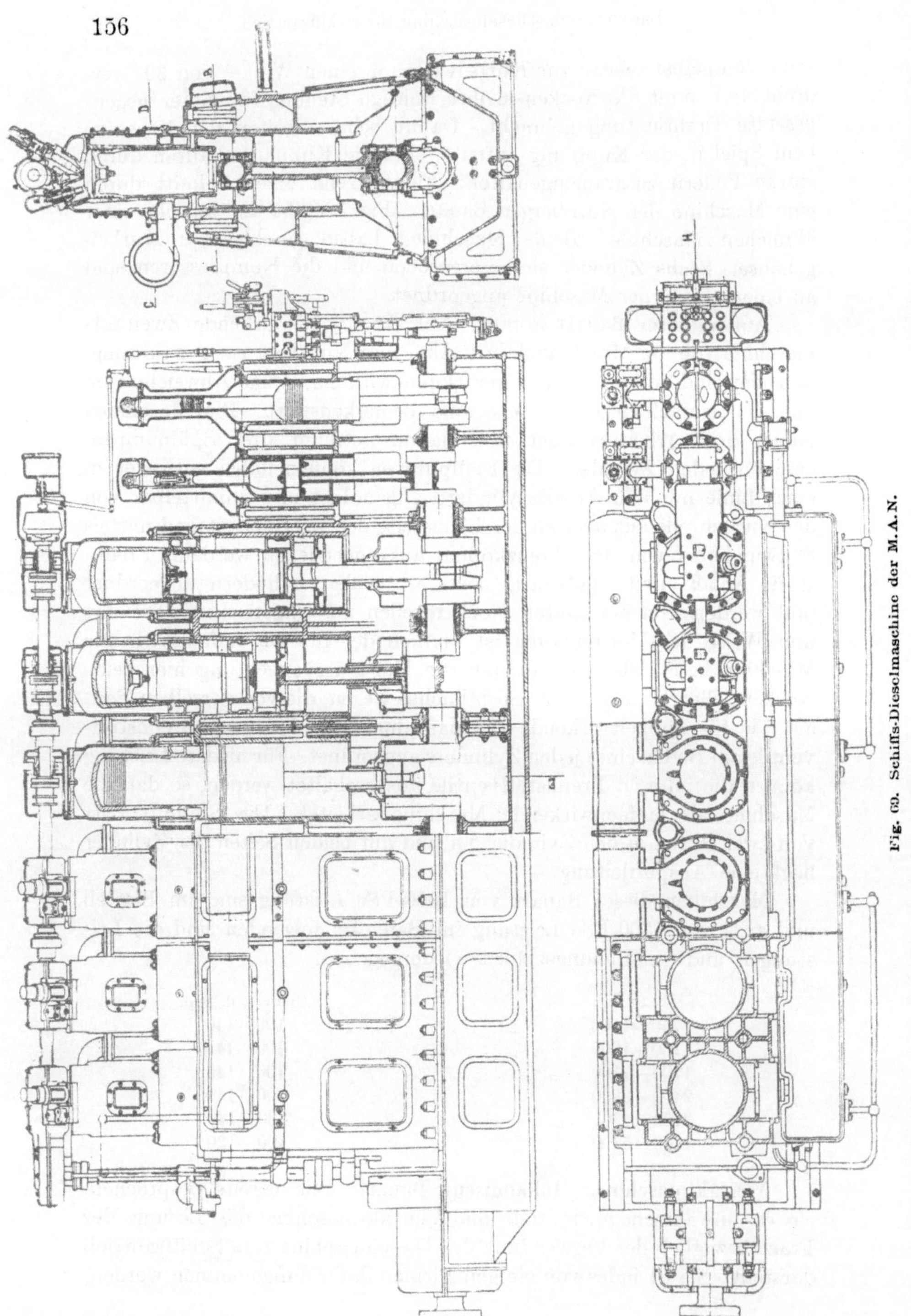

Fig. 69. Schiffs-Dieselmaschine der M.A.N.

Fig. 70. Schiffs-Dieselmaschine der M.A.N.

da sie den Schritt von der stationären Maschine zur Schiffsmaschine einfacher macht. Die Schiffsmaschine der Nederlandschen Fabriek in Amsterdam arbeitet im Viertakt. Eine Maschine dieser Bauart ist von der Firma in den „Vulkanus" eingebaut worden. Dies war das erste größere seegehende, von einer Dieselmaschine angetriebene Fahrzeug und hatte bei 1960 t Wasserverdrängung eine Länge von 65 m. Fig. 71 zeigt eine Ansicht der Maschine und Fig. 72 eine solche des Maschinenraums. Wie für alle Schiffsmaschinen der Viertaktbauart, sind auch hier vier Ventile für jeden Zylinder zur Verwendung gekommen, die durch Nocken und Hebel von einer wagerechten Nockenwelle aus betätigt werden. Die Umsteuervorrichtung besteht aus zwei vollkommen voneinander unabhängigen Nockenwellen *A* und *B*, Fig. 71 und 72, *A* trägt die Nocken für Vorwärtsgang, *B* für Rückwärtsgang. Die beiden Wellen sind in Gabeln gelagert, die ihrerseits auf einer besonderen Welle *C* sitzen. Letztere läßt sich mittels eines Handrades *D* drehen, Fig. 72, so daß entweder die Nockenwelle für Vorwärtsgang oder die für Rückwärtsgang mit den Ventilhebeln in Berührung gebracht werden kann. Die Welle *E* hält durch Zahnräder beide Nockenwellen in Bewegung; der zum Antrieb der leerlaufenden Nockenwelle aufgewendete Kraftverlust ist dabei von keiner Bedeutung. Wie Fig. 71 zeigt, ist die Welle *E* zweifach gekröpft und erhält ihren Antrieb durch Exzenterstangen von der Hauptwelle aus. Die Brennstofflieferung nach den Zylindern erfolgt durch zwei kleine wagerecht angeordnete Pumpen *F*, die von einer der Exzenterstangen aus angetrieben werden. Eine der Pumpen dient zum Betrieb, die andere als Reserve. Diese Anordnung steht im Gegensatz zu der sonst gewählten, wo jeder Zylinder seine eigene Brennstoffpumpe hat. Die in das Brennstoffventil eingepumpte Ölmenge wird selbsttätig durch die Einrichtung *G* eingestellt, die ähnlich wirkt wie die Reguliervorrichtung der stationären Maschine. Ein Regler kommt nicht zur Verwendung. Der Luftkompressor ist von dreistufiger Bauart. Die Hochdruckstufe wird für sich, und Mittel- und Niederdruckstufe zusammen von je einem Kreuzkopf mittels schwingenden Hebels angetrieben. Die Kompressoren sitzen auf der Rückseite der Maschine, Fig. 72. Die Luft wird bei ihrem Übertritt von einer zur nächsten Stufe mit Wasser gekühlt. Kreuzköpfe sind zur Anwendung gekommen. Wenn dabei auch die Kolbenstange kurz ist, so zeigt doch die Maschine größere Abmessungen in der Höhe als die gewöhnliche Viertaktmaschine. Ein Hilfsluftkompressor ist vorgesehen zur Lieferung der zum Umsteuern und Manövrieren sowie für die Hilfsmaschinen benötigten Luft. Er wird von einer Zweizylinderdieselmaschine von 50 PSe Leistung angetrieben. Kühlwasserpumpe und Bilgepumpe erhalten ihren Antrieb unmittelbar von der Hauptmaschine. Die Zentrifugalpumpe zum Löschen der Ölladung wird von einer Hilfsdieselmaschine angetrieben,

Additional information of this book

(Dieselmaschinen für Land- und Schiffsbetrieb,

978-3-642-49453-6; 978-3-642-49453-6_OSFO7) is provided:

http://Extras.Springer.com

da sie nur während der Hafenliegezeit in Betrieb ist. Eine kleine Ölmaschine von 10 PSe Leistung, unmittelbar mit einer Dynamomaschine gekuppelt, sorgt für Licht. Für die Hauptmaschine ist Druckschmierung vorgesehen. Die Kurbeln laufen in einem allseitig geschlossenen Raum, der aus leicht entfernbaren Deckeln gebildet wird, Fig. 71. Wie man sieht, weicht diese Maschine, abgesehen von der Umsteuervorrichtung, in der allgemeinen Anordnung nur wenig von der früher beschriebenen stationären Bauart der Firma ab. Es lag in der Absicht der Erbauer,

Fig. 72. Maschinenraum des „Vulkanus“.

von der aus der Dampfmaschinenpraxis her gewohnten Form der Schiffsmaschine so wenig als möglich abzuweichen.

Viertaktmaschine. Deutsche Bauarten. Mehrere Firmen bringen eine Viertaktmaschine für Schiffsantrieb niederer Leistung auf den Markt und verwenden dafür eine schnellaufende Maschine, die ein wenig von der früher beschriebenen stationären Bauart der schnellaufenden Maschine abweicht. Vier oder sechs Zylinder kommen zur Verwendung. In letzterem Fall läßt sich die Maschine in jeder Stellung anlassen. Sind nur vier Arbeitszylinder vorhanden, so wird oft die Einrichtung getroffen, daß der Kompressor zum Anlassen benützt werden kann.

Im Werk Augsburg der Maschinenfabrik Augsburg-Nürnberg werden Viertaktmaschinen bis 1000 PSe Leistung gewöhnlich mit sechs Zylindern und zwei Kompressoren ausgeführt. Letztere sitzen an einem Ende der Maschine und werden unmittelbar von der Kurbelwelle aus angetrieben. Eine Maschine von 1000 PSe Leistung bei 465 Umdrehungen in der Minute zeigte ein Gewicht von nur etwa 20 kg für 1 PSe und einen Brennstoffverbrauch von 190 g für die PSe-Stunde. Bei diesen Maschinen kommt meist ein Sicherheitsregler zur Verwendung, damit beim Bruch der Schraubenwelle die Maschine keine übermäßig hohe Umdrehungszahl annimmt. Der Regler wirkt dabei auf das Saugventil der Brennstoffpumpe wie bei stationären Maschinen.

Die bei den neueren Augsburger Maschinen verwendete Umsteuervorrichtung unterscheidet sich etwas von der sonst üblichen. Eine einzige Nockenwelle mit besonderen Nocken für Vorwärts- und Rückwärtsgang für alle vier Ventile jedes Zylinders ist vorgesehen, doch betätigen diese Nocken die Ventilhebel nicht in der sonst üblichen Weise. Hier überträgt jeder Nocken seine Bewegung auf eine Zwischenrolle, die den Ventilhebel bewegt. Für jeden Hebel ist eine Rolle vorhanden, ebenso für jedes Ventil eine Zwischenrolle für Vorwärts und eine solche für Rückwärtsgang, die beide auf einer mit der Nockenwelle konzentrischen Trommel von der Breite der beiden Nocken sitzen und mittels eines Handhebels gedreht werden können. In der „Vorwärts“stellung ist die eine, in der „Rückwärts“stellung die andere Zwischenrolle mit ihrem Nocken in Berührung, wobei jedesmal gleichzeitig eine der beiden außer dem Bereich ihres Nockens ist. Zum Umsteuern braucht die Trommel nur um einen bestimmten Winkel gedreht zu werden.

Für Leistungen bis etwa 300 PSe baut Fried. Krupp A.-G. Germaniawerft eine direkt umsteuerbare Viertaktmaschine, die meist mit sechs Zylindern ausgeführt wird, wobei der Kompressor an einem Ende sitzt und seinen Antrieb unmittelbar von der Kurbelwelle erhält. Da sechs Zylinder vorhanden sind, ist es hier nicht nötig, den Kompressor zum Anlassen zu benützen, und die Maschine läuft leicht in jeder Stellung an. Die Maschine zeigt vollkommen geschlossenes Kurbelgehäuse und ist in ihrem Aufbau ähnlich der von der Firma für stationäre Zwecke auf den Markt gebrachten schnellaufenden Bauart. Die Umdrehungszahl zwischen Leistungen von 150 PSe und 300 PSe ist meist etwa 400 Umdrehungen in der Minute, wobei das Gewicht etwa 30 kg für 1 PSe beträgt. Die Umsteuerung geschieht in ähnlicher Weise wie für die Zweitaktmaschine der Firma, nur daß hier das Auspuffventil ebenfalls umgesteuert werden muß. Durch eine sinnreiche Einrichtung derart, daß während der Anlaßzeit das Auspuffventil durch einen doppelten Nocken betätigt wird, ist es möglich, die Maschine im Zweitakt anzulassen, wodurch die Gleichmäßigkeit des Drehmoments erhöht und die Manövrierfähigkeit gesteigert wird.

Achter Abschnitt.

Die Zukunft der Dieselmaschine.

Der Dieselmaschine steht für ihre Entwicklung in kommenden Tagen ein derartig weites Feld zur Verfügung, daß es kaum aussichtsreicher geschildert werden kann. Die stationäre Maschine hat bereits in allen Zweigen des Maschinenbaues Anwendung gefunden. Jedes Jahr hat die Inbetriebnahme von Maschinen größerer Leistung als in dem vorhergehenden gebracht, und als die Leistungsgrenze der Viertaktmaschine erreicht schien, machte die Entwicklung der Zweitaktmaschine es möglich, Leistungen bis zu 2500 PSe zu erzielen und die Firmen sind heute daran, Aufträge für weit größere Leistungen als diese entgegenzunehmen. Die erfolgreiche Zukunft der stationären Maschine ist heute außer Frage und hängt nur von einem Weiterbauen auf der geschaffenen, erprobten Grundlage ab.

Auf zwei Gebieten ist indes bis heute die Dieselmaschine noch nicht in bedeutendem Umfang zur Verwendung gelangt und hier darf eine interessante Entwicklung in den nächsten Jahren erwartet werden. Dies sind ihre Verwendung für Lokomotiven im besonderen und für Kraftfahrzeuge im allgemeinen, als da sind Automobile, Automobilomnibusse und Straßenbahnwagen. Viel Arbeit ist von den leitenden Firmen an die Frage der Verwendung für Lokomotiven gespendet und eine solche ist bereits von Gebrüder Sulzer, Winterthur, gebaut worden. Es ist klar, daß die Ersparnisse an Brennstoffkosten im Fall, daß alle mit der Lösung der Aufgabe verbundenen Schwierigkeiten überwunden werden könnten, außerordentliche sind. Die Ersparnisse werden von Leuten, die der Frage näher getreten sind, auf etwa 75% der jetzigen Brennstoffkosten veranschlagt.

Wenn man auch nicht behaupten kann, daß unmittelbar von Dieselmaschinen angetriebene Lokomotiven außerhalb des Bereichs der Möglichkeit liegen, so ist es doch sehr wahrscheinlich, daß, ehe die Aufgabe des direkten Antriebs, wenn überhaupt, gelöst wird, erst andere Mittel versucht werden, die weniger von der heutigen Verwendungsweise der Maschine abweichen. Man tut der Dieselmaschine heute kein Unrecht, wenn man sagt, daß sie in ihren Teilen zu empfindlich ist, um den schweren

Anforderungen des Lokomotivbetriebes gewachsen zu sein, und wenn man weiterhin von ihr verlangt, daß sie in ihrer Verwendungsweise für diesen Zweck möglichst der des heute gebräuchlichen Dampfantriebs nahe komme. Die Forderungen großen Anfahrmoments und bequeme wirtschaftliche Einstellung der verlangten Geschwindigkeit lassen, neben anderem, die Frage erheben, ob nicht eine elektrische Kraftübertragung zwischen Maschine und Triebrädern am Platze ist, und es ist wahrscheinlich, daß die Entwicklung in dieser Richtung in der nächsten Zeit Fortschritte macht. Bei dieser Anordnung bedarf man keiner umsteuerbaren Maschine. Die Hauptmaschine ist unmittelbar mit einer Dynamomaschine gekuppelt und gibt ihre Leistung an Elektromotoren ab, die ihrerseits die Triebräder antreiben. Außer dem Vorteil in diesem Fall, normale Maschinen verwenden zu können, in deren Bau und Betrieb große Erfahrungen vorliegen, erreicht man mit dieser Anordnung großes Adhäsionsgewicht und Anfahrmoment. Einiges ist in dieser Richtung bereits mit Petroleummotoren getan worden, und derartige Wagen sind auf dem Kontinent auf Nebenlinien zahlreich in Gebrauch. Falls sich hier ein Vorteil herausstellt, kann die gewonnene Erfahrung der Verwendung der Dieselmaschine für den gleichen Zweck zugute kommen. Eine Turbo-Elektrolokomotive ist in England ebenfalls gebaut worden, so daß man sich bei der Lösung der Aufgabe also nicht ganz auf unbekanntem Boden befindet. Bis heute ist nur Gleichstrom dabei zur Verwendung gelangt, was indes keineswegs eine zufriedenstellende Lösung darstellt. Es ist wünschenswert, daß bei der Diesellokomotive Wechselstrom in irgendeiner seiner erprobten Arten benutzt wird.

Es wird kaum mehr lange dauern, bis man der Verwendung der Dieselmaschine für Straßenfahrzeuge, so für Automobile, Automobilomnibusse und Straßenbahnwagen größere Aufmerksamkeit zuwendet, und hier mag ebenfalls für die erste Entwicklungszeit Elektrizität die Rolle der Kraftübertragung übernehmen. Die endgültige Entwicklungsform ist schwer vorauszusagen und die Bemerkung ist dabei nicht ohne Interesse, daß eine der größten deutschen Firmen versucht, den Dieselmotor in kleiner Ausführung für Motorfahrzeuge verwendbar zu machen.

Was die Aussichten der Dieselmaschine als Schiffsantriebsmaschine anlangt, so verleiten sie zum größten Optimismus. Es sind heute bereits Maschinen bis zu 6000 PSe Leistung gebaut oder im Bau und es besteht kein Grund zum Zweifel, daß sich nicht, nach genügender Erfahrung, Leistungen erreichen lassen, die den Anforderungen des größten Schlachtschiffs oder des schnellsten Passagierdampfers gewachsen sind. Einige Jahre gründlicher Erfahrung müssen indes verstreichen, ehe diese gewaltige Umwälzung auf dem Gebiete des Schiffsmaschinenbaues Platz greifen kann. Da jedoch bereits heute soviel Zeit und Geld an die Sache gespendet sind, und die wesentlichsten Schwierigkeiten überwunden erscheinen, kann man über den Ausgang nicht im Zweifel sein. Wenn man bedenkt, daß die Verwendung der Ölmaschine zum Schiffsantrieb im großen Maßstab ein Schritt ist, der bis zur Gegenwart neben der Einführung der Dampfmaschine vielleicht die größten Umwälzungen in der Geschichte des Schiffsmaschinenbaues mit sich gebracht hat, größer in seiner Wichtigkeit und seinem Umfang als die Einführung der Dampfturbine, so erkennt man, daß der Höhepunkt der Entwicklung nicht in allzu rasch ansteigender Linie erreicht werden kann, da der Fragen, die sich gegenüberstehen, viele und schwere sind. Die meisten Kriegsmarinebehörden sind weitsichtig genug und führen Versuche mit der neuen Antriebsart in großem Maßstabe durch, die auch im Falle des Fehlschlagens auf den ersten Anhieb doch keineswegs entmutigend sein werden. Dies gilt z. B. für die britische Admiralität, die einen Doppelschraubenkreuzer mit einer Dieselmaschine von 6000 PSe Leistung ausrüstet. Die Dieselmaschine treibt dabei eine der Schraubenwellen, die zweite wird von einer Dampfmaschine getrieben. In einem anderen Fall sitzt auf jeder Schraubenwelle eine Dampfturbine und eine Dieselmaschine, die durch eine Kupplung verbunden sind. Die Dieselmaschine treibt die durch die Turbine hindurchlaufende Schraubenwelle. Die Turbine wird dabei nur für hohe Fahrgeschwindigkeiten gebraucht. In gleicher Weise ist die deutsche Kriegsmarine in Versuche in großem Maßstabe eingetreten.

Die Verwendung der Dieselmaschine zum Antrieb von Frachtschiffen ist so weit vorangeschritten, daß Schiffe bis 9000 t Wasserverdrängung in Kürze damit ausgerüstet sein werden. Die Einführung der Dieselmaschine in den Schiffsmaschinenbau schneller Passagierdampfer wird sehr von den Erfolgen der vielen Maschinen großer Leistungen abhängen, die heute im Bau sind, und man kann sagen, vorausgesetzt, daß sich keine ernsten, unüberwindlichen Schwierigkeiten herausstellen, daß die künftigen Verwendungsmöglichkeiten der Dieselmaschine für die größten Schiffe beinahe unbegrenzt sind.

Anhang.

Vorschriften für Verbrennungsmotoranlagen.

1. Die Kühlwassersaugeleitung ist am Schiffsboden mit Absperrvorrichtung und das Austrittsrohr an der Bordwand mit einem Rückschlagventil zu versehen. Es ist ferner dafür zu sorgen, daß das Wasser aus den Kühlräumen des Motors, dem Kühlmantel des Auspuffrohres sowie den Rohrleitungen an den tiefsten Stellen abgelassen werden kann.

2. Das Auspuffrohr ist so anzulegen, daß es keine Feuersgefahr bietet und am Zylinder mit Kühlvorrichtung oder guter Isolierung zu versehen. Es soll möglichst nicht durch den Vorratsraum oder nahe an dem eventuell im Motorraum liegenden Vorratstank vorbei geführt werden; ist dies nicht zu vermeiden, so muß das Rohr ausreichend geschützt werden, so daß eine schädliche Erwärmung der Tankwände nicht eintreten kann.

3. Der Motorraum und der Raum, in welchem sich der Vorratstank befindet, müssen genügend ventiliert sein. Die Entlüftungsrohre des Kurbelgehäuses und die Abzugsrohre der Heizkammern an den Zylindern sind nach außenbords oder in die Ventilationsrohre des Motorraumes zu führen, sofern nicht dafür Sorge getragen ist, daß durch den Motor selbst schädliche Dämpfe abgesaugt werden.

4. Die Speiseleitung vom Vorratstank zum Motor muß gegen mechanische Beschädigung gesichert und am Tank und am Vergaser, wo ein solcher vorhanden, mit Absperrvorrichtungen versehen sein, welche möglichst auch von Deck aus betätigt werden können.

Die Verbindungsrohre sind möglichst in einer Länge und nahtlos herzustellen und müssen an allen Verbindungsstellen hart gelötet sein. Die Verbindung der Rohre unter sich und mit den Tanks, Vergasern usw. darf nur mittels metallischer konisch dichtender Verschraubungen, welche stets zugänglich sind, erfolgen. Am Tank und am Vergaser sollten die Rohrleitungen, soweit zur Erzielung einer elastischen Verbindung erforderlich, mit Schleifen versehen werden.

5. Freistehende Vorratstanks sollen möglichst außerhalb des Motorraumes angeordnet oder, wenn in demselben befindlich, so aufgestellt und eingerichtet sein, daß sie nicht vom Motor oder seinen Rohrleitungen erwärmt werden und ein Entweichen des Betriebsstoffes oder feuergefährlicher Gase in den Raum ausgeschlossen ist. Die Vorratsbehälter von solchen Betriebsstoffen, deren Entflammungspunkt unter 30° C liegt, müssen außerhalb des Maschinenraumes untergebracht sein.

Die Tanks müssen nach allen Seiten hin so abgesteift sein, daß sie ihre Lage nicht ändern können. Sie dürfen mit keinem ihrer Teile zur Versteifung des Schiffskörpers herangezogen werden und müssen lösbar befestigt sein. Die Anbringung von Befestigungsringen, -haken od. dgl. an den Tanks oder deren Armatur ist nicht gestattet.

Kleinere Tanks sind möglichst aus Kupfer, Messing oder galvanisiertem Eisenblech herzustellen und müssen in den Nähten genietet und gelötet oder geschweißt sein. Für Benzin bestimmte Tanks sollten, wenn aus Messing oder Kupfer hergestellt, innen verzinnt und wenn aus Eisen bestehend, verbleit werden. Erfolgt die Überleitung des Betriebsstoffes mittels Überdruckes, so ist der Tank für einen Innendruck von dem zweifachen des Betriebsdruckes zu konstruieren und seiner Größe entsprechend mit inneren Versteifungen zu versehen. Ausbeulungen dürfen beim Abdrücken nicht entstehen.

Größere Tanks erhalten Schlagplatten. Das Füllen des Tanks darf nur von Deck aus durch ein besonderes Füllrohr stattfinden, während ein zweites geöffnetes Rohr die Luft und Gase in die freie Luft entweichen läßt. Geschieht das Füllen auf kleinen Booten mittels Trichters, so darf das besondere Luftrohr fehlen, doch muß der Trichter auf den Tank aufgeschraubt werden können.

6. Wenn der Tank mit einem gläsernen Standrohr versehen ist, muß dieses vom Tank absperrbar eingerichtet sein und Schutzvorrichtungen erhalten.

7. Bei elektrischer Zündung sind die elektrischen Leitungen genügend zu isolieren.

8. Der Fußboden geschlossener Motor- und Tankräume ist aus geriffeltem Eisenblech und möglichst undurchlässig mit an der Bordwand aufgekrempten Rändern herzustellen. Die Bilgen müssen zugänglich sein, damit sie jederzeit gründlich entleert und gereinigt werden können.

9. Bei hölzernen Fahrzeugen ist unterhalb des Motors bzw. des Tanks ein öldichtes Sammelbecken aus Eisen oder gleichwertigem Material mit einer Vertiefung im Boden vorzusehen, aus welcher die sich ansammelnden Flüssigkeiten mit einer vom Motor oder von Hand betriebenen Pumpe oder sonstwie entfernt werden. Die Bordwände, Schotte und Decken sind vollständig feuersicher zu bekleiden, wenn es sich um Betriebsstoffe handelt, deren Entflammungspunkt unter 30° C liegt.

10. Die Beleuchtung des Motorraumes bzw. des Raumes, in welchem sich der Vorratstank befindet, darf bei Verwendung von solchem Betriebsstoff, dessen Entflammungspunkt unter 30° C liegt, nur mittels Sicherheitslampe erfolgen, in anderen Fällen genügen geschlossene, zuverlässig aufgehängte Laternen.

Die dauernde Verwendung einer offenen Heizlampe zum Betriebe des Motors ist nur dann gestattet, wenn der Motor in einem offenen Bootsraum aufgestellt ist. Zum Inbetriebsetzen von Motoren, bei denen der Entflammungspunkt des Betriebsstoffes über 30° C liegt, kann die offene Heizlampe vorübergehend auch in geschlossenen Räumen gebraucht werden, wenn sie während ihrer Benutzung unter Aufsicht bleibt und mit dem Motor fest verbunden ist.

Ein die Heizlampe umschließender Rand gilt nur dann als Befestigung, wenn er so hoch ist, daß die Lampe auch bei heftigen Bewegungen des Schiffes nicht herabfallen kann.

Eine Dynamomaschine darf im Motorraum oder in dem Raume, in welchem der Vorratstank sich befindet, nicht aufgestellt werden, wenn der Entflammungspunkt des Betriebsstoffes unter 30° C liegt.

11. Steht der Motor in einem verdeckten Raume und sind keine Einrichtungen vorhanden, durch welche der Vorwärts- und Rückwärtsgang des Schiffes vom Steuerstande selbst aus geregelt werden kann, so ist der Steuerstand mit dem Motorraum nicht nur durch Sprachrohr oder Maschinentelegraph, sondern auch durch eine Glocke für ein „Achtungs“-Signal zu verbinden.

Wird bei der Umsteuerung von Deck aus ein Handhebel benutzt, so ist sie so einzurichten, daß das Umlegen des Hebels in der gewünschten Fahrtrichtung erfolgt.

12. Druckluftbehälter, welche komprimierte Luft zum Einblasen des Brennstoffes, zum Anlassen und Umsteuern der Motore enthalten, sind auf das

sorgfältigste aus Siemens-Martin-Flußeisen herzustellen, welches den in § 2 C der Materialvorschriften enthaltenen Bedingungen entsprechen muß. Nahtlose Mäntel brauchen indes nur diejenige Dehnung aufzuweisen, welche in § 3 Abs. 1 der Materialvorschriften für Dampfrohre angegeben ist. Werden die Behälter geschweißt, so soll, wenn es irgend die Blechdecke zuläßt, die überlappte Schweißung der Keilschweißung vorgezogen werden. Die Stumpfschweißung wie die elektrische oder autogene Schweißung (mit der Sauerstoff-Acetylen- oder Sauerstoff-Wasserstoff-Flamme) sind für die Verbindung der einzelnen Teile untereinander nicht zulässig.

Die Dicke des Mantels ist bei der Anwendung von Nietung nach den für die Kessel gültigen Regeln zu bestimmen, jedoch ist ein Zuschlag von 1 mm nicht erforderlich.

Für nicht genietete Behälter gilt die Formel:

$$s = \frac{p \cdot D}{C},$$

worin

$s =$ Blechdicke in mm,
$p =$ zulässiger Arbeitsdruck (Überdruck) in kg/qcm,
$D =$ größter lichter Durchmesser des Behälters in mm,
$C =$ 1200 wenn die Längsnaht geschweißt ist,
$=$ 1500 wenn der Mantel nahtlos hergestellt ist.

Die Dicke flacher Böden ist nach der Formel

$$s = \frac{D}{73} \sqrt[2]{p}$$

zu bestimmen, worin s, D und p dieselbe Bedeutung wie vorher haben.

Geschweißte oder nahtlos hergestellte Behälter sind nach ihrer Herstellung in einem Glühofen auszuglühen.

Die Behälter sind so einzurichten, daß sie im Innern besichtigt werden können.

Für Behälter bis zu 2,5 m Länge ist an einem Ende eine Öffnung, für Behälter über 2,5 m Länge eine Öffnung an jedem Ende oder eine Teilung in der Mitte vorzusehen und zwar soll die lichte Weite der Öffnungen 50% des Behälterdurchmessers bis zur Größe eines Mannloches betragen, jedoch nicht kleiner als 120 mm Durchmesser sein.

Die Dichtung der Flanschen kann durch Nut und Feder mit eingelegtem Kernleder- oder Kupferringen geschehen.

Die Behälter sind im Schiffe so unterzubringen, daß die innere Besichtigung leicht ausgeführt werden kann.

Die Behälter sind an ihrer tiefsten Stelle mit einer Entwässerungsvorrichtung zu versehen.

Jeder für sich abschließbare Behälter erhält ein Sicherheitsventil und ein Manometer. Stehen mehrere Behälter miteinander in Verbindung und können nicht voneinander abgeschlossen werden, so ist für diese zusammen mindestens ein Sicherheitsventil und ein Manometer anzuordnen.

Die Behälter sind vor Inbetriebnahme einer Druckprobe mit dem 1,5fachen Betriebsdrucke zu unterwerfen.

Die Druckprobe ist alle 4 Jahre zu wiederholen. Eine innere Besichtigung der Behälter erfolgt alle 2 Jahre.

(Bei Behältern, welche vor 1912 aufgestellt sind und innen nicht besichtigt werden können, ist die Druckprobe alle 2 Jahre auszuführen.)

Die Zeichnungen der Behälter sind dem Vorstande des Germanischen Lloyd zur Prüfung vorzulegen.

Die Materialprüfung und die Druckprobe müssen durch den Germanischen Lloyd erfolgen.

13. Für im Zweitakt arbeitende einfachwirkende Ölgleichdruckmaschinen, bei denen die Kurbeln gleichmäßig und derart versetzt sind, daß nicht zwei Impulse zugleich erfolgen, sind die Durchmesser der Wellen wie folgt zu bestimmen:

a) Die Kurbelwellen werden nach der Formel

$$d = \sqrt[3]{D^2 \cdot A}$$

berechnet, worin

d = Wellendurchmesser in cm,
D = Zylinderdurchmesser in cm,
A = Koeffizient aus nachstehender Tabelle

Zylinderzahl	A
1, 2 und 3	$0{,}09\,H + 0{,}035\,L$
4	$0{,}1\,H + 0{,}035\,L$
5 und 6	$0{,}11\,H + 0{,}035\,L$
8	$0{,}13\,H + 0{,}035\,L$

wobei H = Zylinderhub in cm,
L = Grundlagerentfernung voneinander von Mitte zu Mitte Lager gemessen in cm.

Bei im Viertakt arbeitenden Maschinen wird für die Bestimmung von A die Zahl der vorhandenen Zylinder durch 2 dividiert.

Bei doppeltwirkenden Maschinen ist für die Bestimmung von A jeder Zylinder doppelt zu zählen.

Bei Maschinen mit gegenläufigen Kolben sind die Koeffizienten von H in obiger Formel zu verdoppeln. Stehen hierbei je 2 Zylinder in Tandem-Anordnung übereinander, so zählt für die Bestimmung von A jeder Zylinder für sich. Als Lagerentfernung gilt bei solchen Maschinen die Entfernung der äußeren Kurbeln einer Kurbelgruppe voneinander von Mitte zu Mitte Lager gemessen.

Liegen zwischen zwei Grundlagern zwei Kurbeln, so ist für den Wert $0{,}035\,L$ unter dem Wurzelzeichen zu setzen $0{,}28 \cdot \frac{a \cdot b^2}{L^2}$. Hierin sind a, b und L die Lagerentfernungen von Mitte zu Mitte gemessen nach nebenstehender Skizze und zwar ist a stets die kleinere und b die größere Entfernung des einen Kurbellagers von den Grundlagern.

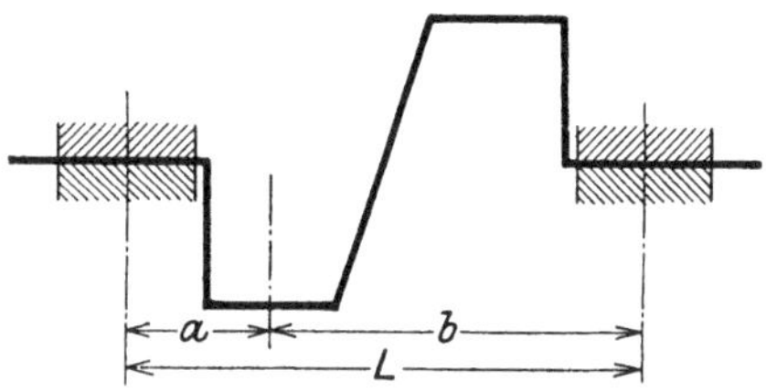

Handelt es sich um Hilfsmaschinen von Schiffen, welche volle Segeleinrichtung haben, so dürfen bei der Bestimmung der Kurbelwellen die Werte unter dem Wurzelzeichen mit 0,8 multipliziert werden. Dasselbe gilt für Maschinen auf Schiffen der Binnenfahrt.

b) Die Leitungswellen werden nach der Formel

$$d_1 = C \cdot \sqrt[3]{D^2 \cdot H}$$

berechnet, worin

d^1 = Durchmesser der Leitungswelle in cm,
D = Zylinderdurchmesser in cm,

H = Kolbenhub in cm,
C = Koeffizient aus nachstehender Tabelle:

Zylinderzahl	C
1, 2 und 3	0,41
4, 5 und 6	0,43
8	0,46

Bei im Viertakt arbeitenden Maschinen wird für die Bestimmung von C die Zahl der vorhandenen Zylinder durch 2 dividiert.

Bei doppeltwirkenden Maschinen ist für die Bestimmung von C jeder Zylinder doppelt zu zählen.

Bei Maschinen mit gegenläufigen Kolben ist der Wert unter dem Wurzelzeichen mit 2 zu multiplizieren. Stehen hierbei je 2 Zylinder in Tandem-Anordnung übereinander, so zählt für die Bestimmung von C jeder Zylinder für sich.

Bei Segelschiffen mit Hilfsmaschinen und Schiffen der Binnenfahrt ist dieselbe Reduktion im Durchmesser, wie oben für Kurbelwellen angegeben, erlaubt.

c) Die Schraubenwellen sind nach der Formel

$$d_s = 0{,}66\, d_1 + 0{,}03\, S$$

zu berechnen, worin

d_s = Durchmesser der Schraubenwelle in cm,
d_1 = „ „ Leitungswelle in cm,
S = „ „ Schraube in cm.

Sie müssen jedoch im Durchmesser mindestens um 10% stärker sein als die Leitungswellen.

Als Material für alle Wellen ist die für Schiffsmaschinenwellen übliche Qualität (§ 1 C 6 b der Materialvorschriften) angenommen.

14. Bei Motoranlagen, welche infolge ihrer besonderen Verhältnisse in den Rahmen der vorstehenden Bestimmungen nicht hineinpassen, sind Abweichungen davon dem Vorstande des G. L. rechtzeitig zur Begutachtung zu unterbreiten.

Die ersten beiden Hauptpatente Diesels.

I. Ausgegeben den 23. Febr. 1893 (Patentschrift Nr. 67207).

Das Arbeitsverfahren der bisher bekannten Motoren, welche die Verbrennungswärme von Brennstoffen direkt im Zylinder zur Arbeitsleistung verwenden, ist durch das theoretische Indicatordiagramm (Fig. 1) gekennzeichnet.

Auf der Kurve 1, 2 wird ein Gemenge von Luft und Brennstoff komprimiert, im Punkt 2 wird das brennbare Gemenge entzündet; durch die nun folgende Verbrennung tritt eine plötzliche Drucksteigerung von 2 nach 3 ein, begleitet von einer sehr bedeutenden Temperatursteigerung; die explosionsartige Verbrennung ist eine so rasche, daß der Weg des Kolbens während der Verbrennung nahezu Null ist. Im Punkt 3 ist die Verbrennung der Hauptsache nach beendigt. Von 3 nach 1 hin findet Expansion unter Arbeitsverrichtung statt, wodurch Druck und Temperatur der Verbrennungsgase wieder sinken.

Bei allen bisher bekannten Verbrennungsverfahren ist der Verbrennungsvorgang sich selbst überlassen, sobald die Zündung stattgefunden hat; der Druck und die Temperatur werden bei denselben nicht während des eigentlichen Verbrennungsvorganges im Verhältnis zum jeweiligen Volumen der Luftmasse geregelt oder gesteuert.

Aus diesem unrichtigen Verhältnis zwischen Druck, Temperatur und Volumen entspringen bei allen diesen Verfahren folgende Nachteile:

1. Die durch die Verbrennung entstehende Temperatur ist immer so hoch, daß die mittlere Temperatur des Zylinderinhaltes, welche das Dichthalten der Organe, die Schmierung, überhaupt den praktischen Gang der Maschine ermöglicht, nur durch energische Kühlung der Zylinder- bzw. Ofenwände erreichbar ist, wodurch ein großer Wärmeverlust entsteht.

2. Die Verbrennungsgase werden durch die Expansion ungenügend abgekühlt und entweichen noch sehr heiß, was einen zweiten großen Wärmeverlust bedeutet.

Auch diejenigen Motoren, welche von 1 nach 2, Fig. 1, reine Luft komprimieren, und in der Nähe des Punktes 2 plötzlich Brennmaterial unter gleichzeitiger Zündung einspritzen, zeigen die Drucksteigerung 2, 3, verbunden mit bedeutender Temperatursteigerung.

Dasselbe findet statt bei den Motoren, welche die Kompression 1, 2 so hoch treiben, daß die durch Kompression entstehende Temperatur das Gemisch von

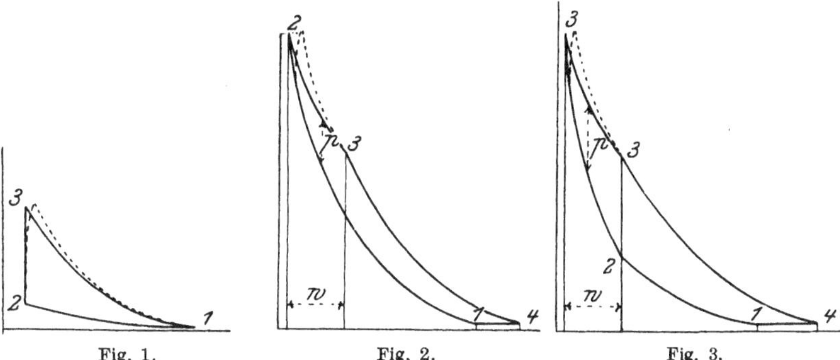

Fig. 1. Fig. 2. Fig. 3.

selbst entzündet. Die Entzündungstemperaturen der meisten Brennmaterialien liegen sehr niedrig, für Petroleum z. B. bei 70 bis 100° C; wenn durch die Kompression diese Temperatur entstanden ist, was schon bei niedrigen Drucken der Fall ist (bei Petroleum unter 5 Atm., bei Gas ca. 15 Atm.), so findet die Zündung von selbst statt; die auf die Zündung folgende Verbrennung steigert aber auch hier die Temperatur sehr bedeutend und erzeugt die Drucksteigerung 2, 3, Fig. 1. Die bei der Verbrennung auftretende höchste Temperatur oder Verbrennungstemperatur ist von der Entzündungstemperatur, welche nur von den physikalischen Eigenschaften des Brennmaterials abhängt, vollständig unabhängig.

In Praxis beansprucht der Explosions- oder Verbrennungsvorgang eine materiele Zeit, daher gestaltet sich die Linie 2, 3 nicht ganz vertikal, sondern, wie punktiert, etwas schräg, mit dem abgerundeten Übergang bei 3.

Das charakteristische Kennzeichen aller dieser Verfahren bleibt jedoch: Steigerung des Druckes und der Temperatur durch die Verbrennung und während derselben und hierauf folgende Arbeitsleistung durch Expansion; Verbrennungsvorgang nach Zündung sich selbst überlassen.

Das im folgenden beschriebene neue Verfahren unterscheidet sich vollkommen von allen bisher bekannten. Dasselbe ist durch das theoretische Diagramm (Fig. 2) veranschaulicht. Nach diesem Verfahren wird nach der Kurve 1, 2 reine atmosphärische Luft in einem Zylinder so hoch komprimiert, daß durch diese Kom-

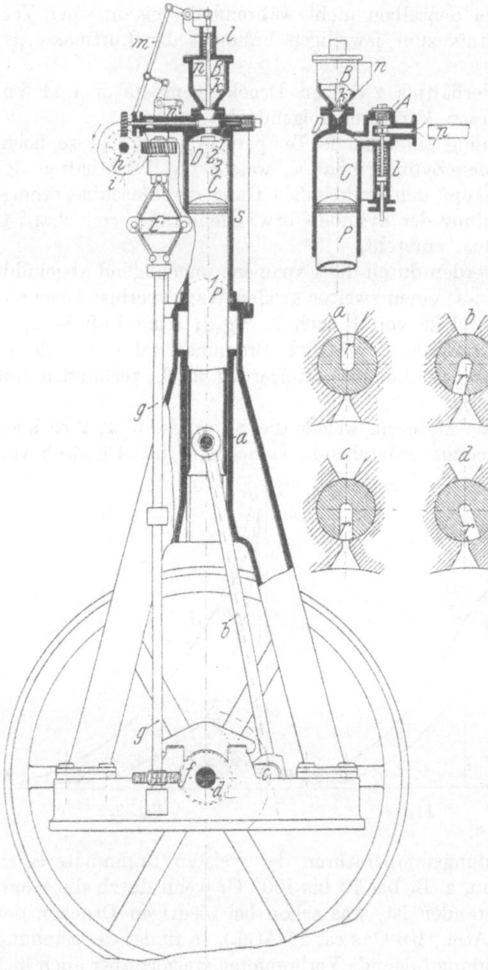

Fig. 4—6.

pression von vornherein vor dem Eintreten einer Verbrennung der höchste Druck des Diagramms und gleichzeitig damit die höchste Temperatur entsteht, also die Temperatur, bei welcher die später erfolgende Verbrennung stattfinden soll, d. h. die Verbrennungstemperatur (nicht Entzündungstemperatur).

Soll z. B. die spätere Verbrennung bei 700° stattfinden, so ist der Druck 64 Atm., für 800° 90 Atm. usw.

Hierauf wird in diese komprimierte Luftmasse von außen fein verteilter Brennstoff allmählich eingeführt; derselbe entzündet sich, da ja die Luftmasse durch Kompression weit über die zur Zündung nötige Temperatur erhitzt ist; gleichzeitig mit der allmählichen Einfuhr von Brennstoff geht eine Expansion der Luftmasse einher, welche derart geregelt ist, daß die durch Expansion hervorgerufene Abkühlung die durch Verbrennung der einzeln einfallenden Brennstoffpartikel entstehende Wärme sofort aufhebt; infolgedessen äußert sich die Verbrennung nicht in Temperatursteigerung, sondern lediglich in Arbeitsleistung, und auch nicht in Drucksteigerung, da sie infolge der gleichzeitigen Expansion bei abnehmendem Druck stattfindet.

Die Verbrennung findet statt nach der Kurve 2, 3, Fig. 2, sie ist auch nicht plötzlich, sondern findet statt während einer bestimmt vorgeschriebenen Admissionsperiode von Brennstoff während des Kolbenweges w, welche Admissionsperiode durch eine Steuerung geregelt und bestimmt wird, und welche den Erfolg hat, daß der Verbrennungsvorgang nach der Zündung nicht sich selbst überlassen ist, sondern während der ganzen Dauer seines Verlaufes derart geregelt wird, daß Druck, Temperatur und Volumen in vorgeschriebenem Verhältnis stehen. Die Länge dieser Admissionsperiode ist es, welche von der Steuerung festgestellt wird; auch der Regulator beeinflußt die Länge dieser Periode, welche, wie die Admissionsperiode der Dampfmaschinen, 10% und mehr des Kolbenweges betragen kann, aber auch unter gewissen Umständen bis auf wenige Prozent des Kolbenweges heruntergehen kann.

Würde man die Luft ohne Brennstoffzufuhr expandieren lassen, so würde die Kurve 2, 1 entstehen, d. h. die Expansion würde keine Arbeit leisten, sondern lediglich die vorher aufgewendete Kompressionsarbeit an den Kolben zurückgeben; dadurch aber, daß Brennstoff allmählich eingeführt wird, entsteht zwischen Kurve 1, 2 und 2, 3 an jeder Stelle eine Druckdifferenz p, infolge deren die Expansionsarbeit größer wird als die Kompressionsarbeit und eine Nutzarbeit entsteht.

Im Punkt 3 des Diagrammes hört die Brennstoffzufuhr auf und die Expansion der Verbrennungsgase geht selbsttätig und arbeitsverrichtend nach Kurve 3, 4 weiter. Da der Druck im Punkt 2 zur Erzeugung der höchsten Temperatur ein sehr hoher war und auch im Punkt 3 noch sehr hoch ist, so wird die Expansion von 3 nach 4 eine so starke Abkühlung der Gasmasse herbeiführen, daß dieselbe beim Verlassen der Maschine nur unbedeutende Wärmemengen entführt.

Auch hier wird in Praxis die Ecke 2 des Diagramms sich nicht scharf ausprägen, sie wird vielmehr die punktiert angedeutete abgerundete Form annehmen; auch sind die im Laufe des Textes vorkommenden Ausdrücke, wie „Verbrennung ohne Temperatursteigerung“ usw. nicht mathematisch scharf aufzufassen, da der Praxis Rechnung zu tragen ist; es soll nur gesagt sein, daß bei dem neuen Verfahren der höchste Druck und die höchste Temperatur der Hauptsache nach nicht durch Verbrennung, sondern durch mechanische Kompression erzeugt werden, und daß durch die Verbrennung und während derselben eine Temperaturerhöhung entweder gar nicht oder nur unbedeutend eintritt, jedenfalls unbedeutend gegen die Erwärmung durch Kompression.

Das charakteristische Kennzeichen des Verfahrens bleibt dabei immer folgendes:

Steigerung des Druckes und der Temperatur auf ungefähr ihren Maximalwert nicht durch Verbrennung, sondern vor der Verbrennung durch mechanische Kompression reiner Luft und hierauf folgende Arbeitsleistung durch allmähliche Verbrennung während eines bestimmt vorgeschriebenen Teiles der Expansion charakterisiert durch eine bestimmt markierte und durch die Steuerung festgelegte Admissionsperiode von Brennstoff.

Nach dem Vorgesagten erzeugt also die Verbrennung selbst, im Gegensatz zu allen bisher bekannten Verbrennungsverfahren, keine bzw. unwesentliche Temperaturerhöhung; die höchste Temperatur wird durch Kompression der Luft erzeugt; sie liegt also in unserer Hand und wird dementsprechend in mäßigen Grenzen gehalten; da außerdem die nachfolgende Expansion die Gasmasse sehr stark abkühlt, so ist ersichtlich, daß keine künstliche Kühlung der Zylinderwände erforderlich ist, daß vielmehr die für die Dichthaltung der Organe, die Schmierung, überhaupt den praktischen Gang der Maschine nötige Mitteltemperatur des Zylinderinhalts lediglich durch das Verfahren selbst hergestellt wird, wodurch sich dasselbe ebenfalls von allen bekannten Verfahren unterscheidet.

In Fig. 3 ist noch eine Abänderung des Verfahrens dahin veranschaulicht, daß die erste Periode der Luftkompression unter Wassereinspritzung erfolgt, wodurch zunächst die flachere Kurve 1, 2 entsteht, und daß hierauf erst der zweite Teil der Kompression ohne Wassereinspritzung nach der steileren Kurve 2, 3 erfolgt, worauf die Verbrennung und Expansion genau geleitet wird, wie bei Fig. 2.

Man erreicht hierdurch viel höhere Kompressionsdrucke als bei Fig. 2, ohne deshalb in zu hohe Temperaturen zu gelangen, welche eine Kühlung des Zylinders erfordern würden.

Infolge des höheren Druckgefälles kühlt aber die nachfolgende Expansion von 3 nach 4 die Gasmasse stärker ab; die Abgase entweichen also kälter als bei Fig. 2 und entführen noch weniger Wärme.

Die Abgase können hierbei sogar unter atmosphärischer Temperatur gekühlt entlassen werden und daher noch zu Kühlzwecken dienen.

Der Erfolg des neuen Verfahrens gegen alle bisher bekannten ist eine bedeutende Brennmaterialersparnis für gleiche Arbeitsleistung.

Alle Brennmaterialien in allen Aggregatzuständen sind für Durchführung des Verfahrens brauchbar.

Bei Flüssigkeiten oder Gasen bzw. Dämpfen wird während der Admissionsperiode und so lange dieselbe dauert, ein Gas- bzw. Flüssigkeitsstrahl unter Druck möglichst verteilt in die komprimierte Luftmasse eingeführt. Feste Brennstoffe können in Pulver- oder Staubform eingestreut werden; solche festen Stoffe, welche beim Erhitzen backen oder sich aus anderen Gründen nicht zum Einstreuen eignen, werden vorher vergast. Flüssige Brennstoffe können vorher in Dampf verwandelt und in dieser Form eingeführt werden. Schwer entzündliche Stoffe, wie Anthrazit u. dgl., können mit leicht entzündlichen, wie Petroleum u. dgl., gemischt eingeführt werden.

Das Verfahren ist durchführbar in einfach- oder doppeltwirkenden, stehenden oder liegenden Zylindern, mit einem oder mehreren auf gleicher Schwungradachse arbeitenden Kolben mit ein- und mehrstufiger Kompression und Expansion.

Die Fig. 4 und 5 zeigen einen Motor mit einfachwirkendem Zylinder C mit Plungerkolben P, deren Details für hohe Drucke konstruiert sind. Kolben P ist durch Geradführung a, Pleuelstange b und Kurbel c mit der Schwungradachse d in gewöhnlicher Weise verbunden.

Die Schwungradwelle treibt bei f vermittelst Hyperbelzahnräder die vertikal nach oben gehende Welle g, welche den Regulator trägt und ihrerseits die horizontale Steuerwelle h in Rotation versetzt. Auf letzterer sitzen unrunde Scheiben i, welche im richtigen Moment das Luftventil A, Fig. 5, und das Kohlenventil k öffnen; die letztere Steuerung ist in Fig. 4 ganz sichtbar; die des Ventils A ist analog. Beide Ventile werden, sobald die unrunden Scheiben i außer Wirkung kommen, durch Federn l auf ihre Sitze gedrückt.

Das Verfahren in dem Zylinder C, wie es der vorliegenden Erfindung entspricht, ist folgendes:

1. Abwärtsgang des Kolbens P, hervorgerufen durch angesammelte lebendige Kraft des Schwungrades aus vorhergehenden Arbeitshüben. Dadurch wird atmosphärische Luft durch das offene Ventil A in den Zylinder C gesaugt; die unterste Stellung des Kolbens ist in Fig. 4 punktiert und mit 1 bezeichnet.

2. Aufwärtsgang des Kolbens P, immer noch durch angesammelte lebendige Kraft des Schwungrades und bei nunmehr geschlossenem Ventil A. Dabei wird die vorher angesaugte Luft komprimiert, und zwar auf so hohe Drücke, daß die Temperatur, bei welcher die spätere Verbrennung stattfinden soll, also die ungefähr höchste Temperatur des Verfahrens, lediglich durch diese Kompression entsteht. Dieser Kompressionsdruck ist durch die vorgeschriebene Verbrennungstemperatur ein unzweideutig bestimmter und wird hergestellt durch den Kolben P, welcher in seiner (punktierten) Endstellung 2, Fig. 4, das angesaugte Luftquantum auf das dem vorgeschriebenen Druck entsprechende Volumen gepreßt hat.

Solche Drucke können nicht erreicht werden, wenn der Luft von vornherein Brennmaterial beigemischt ist, wie z. B. bei Gas- und Petroleummotoren, da in diesem Falle schon bei niedrigen Drucken unterwegs, d. h. sobald die Entzündungstemperatur des Brennstoffes erreicht ist, die ja im allgemeinen sehr niedrig liegt, Entzündung eintritt und somit Unterbrechung der vorgeschriebenen Kompression durch Verbrennung erfolgt, so daß in solchen Fällen das vorgeschriebene Verfahren undurchführbar ist.

3. Zweiter Arbeitsgang des Kolbens P oder eigentlicher Arbeitsgang.

Der Trichter B enthält pulverisierte Kohle, welche durch die in Fig. 5 sichtbare Seitenöffnung n eingebracht wird. Dieser Trichter ist vom Zylinder C abgeschlossen durch einen Hahn D, welcher von der Steuerungswelle aus vermittels der gezeichneten Hyperbelräder in Rotation versetzt wird.

Der Hahn ist in Fig. 6a bis 6d gezeichnet; er besitzt eine seitliche Rille r, Fig. 6, welche sich in der oberen Stellung (Fig. 6a) mit Kohlenstaub aus dem Trichter füllt; bei der Drehung wendet sich die Rille nach dem Innern des Zylinders (Fig. 6b); in dieser Stellung gleicht sich zunächst der Druck zwischen dem Innern des Zylinders und der Rille aus, da das lockere Pulver einem Druckausgleich kein Hindernis bietet; in den weiteren Stellungen, wovon eine durch Fig. 6c dargestellt ist, läßt der Hahn den Kohlenstaub in die komprimierte Luft einfallen; wegen der hohen Temperatur dieser Luft entzündet sich die Kohle und erzeugt Wärme, welche augenblicklich im Moment des Entstehens durch ein entsprechendes Vorwärtsschreiten des Kolbens in Arbeit umgewandelt wird.

Das Einfallen des Pulvers findet allmählich in vorgeschriebener Zeit statt; der Vorgang ist sehr ähnlich dem einer Sanduhr; die Dimensionen des Einfallspaltes bestimmen die Zeitdauer des Einfallens während der vorgeschriebenen Admissionsperiode des Brennstoffes; das Kohlenquantum wird durch die Größe der Hahnrille bestimmt.

Diese inneren Organe in Verbindung mit der äußeren Steuerung bewirken, daß die Admissionsperiode eingehalten wird, und daß die letzten Kohlenteile erst einfallen, wenn der Kolben am Ende der Admissionsperiode anlangt.

Die soeben ausführlich beschriebene allmähliche Verbrennung findet also statt, bis der Kolben die Stellung 3 (in Fig. 4 punktiert) erreicht hat; in diesem Moment ist die Hahnrille entleert und geht am Einfallspalt vorüber; die Brennstoffzufuhr hört also auf. Die Luft, gemischt mit den Verbrennungsgasen, expandiert selbsttätig und arbeitsverrichtend weiter, wobei die ganze Gasmasse wegen des hohen Druckgefälles sehr weit abgekühlt wird, und lediglich durch Arbeitsleistung und ohne Kühlung der Zylinderwände, welche letztere im Gegenteil isoliert sind (isolierende Hülse s, Fig. 4).

4. Zweiter Aufwärtsgang des Kolbens P durch die lebendige Kraft des Schwungrades.

Dabei wird durch Ventil A (oder durch ein besonderes Ausblaseventil) die Gasmasse blasrohrartig in ein nach außen führendes Rohr p, Fig. 5, abgeführt; da dieselbe schon vorher durch Expansion fast völlig gekühlt ist, so entführt sie nur unbedeutende Wärmemengen als Verlust. Die Rückstände der Verbrennung sind in minimaler Menge in feinster Staubform in den rasch bewegten und wirbelnden Verbrennungsgasen enthalten und blasen einfach mit aus.

Nach diesem zweiten Aufwärtsgang beginnt das ganze Spiel von neuem.

Die Ingangsetzung des Motors erfolgt, indem man durch die Öffnung r, Fig. 4, komprimierte Luft aus einem Vorratsgefäß einführt vermittelst eines bei q anzuschließenden Rohres; das Vorratsgefäß wird vom Motor selbst während des Ganges mit komprimierter Luft gefüllt gehalten. Man kann auch bei q eine besondere Vorrichtung anbringen, welche es ermöglicht, den Motor durch Entzündung einer kleinen Menge Explosivstoff in Gang zu setzen.

Die Regulierung der Maschine erfolgt, indem bei zu raschem Gang ein Regulator bekannter Konstruktion E das Einfallen von Brennstoff aus dem Trichter in die Rille verhindert.

Das kleine Kohlenventil k geht nämlich vermittelst der unrunden Scheibe i und der Zugstange m jede zweite Tour auf und läßt ein gewisses Quantum Kohle zur Rille gelangen. Bei zu raschem Gang rückt der Regulator durch die Zugstange n die Rolle am unteren Ende der Stange m aus dem Bereich der unrunden Scheibe i; das Ventil k bleibt also geschlossen und es fällt keine Kohle in den Hahn, also auch nicht in den Zylinder, bis die normale Geschwindigkeit wieder hergestellt ist.

Der beschriebene Motor kann auch liegend ausgeführt werden; die Konstruktion der Organe ändert sich dabei nicht, sondern lediglich deren Lage. Statt des Plungerkolbens kann ein Scheibenkolben angewendet werden, wodurch der Zylinder doppeltwirkend wird.

Die beschriebene Ausführungsform hat ähnlich wie die meisten Gasmotoren nur jede zweite Tour einen Arbeitsgang. Man kann aber solcher einfachwirkender Zylinder zwei oder mehr auf gleicher Schwungradachse kuppeln, wodurch der Gang des Motors gleichmäßiger wird.

Man kann die Kompression der Luft sowohl, als die Expansion der Verbrennungsgase stufenweise vornehmen und kommt dadurch beispielsweise auf die Ausführungsform Fig. 7.

In dieser Fig. 7 sind die Ventile nur schematisch angedeutet, das Gestell, die Pleuelstange, das Schwungrad usw. weggelassen; alle diese Organe gestalten sich genau wie die Fig. 4 und 5.

In Fig. 7 sind zwei Zylinder C mit Plunger P, also zwei Verbrennungszylinder, vorhanden, welche in Konstruktion, Steuerungsdetail usw. vollkommen identisch mit dem Zylinder Fig. 4 und 5 sind. Diese beiden Zylinder C sind vermittelst der gesteuerten Ventile b an die zwei Seiten eines größeren Mittelzylinders B angeschlossen; durch die ebenfalls gesteuerten Ventile a sind die beiden Verbrennungszylinder mit dem Luftgefäß L in Verbindung.

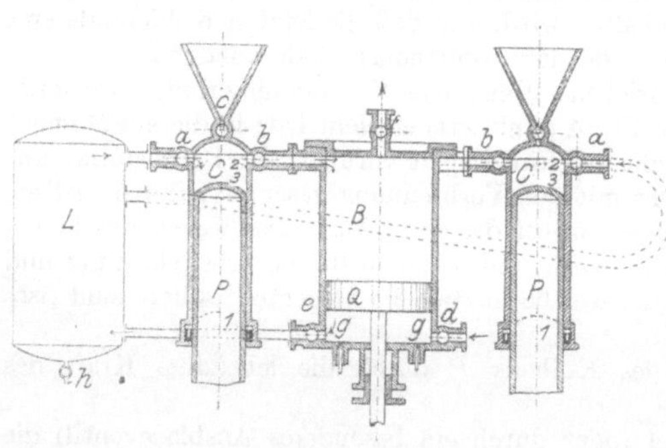

Fig. 7.

Die Kurbeln der beiden Zylinder C stehen gleich und sind gegen die Kurbel des Mittelzylinders B um 180° versetzt.

Das neue Verfahren bei dieser Ausführungsform gestaltet sich wie folgt:

Kolben Q saugt beim Aufwärtsgang unter sich atmosphärische Luft durch Ventil d an, komprimiert dieselbe beim Aufwärtsgang auf einige Atmosphären und drückt die Luft hierauf durch Ventil g nach dem Luftgefäß L.

Der untere Teil des Mittelzylinders dient also lediglich als Luftpumpe und bewirkt die Vorkompression der Verbrennungsluft. Diese Vorkompression darf nur so weit gehen, daß die durch dieselbe entstehende Erwärmung der Luft in mäßigen Grenzen bleibt. Bei $g\,g$ sind noch Wasserdüsen sichtbar, durch welche man während der Vorkompression, zum Zweck der Niedrighaltung der Temperatur, Wasser einspritzen kann. Dieses Wasser wird dann durch den Hahn h des Luftgefäßes wieder entlassen.

Das Verfahren kann sowohl mit als ohne Wassereinspritzung durchgeführt werden.

Der Vorgang in den Zylindern C ist genau derselbe, wie bei Fig. 4 und 5 geschildert wurde. Nur saugt der Kolben P beim Abwärtsgehen die Luft nicht aus der Atmosphäre, sondern aus dem Gefäß L, wo die Luft bereits unter dem Druck steht. Beim Aufwärtsgehen vollbringt also der Kolben P die zweite Stufe der Kompression bis auf die vorgeschriebene Höhe. Die Endstellungen des Kolbens unten und oben sind punktiert mit 1 und 2 bezeichnet.

Hierauf geht Kolben P wieder abwärts unter allmählicher Brennmaterialeinfuhr und gesteuerter Verbrennung bis zur Stellung 3, wie früher geschildert.

Bei 3 hört die Brennstoffzufuhr auf und die Luft expandiert weiter; ist der Kolben in der untersten Stellung 1 angekommen, so öffnet sich das Ventil *b*; Kolben *Q* ist in diesem Moment gerade oben infolge der Stellung der Kurbeln; beim Weitergang geht *P* aufwärts und *Q* abwärts, und es findet weitere Expansion der Verbrennungsgase bis auf das Volumen des Zylinders *B* statt; hierauf schließt sich Ventil *b* und *f* öffnet sich, so daß beim nächsten Aufwärtsgang von Kolben *Q* die Verbrennungsgase durch *f* in die Atmosphäre entlassen werden, und zwar völlig gekühlt, da deren ganzer Wärmeinhalt durch die arbeitsleistende Expansion aufgezehrt ist.

Es wurde schon erwähnt, daß bei dieser Ausführungsform die Abgase mit Temperatur unter der atmosphärischen entlassen werden und eventuell noch zu Kühlzwecken dienen können.

Da die Zylinder *C* nur jede zweite Tour eine Verbrennungsperiode haben, so erreicht man durch das Anbringen von zwei solchen Zylindern, daß bei jeder Tour eine Verbrennung, d. h. ein Arbeitsgang, eintritt, indem die Verbrennung abwechselnd rechts und links stattfindet. Nichts steht im Wege, statt zweier Verbrennungszylinder deren nur einen, oder andererseits mehr als zwei anzubringen, wobei dann auch der untere Teil des Zylinders *B* als Expansionszylinder benutzt werden kann; die Luftpumpe zur Vorkompression muß dann für sich allein bestehen und vorkomprimierte Luft in das Reservoir *L* liefern.

Die Luft des Reservoirs *L* dient bei dieser Ausführungsform ohne weiteres zur Ingangsetzung des neuen Motors, indem man denselben einige Touren lang mit Volldruck aus diesem Reservoir speist und die Verbrennung erst einleitet, wenn das Schwungrad die nötige lebendige Kraft erreicht hat.

Die Vorrichtung für allmähliche Brennstoffzufuhr richtet sich nach den speziellen Eigenschaften des gerade angewendeten Materials.

Für feste gepulverte Stoffe kann statt des beschriebenen rotierenden Hahnes eine Streudüse oder eine kleine Pumpe angewendet werden; für Flüssigkeiten verwendet man eine Zerstäubungsdüse oder ein kleines Pümpchen; für Gase ebenfalls eine kleine Pumpe oder irgend eine Vorrichtung, welche geregeltes und allmähliches, mit dem Kolbenweg in bestimmter Abhängigkeit stehendes Einführen des Brennstoffes gestattet.

Lediglich als ein weiteres Ausführungsbeispiel ist in Fig. 8 bis 10 noch ein Motor gezeichnet, welcher das geschilderte Verfahren mit flüssigen Brennmaterialien durchführt, und bei welchem gleichzeitig die äußere Steuerung, insbesondere diejenige zur allmählichen Zufuhr von Brennstoff, eine ganz andere Konstruktion zeigt.

Diese Maschine besteht aus zwei ganz gleichen, einfachwirkenden Zylindern mit Pumpenkolben, deren Kurbeln auf der gemeinsamen Schwungradwelle gleich stehen. Gestell, Schwungrad und Antrieb der Steuerwelle gestalten sich fast genau wie bei Fig. 4 und 5 und sind nicht gezeichnet.

In den Zylindern findet die Verbrennung abwechselnd statt, so daß bei jeder Tour ein Arbeitsvorgang auftritt.

In Fig. 8 ist der eine Zylinder in Vertikalschnitt, der zweite in Vorderansicht mit seiner isolierenden Hülle gezeichnet.

Fig. 9 ist die Seitenansicht vom Zylinder mit Steuerung.

Fig. 10 der Grundriß mit einem Schnitt durch die Steuerorgane.

Das Verfahren in jedem Zylinder ist dasselbe, wie bei Fig. 4 und 5 geschildert wurde, nämlich: Ansaugen von Luft durch Ventil *V*, hierauf Kompression in einem Schub bis zur punktiert gezeichneten Endstellung 2 des Kolbens; dann Einführung von flüssigem Brennmaterial durch Düse *D* unter Verbrennung desselben während der vorgeschriebenen Admissionsperiode 2, 3, Fig. 8, endlich Expansion der Gasmasse und Ausstoß derselben durch Ventil *V* blasrohrartig in ein nach außen führendes Rohr *R*.

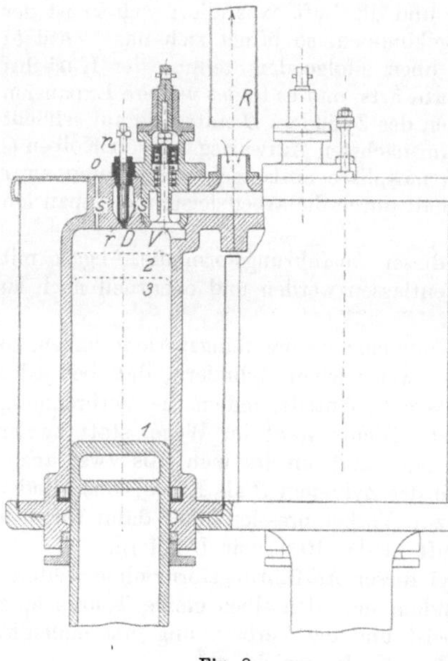

Fig. 8.

Da das Ansaugen dem Ausstoßen unmittelbar folgt, so bleibt das Ventil *V* eine ganze Tour lang offen, hierauf eine ganze Tour lang geschlossen. Diese denkbar einfachste Steuerung wird durch die unrunde Scheibe *S*, Fig. 9 und 10, mittels Winkelhebel bewerkstelligt, wie aus der Zeichnung ersichtlich.

Diese Scheibe *S* sitzt auf der Steuerwelle *W*, welche von der Schwungradwelle aus, ähnlich wie bei Fig. 4 und 5, in rotierender Bewegung erhalten wird.

Für die allmähliche Zufuhr von Brennstoff dient die Düse *D*, welche durch die Nadel *n* verschlossen gehalten wird. In dem inneren Raum *r* der Düse *D* befindet sich das flüssige Brennmaterial und wird dort vermittelst einer (nicht gezeichneten) Speisepumpe mit Windkessel unter einem Druck erhalten, welcher höher ist als der höchste Kompressionsdruck der Luft im Zylinder.

In Fig. 10 ist bei *t* die von der Pumpe herkommende, zur Düse führende Rohrabzweigung für flüssiges Brennmaterial zu sehen.

Im Moment der höchsten Kompression, wenn also der Kolben die Stellung 2 einnimmt, öffnet die Steuerung die Nadel *n* und läßt durch die feine Öffnung *D* einen scharfen dünnen Strahl Flüssigkeit eintreten, da die Flüssigkeit Überdruck besitzt; dieser Eintritt von Brennmaterial dauert bis zur Stellung 3 des Kolbens, wo die Steuerung denselben präzise absperrt, worauf die Verbrennungsgase selbsttätig weiter expandieren.

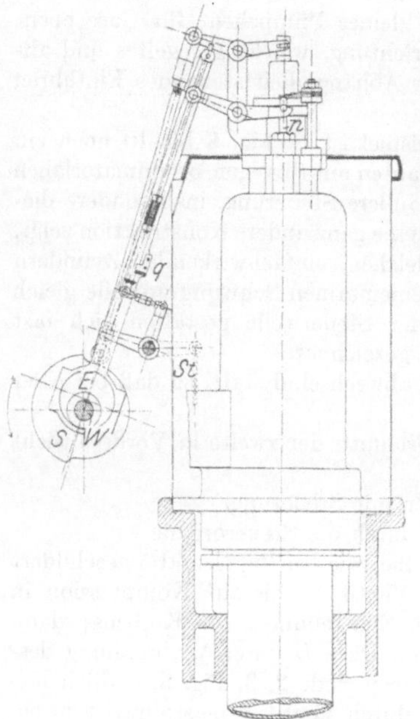

Fig. 9.

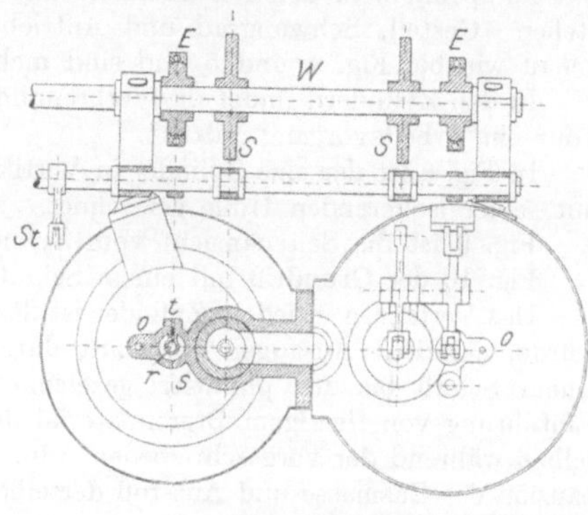

Fig. 10.

Für die Steuerung des Brennstoffstrahles ist hier genau die Konstruktion gewählt, welche bei den Sulzerschen Ventilmaschinen die Admissionsperiode des Dampfes steuert.

Ein Exzenter E bewegt die Stahlbacken q in einer eiförmigen Kurve auf und ab; der Stahlbacken r ist an der Zugstange der Nadel n befestigt; sobald bei der Abwärtsbewegung q auf r tritt, öffnet sich die Nadel und bleibt so lange offen, bis der Stahlbacken q denjenigen r verläßt; da r durch die Stange St, Fig. 9, vom Regulator aus verstellbar ist, so regelt der Regulator in beiden Zylindern zugleich die Länge der Admissionsperiode des Brennstoffes und damit die Geschwindigkeit der Maschine.

In Fig. 8 und 10 ist um die Düse D herum noch ein Ringraum s sichtbar, welcher mit dem Innern des Zylinders in freier Verbindung steht.

Beim Zurückweichen des Kolbens unter Druckabnahme stürzt die Luft aus diesem Ringraum in den Zylinder zurück und dient auf diese Weise zur Zerteilung des Brennstoffstrahles sowohl, als zur Hervorbringung stürmischer Bewegungen behufs Verteilung der Verbrennungswärme auf das ganze Luftvolumen; dieser Ringraum s hat eine lediglich praktische Bedeutung, die für das Verfahren an sich unwesentlich ist.

Bei o, Fig. 8 und 10, ist noch eine Öffnung sichtbar behufs Einführung komprimierter Luft oder Gase von Explosivstoffen zur ersten Ingangsetzung des Motors.

Komprimiert man in Fig. 8 in dem innersten Düsenraum r Gas oder Dampf statt Flüssigkeit, so kann dieselbe Konstruktion für gas- oder dampfförmige Brennstoffe dienen. Es ist also überflüssig, eine Ausführungsform für solche Stoffe besonders zu zeichnen.

Ganz besonders zu betonen ist, daß die thermischen Resultate von der Art des im Zylinder vorhandenen Gases unabhängig sind; es genügt, wenn in Form von Luft die zur Verbrennung nötige Menge vorhanden ist; das andere bedeutende Gasquantum, welches ja nur als Wärmeträger fungiert, kann aus früheren Verbrennungsgasen, aus beigemischten fremden Gasen und Dämpfen, auch Wasserdämpfen, bestehen, ohne daß das Resultat irgendwie sich ändert.

Es folgt hieraus, daß man auch geschlossene Maschinen bauen kann, welche bei jedem Hub nur ein geringes Quantum frischer Luft aufnehmen, um die Verbrennung zu sichern, im übrigen aber der Hauptsache nach mit Ausnahme eines geringen Ausstoßens immer dieselbe Gasmasse beibehalten.

Patentansprüche:

1. Arbeitsverfahren für Verbrennungskraftmaschinen, gekennzeichnet dadurch, daß in einem Zylinder vom Arbeitskolben reine Luft oder anderes indifferentes Gas (bzw. Dampf) mit reiner Luft so stark verdichtet wird, daß die hierdurch entstandene Temperatur weit über der Entzündungstemperatur des zu benutzenden Brennstoffes liegt (Kurve 1—2 des Diagramms Fig. 2), worauf die Brennstoffzufuhr vom toten Punkte ab so allmählich stattfindet, daß die Verbrennung wegen des ausschiebenden Kolbens und der dadurch bewirkten Expansion der verdichteten Luft (bzw. des Gases) ohne wesentliche Druck- und Temperaturerhöhung erfolgt (Kurve 2—3 des Diagramms Fig. 2), worauf nach Abschluß der Brennstoffzufuhr die weitere Expansion der im Arbeitszylinder befindlichen Gasmenge stattfindet (Kurve 3—4 des Diagramms Fig. 2).

2. Eine Ausführungsart des unter 1. gekennzeichneten Verfahrens, bei welcher zwecks mehrstufiger Kompression und Expansion an dem Verbrennungszylinder eine Vorkompressionspumpe mit Zwischenbehälter und ein Nachexpansionszylinder angeschlossen wird, oder bei welcher mehrere Verbrennungszylinder unter sich oder mit den genannten Zylindern für Vorkompression und Nachexpansion gekuppelt werden.

II. Ausgegeben den 12. Juli 1895 (Patentschrift Nr. 82168).

Um die nachstehend beschriebene Regulierung von Verbrennungskraftmaschinen zu veranschaulichen, sei zunächst auf die Patentschrift Nr. 49 935 (von Oechelhäuser) verwiesen, in welcher die bisher bekannten Regulierungsverfahren von Gasmaschinen sehr scharf gekennzeichnet sind.

Die dortigen Diagramme sind in Fig. 1 und 2 wiedergegeben. Der dazugehörige Text lautet:

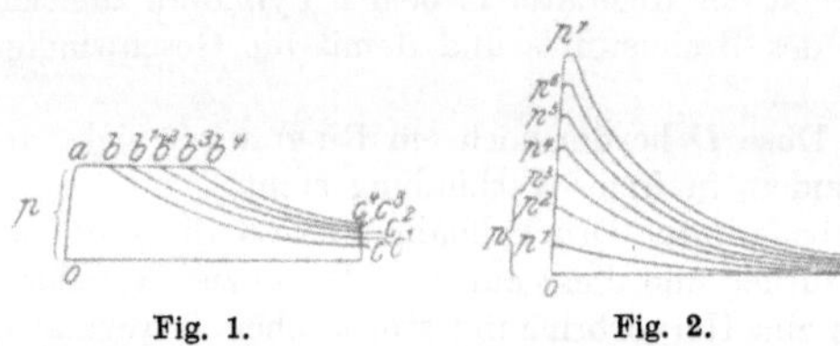

Fig. 1. Fig. 2.

„Das Diagramm Fig. 1 zeigt die ältere Regelung dargestellt, wo mit p der Druck des einströmenden Brennstoffs und der bis zur Absperrung des letzteren konstant bleibende Verbrennungsdruck bezeichnet ist, und mit $o\,a\,b$, $o\,a\,b^1$, $o\,a\,b^2$, $o\,a\,b^3$, $o\,a\,b^4$ die verschiedene Dauer der Einströmung des Brennstoffs, so daß also für die starke Belastung des Motors eine kurze Expansion $b^4\,c^4$, für schwache Belastung des Motors eine lange Expansion $b\,c$ eintritt. In Fig. 5 ist die neue Regelungsart dargestellt, und zwar bedeutet $p\,p^1\,p^2\,p^3$ bis p^7 die jeweiligen, der abwechselnden Belastung des Motors entsprechenden, veränderlichen Verbrennungsdrucke von 1, 2, 3 bis 7 Atmosphären, welche für jedes Mischungsverhältnis von Gas zu Luft bei nahezu konstantem Volumen des Arbeitsraumes erreicht werden und annähernd dieselbe Expansionsdauer haben.“

Die eine Regelung ändert also die einströmende Gasmenge bei konstantem Druck, die andere bei konstantem Volumen. Die den Gegenstand dieser Erfindung bildende Regelung weicht von beiden ab, indem dieselbe durch Änderung der Gestalt der Verbrennungskurve stattfindet.

Fig. 3.

Fig. 3 gibt das Arbeitsdiagramm der hier in Betracht kommenden Verbrennungskraftmaschine nach Patent Nr. 67 207 wieder. Darin stellt die Kurve 2—3 die Verbrennungsperiode dar, d. h. die Kurve, während welcher Brennstoff eingespritzt wird, und zwar unter einem höheren Druck als der höchste Kompressionsdruck im Punkte 2.

Dieser Überdruck kann verschieden groß gemacht werden. Entsteht bei einem gegebenen Überdruck p im Beharrungszustand der Maschine die bestimmte Verbrennungskurve 2—3, so wird bei geringem Überdruck eine tiefer verlaufende Kurve 2—3′, bei höherem Überdruck eine höher verlaufende Kurve 2—3″, 2—3‴ entstehen, wodurch auch die Lage der nachfolgenden Expansionskurve und daher die Größe des Diagramms verändert wird.

Die Fig. 3 zeigt deutlich, daß zur Verwirklichung dieser Regelungsart zwei Bedingungen erfüllt sein müssen: es muß die Größe der Zufuhrzeit von Brennstoff veränderlich sein, wodurch die Länge der Verbrennungskurven 2—3, 2—3′ usw. bestimmt wird, und es muß der Überdruck, mit welchem der Brennstoff eingespritzt wird, veränderlich sein, wodurch die jeweilige Lage der Verbrennungskurven bzw. deren Gestalt bestimmt wird.

Fig. 1 zeigt eine Ausführungsart dieses Regulierverfahrens für feste, gepulverte Brennstoffe. Darin ist C der Zylinder, P der Kolben und V das Luftventil. D ist die Düse für Brennstoffzufuhr, welche mittels des gesteuerten Nadelventils n die Brennstoffzufuhrzeit, d. h. die Länge der Kurve 2—3, 2—3′ usw. in Fig. 3 bestimmt; auf welche Weise diese Zufuhrzeit veränderlich gemacht wird, ist durch mehrere Ausführungsformen bekannt geworden; auch der Kohlenstaubtrichter T mit dem gesteuerten Staubeinstreuer r ist nicht mehr neu.

Das Rohr S verbindet die Düse und den Brennstoffstreuer mit dem Gefäß L, welches ein brennbares Gas oder ein Gemisch von Luft mit brennbaren Gasen, Dünsten oder Dämpfen, oder auch reine Luft enthält, und zwar unter einem höheren Drucke, als der höchste Kompressionsdruck im Zylinder. Dieses Gas oder Gasgemisch wird bei m mittels Gas- oder Luftpumpe eingeführt. Beim Öffnen der Nadel n strömt dasselbe infolge seines Überdruckes durch die Düse D nach dem Kompressionsraum der Maschine, indem es das ihm unterwegs durch r beigestreute Kohlenpulver mit sich reißt und in seiner ganzen Masse verteilt, wodurch eine raschere und vollkommenere Verbrennung eintritt, als beim direkten Einstreuen des Pulvers in den Zylinder.

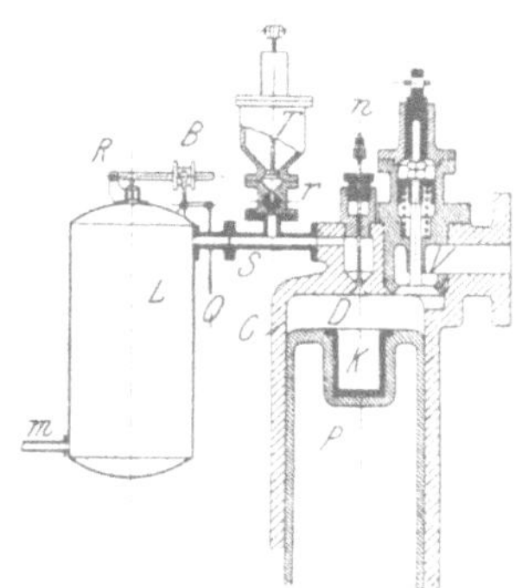

Fig. 4.

Wäre der Überdruck im Gefäße L ein für allemal gegeben, so würde stets ein und dieselbe Verbrennungskurve 2—3 entstehen (Fig. 3). Soll aber bei veränderlicher Leistung der Maschine die Gestalt der Verbrennungskurve geändert werden, so muß der Druck im Gefäß L einem regulierenden Einfluß unterworfen sein. Zu diesem Zweck ist der Behälter mit einem Sicherheitsventil R versehen, dessen Belastung B von der Zugstange Q des Regulators verstellt werden kann, so daß der Druck im Gefäß stets nur der Belastung des Sicherheitsventils entspricht. Es tritt also zu der Änderung der Zufuhrzeit von Brennstoff als Neuerung die gleichzeitige Änderung des Überdruckes des Brennstoffstrahles hinzu. Beide zusammen erzeugen die veränderliche Gestalt der Verbrennungskurve, Kennzeichen der neuen Regulierung. Beide zusammen können vom Regulator beeinflußt sein, oder aber es wird bloß die eine vom Regulator, die andere von Hand eingestellt, je nach dem gewünschten Empfindlichkeitsgrad.

Statt der Gewichtsbelastung kann das Ventil R auch Federbelastung haben; oder es kann die Druckregulierung statt am Gefäße auch an der bei m mündenden Pumpe angebracht werden. Letzteres wird namentlich dann geschehen, wenn ausschließlich flüssige Brennstoffe verwendet werden, in welchem Falle das Gefäß L als Druckwindkessel der Pumpe wirkt.

Ferner kann der Kohlenstaub statt im Rohr S auch im Gefäß L selbst in die Gasmasse eingeführt werden, indem man den Trichter T direkt auf dieses Gefäß setzt und Sorge trägt, daß die Bewegungen des ein- und austretenden Gases den Staub stets schwebend erhalten. Auch kann durch den Trichter T statt festen Brennstoffs flüssiger Brennstoff zugeführt werden. Ferner kann die Mischung erst innerhalb des Zylinders vorgenommen werden. Das Gefäß L enthält in diesem Falle reine Luft, und es wird nach Fig. 5 außer der Düse D für festen Brennstoff eine dazu konzentrische Düse d für flüssige oder gasförmige Brennstoffe angeordnet, so daß gleichzeitig mit dem einblasenden Kohlenpulver ein feiner Flüssigkeits- oder Gasstrahl zerstäubt einspritzt.

Statt konzentrisch kann man nach Fig. 3 die Düsen auch getrennt anordnen und in eine besondere Kammer des Deckels münden lassen, wo sich das Gemisch erst bildet, um von da in den eigentlichen Kompressionsraum überzutreten.

Zur Vermeidung einer besonderen Luftpumpe ist in Fig. 7 und 8 eine andere Ausführungsart des Verfahrens dargestellt, bei welcher der Arbeitskolben sich selbst die zur Regulierung nötige verdichtete Luft erzeugt, und zwar nicht, wie schon mehrfach bekannt, durch die lebendige Kraft des Schwungrades beim Auslaufen nach Abstellung der Verbrennung, sondern während des Arbeitsganges, im normalen Betriebe ohne Unterbrechung der Verbrennung, also als ein integrierender Bestandteil des Arbeitsprozesses selbst.

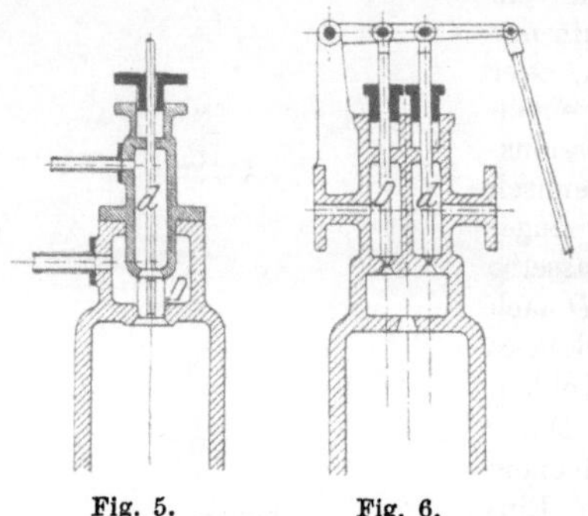

Fig. 5. Fig. 6.

In Fig. 7 und 8 ist Y ein gesteuertes Ventil, durch welches während des Arbeitsganges der Maschine bei regelmäßigem Betriebe am Ende jedes Kompressionsdruckes des Kolbens eine geringe Menge verdichteter Luft austritt, um durch Rohr b (Fig. 8) in das mehrfach genannte Luftgefäß L überzutreten (U, Fig. 7, ist ein Sicherheitsventil für den Zylinder). Der Luftdruck im Behälter ist daher gleich dem höchsten Kompressionsdruck im Zylinder, während dem beschriebenen Regulierverfahren gemäß ein Überdruck zum Einblasen des Brennstoffs nötig ist. Deshalb wird die Brennstoffdüse erst geöffnet, wenn der Kolben am Totpunkt etwas zurückgewichen, d. h. der Druck im Zylinder etwas schwächer geworden ist; da das Öffnen der Düse je nach Einstellung des Regulators früher oder später erfolgt, so ist dem vorliegenden Verfahren gemäß der Überdruck im Luftbehälter veränderlich; das Einblasen des Brennstoffs geschieht im übrigen wie beschrieben.

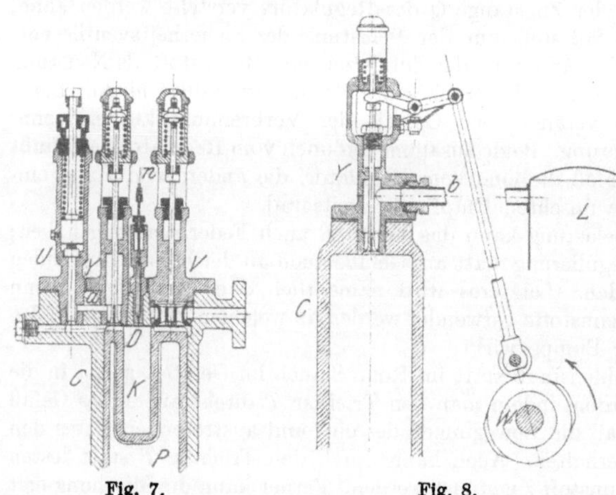

Fig. 7. Fig. 8.

Das Ventil Y kann auch so liegen, daß es am Hubende vom Kolben selbst aufgestoßen wird; es kann auch hier ein selbsttätig wirkendes Ventil sein, oder es kann durch einen Hahn oder Schieber ersetzt werden.

Patentansprüche:

1. Verbrennungskraftmaschinen der im Patent Nr. 67 207 gekennzeichneten Art, bei welchen die Veränderung der Leistung durch Veränderung der Gestalt der Verbrennungskurve, und zwar durch Einblasen eines einfachen oder gemischten Brennstoffstrahles in den Verdichtungsraum der Maschine bei wechselndem Überdruck und veränderlicher Dauer der Brennstoffeinführung herbeigeführt wird.

2. Eine Verbrennungskraftmaschine nach Anspruch 1., bei welcher die zum Einblasen dienende Druckluft durch den Arbeitskolben selbst erzeugt wird, und zwar bei normalem Betriebe ohne Abstellung des Arbeitsprozesses während eines Teiles des Kompressionshubes, wobei der nötige Überdruck dadurch entsteht, daß die Brennstoffzuführung mehr oder weniger lange nach Beginn des Kolbenhubes erst eingeleitet wird.

Sachregister.